Dr. A. Winter

Angelsport

I. Teil

Grundangeln

2. Auflage

Mit 96 Abbildungen

Verlag von R. Oldenbourg, München und Berlin 1929

Vorwort zur 1. Auflage.

Es mag fürs erste befremdlich erscheinen, daß ich kein geschlossenes Buch über den Angelsport verfasse, wie es bisher bei uns üblich war, daß ich vielmehr den Angelsport nach seinen Hauptübungsarten in Einzelbänden behandle. Ich glaube aber dem Leser damit entgegenzukommen, insbesondere jenem Teile meiner Sportbrüder, welcher nur Gelegenheit hat, diese oder jene Art des Angelns zu betreiben, oder an ihr und ihrer Ausübung ein mehr oder minder betontes Sonderinteresse hat. Ich habe dabei in erster Linie an den Hauptvertreter unseres Angelwesens, den Grundangler, gedacht, welcher bisher in allen unseren Werken ziemlich stiefmütterlich behandelt worden ist und fast durchgehend englische Texte überliefert erhielt. Es muß zugegeben werden, daß das Grundangeln jenseits des Kanals von jeher gepflegt und den Fortschritten und der Modernisierung des Sports und der dazugehörigen Geräte entsprechend auf eine hohe Stufe gebracht worden ist, andererseits aber darf man wieder nicht außer acht lassen, daß sehr vieles, was für England unbedingt Geltung hat, sich für kontinentale bzw. spezifisch deutsche Verhältnisse nicht oder nur in sehr bedingtem Maße eignet, wenn auch die allgemein gültigen kardinalen Richtlinien an sich die gleichen sind.

Lokale Verhältnisse schaffen dann jeweils eine Menge von Variationen des Themas, die alle zusammenzufassen, abgesehen von der fast nicht zu bewältigenden Arbeit, das Buch zu einem unverhältnismäßigen Volumen anschwellen lassen würde.

Ich habe mich deshalb bemüht, alles in der Hauptsache unseren heimischen Verhältnissen anzugleichen und damit dem Leser einen Führer in die Hand zu geben, der ihm für diese ein durchaus verläßlicher Berater sein soll.

Wenn ich auch von vornherein der Ansicht bin, daß der erfahrene Angler sich vielleicht veranlaßt fühlen wird, das eine oder das andere des Gesagten in seinem Wasser unter besonderen Verhältnissen nachzuprüfen und je nachdem anzunehmen, abzuändern oder abzulehnen, widme ich mein Buch und meine darin niedergelegten Erfahrungen in erster Linie dem Anfänger, dessen Bedürfnisse in unserer bisherigen Literatur, wenigstens soweit sie das Kapitel Grundangeln erörtert, nur wenig berücksichtigt worden sind.

1*

Aus guten Gründen habe ich mich vielfach über die Geräte und deren teilweise Herstellung durch den Angler selbst ausführlicher geäußert, nicht etwa um der Industrie Konkurrenz zu machen, sondern um dem werdenden Jünger Petri zu zeigen, daß der Angler in allen Lebenslagen eine gehörige Portion Selbständigkeit zeigen und besitzen muß, nebst gründlicher Kenntnis der Materie.

Es ist mir eine angenehme Pflicht, allen denen zu danken, die mir durch Rat und Tat bei meiner Arbeit zur Seite standen, ganz besonders dem geehrten Verlage Oldenbourg, sowie Herrn Hermann Stork jun., der mich durch Überlassung zahlreicher Druckstöcke aus seiner „Gerätekunde" in die Lage versetzte, viele vorzügliche Abbildungen mehr bringen zu können.

So darf ich denn mein Buch den Händen der Anglerwelt in der Hoffnung übergeben, sie mit dem neuen Wege, den ich betreten, einverstanden zu sehen.

Waldneukirchen, Herbst 1928.

Dr. August Winter.

Die Angelgeräte-Fabrik H. Stork, München, Residenzstraße 15, stellte aus ihrer „Gerätekunde" und ihrem Katalog die Druckstöcke zu folgenden Abbildungen des vorliegenden Buches dankenswerterweise zur Verfügung.

Abbildungen 3, 4, 5b, 5c, 6, 7, 8, 10, 14. 15, 16, 17, 18, 20a, 20b, 21a, 21b, 22a, 22b, 23, 24, 32, 35, 36, 37, 39, 40, 41, 42, 44, 45, 46, 54, 55, 56, 57, 59, 60, 67a, 67b, 67c, 88, 89, 92.

Inhaltsübersicht.

VI

III. Schlußwort zum Band Grundangeln.

Druckfehlerberichtigung.

S. 30, l. 3. lies: lasse ich eine Kombinationsgerte gelten (Abb. 12).
S. 42, 9. 3. v. u. lies: zeigt die neue Mallochrolle.
S. 53, l. 3. lies: Verdrehen statt Erdrehen.
S. 71, 24. 3. v. u. lies: ist ein hervorragender Köder.
S. 74, 25. 3. v. u. lies: Beim Weizenkorn
S. 97, 12. 3. v. u. lies: zur Zielrichtung gesenkt (Abb. 65).
S. 125, 17. 3. v. u. lies: Dieser von allen Salmoniden
S. 125, 18. 3. v. u. lies: Zwirn ober dem Schrot.
S. 164, 10. 3. v. u. lies: Senkbend.
S. 168, 21. 3. v. u. lies: an das Vorfach zu Incten.
S. 178, 17. 3. v. u. lies: Äschenregion.

I. Allgemeiner Teil.

1. Vom Angeln und von Anglern.

Ich will den Leser mit der Wiederholung der allenthalben zu lesenden Tatsache, daß Angeln ein uralter Sport sei, nicht langweilen, ebensowenig mit der Betonung des gesundheitlichen Wertes der Ausübung des Angelsportes. Wer ihn betreibt, der weiß es ohnedies, und wer daran zweifelt, den werden auch die bestgemeintesten Beteuerungen nicht bekehren — außer er entschließt sich dazu, die Probe aufs Exempel selbst zu machen. Vielmehr erscheint es mir viel wichtiger, von vornherein mit allem Nachdrucke darauf hinzuweisen, daß das Angeln in jeglicher Form nur dann Erfolge bringt, wenn eine Conditio sine qua non nie außer acht gelassen wird — nämlich die intensivste Beschäftigung mit der Natur und dem Leben des Fisches, mit seiner und unserer eigenen Umwelt — kurz gesagt — intensives Denken und vollkommene Hingabe an das Werk! Ich möchte es gleich an dieser Stelle sagen, daß die Erfolge jener „primitiven Angler“, die von manchem sog. „Sportangler“ ob ihrer meist bescheidenen Ausrüstung mitleidig oder überheblich angesehen, dafür aber im stillen grimmig beneidet werden, daß diese Erfolge nur und einzig allein auf dieser vorerwähnten intimen Vertrautheit mit dem Fische und seinem Leben sowie den verschiedenen, jeweils nach Wetter und Jahreszeit wechselnden Lebensbedingungen und Gewohnheiten — begründet sind.

Nichts im Leben läßt sich so wenig schablonisieren und in irgendwelche feststehende Formeln pressen wie gerade unser Sport, der ewig jung ist und bleibt; und weil er es ist — gottlob! sage ich — so veraltet nichts rascher als ein anglerisches „Lehrbuch“, insofern es sich um die darin geschilderten Geräte und Methoden und diesbezügliche scheinbar unumstößliche Leitsätze und „Wahrheiten von heute“ handelt.

Ich habe mich bemüht, einen Mangel vieler unserer bisherigen Bücher bzw. deren Spezialkapitel über Grundangelei zu vermeiden, nämlich den Umstand, daß in denselben gute, heimische, in tausendfacher Praxis erprobte und bewährte Geräte und Methoden preisgegeben werden — teils in Anlehnung an Methoden, welche den Verhältnissen anderer Länder besser entsprechen als den unseren, teils aus eigenem Empfinden der Autoren heraus, mit dem Unterton, daß die Grundangelei und alles, was drum und dran hängt, eigentlich doch nicht zum hohen und höchsten Sport gehöre, wenn man es überhaupt Sport nennen dürfe.

Ich habe mich deshalb bemüht, sowohl jeder einseitigen Wertung dieses oder jenes Angelns aus dem Wege zu gehen als auch andererseits alte erprobte Methoden nicht über Bord zu werfen, sondern im Gegenteile den Weg zu finden, sie zu verbessern, zu verfeinern und moderner Technik, Stil und Auffassung anzupassen.

Darum mag es vielleicht auf den ersten Blick manchem unverständlich oder befremdlich vorkommen, daß ich heute, im Zeitalter der kurzen Gerten mit Federgewicht, da und dort den Gebrauch und Nutzen einer langen, wenn auch schweren Gerte betone und befürworte, vielleicht als unabweislich hinstelle. Aber ich finde das mit dem Begriffe feinen sportlichen Angelns wohl vereinbar, sofern das verwendete Geräte und seine Armierung und Handhabung den Voraussetzungen eines solchen entsprechen.

Wenn ich als Grundforderung für eine erfolgreiche und gedeihliche Sportausübung das Denken aufstelle, so tue ich es nicht ohne Berechtigung.

Es gibt heute noch eine Legion gedankenloser Angler — jene, die zu faul sind, sich einer besseren Erkenntnis zum Trotz auf eine fortschrittlichere Basis umzustellen, jene, die alles Neue und jeden Fortschritt von vornherein ablehnen, jene, die keine eigene Meinung haben, aber auch die des anderen um keinen Preis gelten lassen wollen, und endlich jene, die am Buchstaben des „Büchels" kleben. — Für alle die ist überhaupt kein Buch geschrieben worden und wird es auch nie werden.

Ihnen gegenüber steht, Gott sei Dank! — eine täglich wachsende Zahl Denkender, Schauender, Beobachtender, denen jeder Angeltag eine neue Offenbarung bringt, denen der Sport mehr bedeutet als lediglich das Erbeuten eines Fisches.

An sich ist das Angeln ein ungeselliges Tun — das muß zugegeben werden. Der richtige Angler meidet die Masse und die Gaffer und geht am liebsten still und unbeobachtet seine eigenen Wege.

Das mag wohl viel dazu beitragen, daß sportliches Angeln der breiten Menge unseres Volkes völlig unbekannt ist, und ihm fast nur die mehr weniger stumpfsinnigen Witzblattfiguren, welche besonders in Städten die Ufer des meist fischlosen Wassers bevölkern, vertraut sind. Viel trägt auch die Teilnahmslosigkeit und Verständnislosigkeit unserer Tagespresse bei, welche zwar eine „Sportrubrik" führt, weil es jetzt so Mode ist, deren Sportredakteur aber vom Angelsport bestimmt keine Ahnung hat. — Das könnte aber leicht und rasch anders werden.

In den großen Städten unseres Vaterlandes sind so und so viele tausend Angler Abonnenten einer großen Tageszeitung. Es käme nur auf den Versuch an, diese zu veranlassen, ihre Sportrubrik auch dem Angelsport zu öffnen — und es wäre viel gewonnen. Aufklärung würde in die breiten Volksschichten getragen und Verständnis für den Sport würde geweckt werden.

Der wahre Angler wird sich nie und nimmer von dem Satze leiten lassen: Wenn ich nur meinen Sport habe — nach mir die Sintflut. — Noch weniger wird er dem selbstsüchtigen Empfinden Raum geben, daß vermehrtes Verständnis ein vermehrtes Anwachsen der Anglerschaft und damit eine vermehrte Konkurrenz am Wasser zur Folge habe.

Eine solche Auffassung wäre ebenso traurig als falsch und verderblich.

Schließlich müssen wir ja alle einmal, früher oder später, die geliebte Gerte aus der Hand legen und, uns zu unseren Vätern reihend, einem neuen Geschlechte Platz machen. Soll unser Nachwuchs schlechter sein als wir? Wäre das nicht traurig?

Und soll das, wofür wir gekämpft und gerungen haben, mit uns ins Grab sinken, und unsere Erben sollen statt weiterzubauen, wieder anfangen zu lernen? Das kann doch kein rechter Mann wollen?

Nachwuchs müssen wir schaffen und neue Glieder unserer Gilde müssen wir an uns ziehen — das ist das Gebot unserer Zukunft. Eine Vermehrung der Anglergemeinde kann für den Sport und seine Zukunft nur von Nutzen sein, denn eine starke, und vor allem geeinte und gut geleitete Anglerschaft vermag sich auch im öffentlichen Leben und in der Gesetzgebung, soweit es sich um das Wohl und Wehe von Fisch und Fischern handelt, zur Geltung zu bringen. — Das soll nie vergessen sein!

Ein richtiger Angler wird überall und immer, auch und erst recht am Wasser, die geschriebenen und ungeschriebenen Gesetze des Sports hoch halten und befolgen, schon um des Ansehens dieses selbst willen. Er wird sich hüten, fremde Rechte zu verletzen, wird liebenswürdig und bescheiden sein und gegen Angelbrüder hilfreich und gut, zumal gegen den Anfänger.

Denn Anfänger waren wir alle — und als unerreichte Meister sterben wir keiner — das präge sich jeder ein. Unser Leben ist beschränkt — und wir können jeden Tag nur zulernen — vielfach am Ende unseres Lebens noch umlernen, darum ist Überhebung auch im Sport nicht am Platze.

Auch der Neid sei aus der Seele des wahren Anglers verbannt — denn er vergällt uns die reinen Freuden des Sports, und wem ein Fisch, den der andere erbeutet hat oder mehr erbeutet, schlaflose Nächte bereitet, — wer mit seinem bißchen Können und Erfahrung Geheimniskrämerei treibt, und weint, wenn ein anderer etwas Weniges mehr weiß oder kann — der ist kein echter Angler.

Damit soll nicht gesagt sein, daß man dem ersten besten seine Kenntnisse aufdrängen oder besondere Erfolge an die große Glocke hängen soll — das wäre auch ein Fehler. Womit ich aber wieder nicht gesagt haben will, daß man einen außergewöhnlichen Fang

nicht in der Fachpresse zu Nutz und Frommen anderer publizieren
dürfte. Ein bißchen Fischerlatein spricht ja wohl fast ein jeder,
denn der richtige Angler hat auch ein „fröhliches Herz", das manch=
mal überquillt — aber man beherzige dabei auch das Wort Mark
Twains, der auch ein guter Angler war und sagte: „Ich lüge nie
— aber weiß Gott — meine Fischwage muß schlecht geeicht sein!"

Wer ein guter Angler werden will, muß sich von Anfang an
zwei Tatsachen vor Augen halten: Erstens, daß er von den beschei=
densten Anfängen sich in die Höhe arbeiten muß, und zweitens,
daß die Kunst des Angelns keine Geheimwissenschaft ist. Das erstere
ist wohl mühsam und vielfach im Anbeginn vom Mißerfolge und
Enttäuschungen aller Art begleitet — aber das ist schließlich und end=
lich das Wesen eines jeden Werdeganges und muß ein Ansporn
sein dazu, den Weg zum Enderfolg unbeirrt und unverdrossen
zu gehen. Wohl gibt es ausnahmsweise prädestinierte Individuen,
die alles spielend, förmlich aus sich selbst heraus erlernen — aber
diese sind eben die Ausnahme — der große Rest muß sich ehrlich
plagen, besonders wenn ihm ein freundlicher Berater fehlt, der
seine ersten Schritte und Handgriffe liebevoll leitet.

Hat der Anfänger erst einmal die Schwierigkeiten des aller=
ersten Beginnens überwunden, dann kommt das Verständnis für
die Sache schnell, und jeder Erfolg steigert sein Selbstvertrauen
und bereichert seine Erfahrung.

Das Angeln ist keine Geheimwissenschaft! Wenn auch
kleinliche Seelen sorgfältig bemüht sind, ihr Können mit dem Nimbus
von Unerreichbarkeit und Unerlernbarkeit zu umgeben. Nein, die
ganze Wissenschaft vom Angeln ist lediglich ein ununterbrochenes
Studium, aufmerksames Beobachten und Sammeln von Erfah=
rungen. Exakte Kenntnis von der Lebensweise und dem Stand=
orte des Fisches, Kenntnis des Wassers und zielbewußtes Angeln
zur rechten Zeit am rechten Orte auf den rechten Fisch — das ist
das ganze Geheimnis. Wer einmal das begriffen hat und sich dieses
Wissen zu eigen gemacht hat, der hat auch den Schlüssel zum Erfolg
gefunden.

Nur vor einem schweren Fehler möchte ich den werdenden
Angler bringend warnen: Vor dem Einseitigwerden.

Es kommt ja vielfach vor, daß ein Wasser nur diese oder jene
Gattung Fische als hauptsächliches Fangobjekt bietet — in einem
solchen Falle ist es natürlich und selbstverständlich, daß sich das
ganze und einzige Interesse auf diese konzentriert, namentlich dann,
wenn man keine Gelegenheit hat, auf etwas anderes zu fischen.

Aber die meisten Wässer, sogar sehr viele Salmonidenwässer,
bieten eine so reichliche Abwechselung hinsichtlich der Angelmöglich=
keiten, daß es mir als ein Unrecht gegen die Freigebigkeit der
Natur erscheint, diese zu ignorieren und an einem solchen Wasser
ein einseitiges Spezialistentum auszubilden, welchem Fehler beson=
ders leicht und gerne jene verfallen, deren Wasser edlere Fische in
größerer Zahl beherbergt.

Diefe Einseitigkeit führt nur allzuleicht zur Überhebung und zur Geringschätzung für den Sport der anderen und ist ebenso unbegründet als ungerecht, ja unter Umständen ein Schaden für das betreffende Fischwasser.

Jeder, und gerade der Grundangler, der von allen der vielseitigste ist — halte daran fest, daß ein jeder, der sein Gerät im wahren Geiste des Sports handhabt — dem anderen gegenüber gleichberechtigt und ebenbürtig ist.

Und noch eines sei dem werdenden und vollkommenen Angler bringendst nahegelegt: Unterstütze und fördere deine anglerische Presse! In Wort, Tat und Schrift! Beteilige dich am anglerischen Leben und stehe ihm nicht teilnahmslos gegenüber.

Eine gute anglerische Presse hat uns bis jetzt gefehlt, und nun wir sie endlich haben, ist es Ehrensache eines jeden Anglers, sie zu fördern, wo und wie er kann — denn es ist zu seinem eigenen größten Nutzen, indem es sein Wissen bereichert und seinen Gesichtskreis erweitert.

Nur eine gute Presse vermag eine Bindung der Angler untereinander zu vermitteln und aufrechtzuerhalten, ihre Interessen zu wahren und unseren geliebten Sport auf die Höhe zu bringen und auf dieser zu erhalten.

2. Das Fischwasser.

Das Fischwasser. Das Verhalten am Wasser. Drill und Landen.

Wenn man vom Fischwasser unter Zugrundelegung der gewohnten Einteilung in Forellen-, Äschen-, Barben- und Bleiregionen spricht, dann beherrscht der Grundangler das ganze Stromgebiet von der Quelle bis ins Brackwasser, nicht zu vergessen der natürlichen Seen und der Stauanlagen.

Die Form und Art der Gewässer wechselt mit der Gegend und den geographischen Verhältnissen. Der Bergbach und der Fluß der Gebirge, besonders in den Alpen, rauscht und braust über Wehren und Steinen, hie und da scharfe Stromschnellen, ja selbst Wasserfälle bildend. Sein Bett ist oft tief eingegraben und die Szenerie um ihn herum oft herrlich, wild und erhaben. Auch der Bergsee unterscheidet sich merklich von seinem Bruder in der Ebene — schwarz und düster sind oft seine Tiefen, bläulich bis grün sein Wasser, schroffe Felswände stürzen senkrecht zu ihm ab, schwarze Wälder umkränzen seine Ufer. — Der Fluß des Mittellandes und der Ebene ist ruhiger, tiefer, nicht mehr so klar, die umgebende Landschaft vielfach lieblich — abwechslungsreich — vielfach langweilig und eintönig. Soweit er nicht reguliert ist, durchzieht er das Land in vielfachen Windungen, seine Ufer sind oft weithin versumpft, vergrast, mit Schilfgürteln bestanden — auch sein Wasser weist meist reichen Pflanzenwuchs auf, sowohl am Boden wie auch an der Oberfläche.

Leider haben die meisten unserer Wasserläufe ihr ursprüngliches Wesen verloren. Kultur und Industrie haben sie in Dienst genommen, und viele sind zu gemauerten Rinnsalen geworden in denen nur noch schmutzige und giftige Abwässer von Industrie oder Kanalisationsanlagen dahinrinnen, von ihrem früheren Fischreichtum geht nur noch die Sage. Trotzdem gibt's in unseren Landen noch gute Wässer, in denen prächtige Fische leben und gedeihen, und mit diesen wollen wir uns in diesem Kapitel befassen, denn unser angehender Angelbruder will ja erfahren, wie und wo er fischen soll.

Es liegt in der Natur der Sache, daß jedes Tier der freien Wildbahn zwei Grundbedingungen für sein Dasein benötigt — Nahrung und eine gesicherte Unterkunft. Wo diese beiden vorhanden, sind auch die Plätze, an denen wir unsere Beuteobjekte suchen müssen. Überall, wo es Fische gibt, muß es für sie Futterplätze und Gelegenheiten geben und geschützte Stellen, in denen sie ruhen, auf Beute lauern oder sich vor ihren Feinden verbergen können. Wer die Lebensweise der einzelnen Fischgattungen kennt, wird bald die Plätze zu nennen wissen, wo diese oder jene ihre Weideplätze hat oder ihre Schlupfwinkel.

Da sind einmal hohe, tief vom Strome unterwaschene Ufer, Einbauten, Faschinen — da liegen große Felsstücke im Wasser, dort ein versunkener Baum — da wieder stehen dichte Gelege von Binsen — wallartige Gürtel von Schilf und dort ganze Beete von Wasserkräutern und Seerosen. Am Grunde stehen wälbergleich ausgedehnte Krautgelege und dort, wo der Fluß gestaut ist, bietet der Unterbau der Wehrkrone prächtige Unterschlupfe. — Reich ist der Tisch gedeckt — unzählige Wassertiere, Insekten, Larven, Schnecken bevölkern den Boden und den Pflanzenwuchs — Würmer aller Art bringt das Wasser — an den geschützten Stellen wimmelt es von Jungbrut und Kleinfischen — die Speise für die Räuber. Hier strömt der Fluß rasch — dann verlangsamt sich sein Lauf — stößt hier in eine Krümmung und bildet dort einen Wirbel und eine Rückströmung — wieder an einem anderen Punkte staut sich das Wasser an einem dichten Gelege oder die Pfeiler einer Brücke brechen seinen Lauf, hinter ihnen bildet sich ein ruhiges Hinterwasser.

Überall da haben wir Fische zu erwarten und zu suchen.

An einem kleinen oder mittleren Wasser werden wir ja bald solche Punkte gefunden haben und deren immer mehr finden, je intimer unsere Bekanntschaft mit ihm wird. Anders aber ist's mit den großen Wässern, deren Oberfläche scheinbar ein gleichmäßig glattes Rinnen zeigt. Es gibt wohl da auch Krümmungen, aber diese sind meist ausgedehnte lange Bögen mit gleichmäßigem Verlaufe. Wer gibt uns da den Führer ab? Hier ist's doch wohl in erster Linie nur die Erfahrung und das Studium des Grundes

mit dem Lotblei. Dieses orientiert uns vor allem über die Tiefenverhältnisse und deren Wechsel, über die Bodenbeschaffenheit, ob
sandig, steinig oder schlammig bzw. erbig — über den Bodenbewuchs und den Lauf der Stromrinne. Diesen und das Profil
der Rinne und des Bodens überhaupt in den ganz großen Strömen
sowie in den Seen, welche von einem Flusse durchströmt werden,
genau zu kennen, ist für den Angler von höchstem Werte; ebenso
wertvoll ist es, die Veränderungen an denselben genau zu beobachten, welche im Laufe der Zeit und durch Hochwässer eintreten
— man wird dann die Entdeckung machen, daß vielfach nach solchen
Ereignissen das Profil des Flußbettes sich total geändert hat —
daß an einer früher seichten Stelle jetzt ein Loch — an einer anderen
dagegen eine bisher unbekannte Bank oder sonstige Ablagerung
entstanden ist — und mit diesen Veränderungen verschiebt sich auch
naturgemäß von selbst das Weidegebiet und Futtergebiet der Fische
und ihr Unterstand. Diese Erscheinung ist besonders in solchen
Flüssen gut zu beobachten, welche mit großem Gefälle aus Gebirgen
kommend, bei jedem Hochwasser mächtige Schottermassen mit sich
führen und selbst auf Meilen nach ihrem Austritte in die Ebene
die oben beschriebenen Grundveränderungen herbeiführen, wie die
beiden Bilder zeigen. (Abb. 1 u. 2.)

Abb. 1.

Das Boot unterstützt uns in diesem Studium und hilft uns
in kurzer Zeit eine genaue Orientierung zu gewinnen. Bei solchen
Wässern ist es von größtem Nutzen, sich an einen lokalkundigen

Angler anschließen zu können; noch mehr aber als von den strö=
menden Wassern gilt das Gesagte von Seen.

Weitgehende Berücksichtigung ist dem jeweiligen Wasserstande
zu schenken, der Jahreszeit, dem Winde und der herrschenden Wit=
terung.

Abb. 2.

Wir müssen wissen, daß bei hohem Wasser die Fische die Nähe
des schützenden Ufers suchen, bei Niederwasser aber die tiefe, strö=
mende Mitte — wir müssen wissen, welche Fische im Sommer
und im Winter die gleichen Stände einhalten, und welche zu der
einen Zeit hoch, zu einer anderen aber tief stehen, zu einer Zeit
in der Strömung, zur anderen aber im ruhigen Wasser. Wieder
andere Fische stehen zu gewissen Zeiten im Kraute oder an seinen
Rändern, während sie zu anderen Zeiten im freien Strome zu
finden sind. Es gibt gewisse Stellen sowohl im Flusse wie auch
in Seen und großen Altwässern, an denen nur zu bestimmten Zeit=
punkten oder bei einer bestimmten Wasserhöhe oder Witterung mit
Sicherheit auf einen Fang zu rechnen ist. Das alles ist lediglich
Sache persönlicher Erfahrung und Vertrautheit mit Fisch, Leben
und Wasser, läßt sich weder beschreiben noch aus Büchern lernen.
Dies gilt besonders von den Seitenarmen und Altwässern, ins=
besondere von jenen, welche nur periodisch mit dem Hauptflusse
in Verbindung stehen. Es ist bekannt, daß man in solchen Wässern
hervorragende Fänge machen kann, wenn der Hauptfluß Hoch=

wasser führt, und dieses sich in den Seitenarm bzw. das Altwasser zurückstaut. Auf diese Weise entsteht an den sonst ruhig strömenden oder ganz stehenden Stellen eine kräftige Strömung, welche naturgemäß Futter mit sich führt, abgesehen davon, daß die Fische in dem ruhigen Wasser des Seitenarmes Deckung suchen, wenn ihnen die Strömung im Hauptflusse zu schwer wird.

Umgekehrt, bei Niederwasser wird man in eben diesen Seitenwassern meist nur spärliche oder gar keine Beute machen, namentlich, wenn sie noch vom Hauptstrome ganz abgeschnitten sind, desto sicherer aber dann in letzterem.

Es ist eine bekannte Tatsache, daß manche Gewässer ganz oder zum größten Teile im Sommer derart verkrauten, daß man darin schlechterdings überhaupt nicht angeln kann, trotzdem der Fischbestand ein sehr reicher ist; dafür bieten solche Wasser einen herrlichen Sport, wenn im Spätsommer oder Frühherbste das Kraut abstirbt.

Manche Fischgattungen beißen nicht im Winter, wie Karpfen, Schleien usw., andere dagegen, wie Hechte, Barsche, Zander, Döbel und Alande gerade in dieser Jahreszeit regelmäßig sehr gut.

So ist ein ständiger Wechsel im Programme des Anglers, das sich mit jedem Monate und mit jedem Wasser ändert. Wenn man daher sagt, diese oder jene Jahreszeit oder Tagesabschnitt sei besonders günstig, so ist immer zu bedenken, daß das nur allgemeine Geltung hat und nur einer langen Durchschnittserfahrung entspricht — für dieses oder jenes Wasser aber durchaus nicht zu stimmen braucht.

Um nur ein Beispiel aus meiner eigenen Praxis zu geben: In allen Lehrbüchern ist stets zu lesen, daß die Schleie am besten in der brennenden Hitze des Juli und August an die Angel gehe und durch ihr langweiliges Beißen charakterisiert sei. Ich habe tatsächlich viele Schleien zur angegebenen Zeit gefangen und auch die Art und Weise des beschriebenen Anbeißens bestätigen können. In den Jahren 1916 und 1917 habe ich in einem reich mit Schleien und Karpfen besetzten Flusse in Galizien geangelt, und meine meisten und besten Schleien, viele davon einige Pfunde schwer, ausnahmslos an kalten, regnerischen und windigen Tagen gefangen — und sie alle bissen mit einer Vehemenz und Energie, welche mit allen gegenteiligen Behauptungen im krassesten Widerspruch stand, besonders im April konnte man bei solchem Wetter mit Sicherheit auf den Fang großer Schleien rechnen.

Im allgemeinen gilt als Regel, daß nach Ablauf der Frühjahrshochwässer mit zunehmender Erwärmung von Luft und Wasser die Fische den ganzen Tag über gut beißen, ebenso an warmen, sonnigen Tagen des Spätherbstes und Frühwinters. Weiter ins Jahr hinein verschiebt sich die Beißlust und Freßstunde immer mehr gegen den Abend bzw. die Morgenstunden, außer an regnerischen, trüben oder sonst kühlen Tagen.

Im Winter sind es milde, teils sonnige, teils nebelige Tage oder trübes Wetter mit mäßiger Kälte oder leichtem Schneefall, welche uns reiche Beute verheißen; dagegen rauben Tauwetter mit Schneewasser im Flusse den Fischen den Appetit, vielleicht den Huchen und Hecht ausgenommen, ebenso tun dies aber auch abnorm tiefe Temperaturen. Wind ist im allgemeinen für den Angler vorteilhaft, namentlich an sonst ruhigem Wasser, vorausgesetzt, daß er nicht zu stark bläst und womöglich als Gegenwind den Wurf hemmt. Süd- und Westwinde sind im allgemeinen dem Angeln günstig, weniger dagegen Nord und Ostwinde; letztere sind besonders schlecht im Winter, und erst recht dann, wenn das Wasser klein und klar ist und das Thermometer ansehnlich tief steht. In einem solchen Falle sinken die Aussichten auf einen Fang auf Null.

Andererseits ist es eine bekannte Sache, daß gerade an recht stürmischen Tagen der Hecht, der Barsch und auch der Zander sehr gut beißen und man gerade an einem solchen Tage einen Rekordfang machen kann, wie viele Angler zu berichten wissen.

Gewitter pflegen auf die Freßlust der Fische einen verschiedenen Einfluß zu üben. Einzelne Arten, wie z. B. die Karpfen, beißen meist hervorragend unter einem aufziehenden Gewitter, andere, wie die Salmoniden, besonders die Forellen, hören mit einem Male zu beißen auf und signalisieren so direkt ein Unwetter.

Einem aufmerksamen Beobachter fällt es auf, daß die Fische auf einmal zu springen beginnen, ohne daß sich ein besonderer Anlaß hierfür sichtbar machen würde; besonders Forellen tun das mit einer Vehemenz, welche erstaunlich ist; die Fische schnellen sich geradezu hoch aus dem Wasser heraus, so daß man in einem gutbesetzten Wasser ein ununterbrochenes Plätschern und Schlagen vernimmt; mit einem Male ist alles ruhig, und eine unheimliche Stille liegt auf dem vorher so lebendigen Wasser.

Auch bei Karpfen kann man diesen Vorgang beobachten, wenn auch nicht so häufig und nicht so schön wie bei Forellen. Aber bei beiden kann man mit Sicherheit auf ein schnell heranziehendes Gewitter schließen oder auf einen in kürzester Zeit erfolgenden Wettersturz oder Umbruch.

Der Wind bzw. seine Richtung spielt eine große Rolle bei den Gewässern, welche in das Meer münden, und wo sich oft auch die Gezeiten noch im Flusse bemerkbar machen. Hier hängt die Möglichkeit, einen Fang zu machen, meist von der Windrichtung ab, je nachdem, ob diese das Wasser vom Meere her gegen die Mündung aufstaut oder umgekehrt. Gewisse Fische beißen am besten bei Nacht, wie Aale, Quappen und Welse, oder in der Dämmerung des Morgens oder des Abends, wie Huchen und manche andere. Oft macht man die Erfahrung, daß an einem scheinbar sehr günstigen Tage der Erfolg den Erwartungen gar nicht entspricht, ja daß fast nichts zu erreichen ist, und umgekehrt macht man seine schönsten und reichsten Fänge an einem Tage, der alles andere

war als verlockend oder vielversprechend. Woran das liegt, ist bislang
nicht erklärt. Vielfach wird es mit meteorologischen Vorgängen in
Verbindung gebracht, ja in jüngster Zeit hat ein französischer Fischer
in der Schweizer Fischereizeitung eine Beobachtung veröffentlicht,
der zufolge er die Sonnenflecken in Zusammenhang mit diesen
Erscheinungen bringt und für verschiedene Mißerfolge verantwortlich macht. Warum schließlich nicht? Jedenfalls ist auf diesem
Gebiete noch viel aufzuklären.

Sicher und feststehend ist für mich nur das eine: Man soll
angeln gehen und sich durch nichts abhalten lassen, wenn man
angeln gehen kann oder will, und außer auf sein Können auch ein
wenig auf sein gutes Glück vertrauen. Wer wagt, gewinnt, diese
Wahrheit gilt auch in unserem Falle.

Und nun wollen wir wirklich einmal mit unserem Anfänger
hinausziehen und ihn seine theoretischen Kenntnisse in Praxis um-
setzen lassen. Wir haben unser Angelgeräte fertig gemacht, sorgfältig Gerte, Haken, Schnur und Vorfach auf Unversehrtheit revi-
diert, den Haken beködert und nun nahen wir uns vorsichtig dem
Ufer, ja vorsichtig, ohne fest aufzutreten und ohne uns sehen zu
lassen. Man darf nie vergessen, daß die Fische äußerst empfindlich
gegen Erschütterungen des Ufergeländes sind, ebensowenig, daß
die Fische, und oft gerade die besten, sehr gerne unter dem Ufer
selbst stehen, wenn ihnen Unterwaschungen, Faschinen, Einbauten
oder versunkenes Holz u. dgl. einen Unterstand gewähren.

Ferner: man darf nie und nimmer vergessen, daß der Wasserspiegel „das Fenster der Fische" ist, durch welches diese ebensogut
und vielleicht noch besser heraussehen, als wir durch- und hinein-
sehen können! Darum ist es ein Gebot der Vorsicht, besonders
bei einigermaßen hellem Wasser zum ersten Wurf nicht näher
an das Ufer heranzutreten, als man selbst lang ist, außer man
kann das im Schutze einer Deckung tun. Wenn es sich halbwegs tun läßt, trachte man, seine Stellung so zu nehmen, daß
man die Sonne von vorne oder von der Seite her hat, so daß
weder der Schatten des Anglers noch der seiner Gerte auf das
Wasser falle; hochstehende Fische werden nur zu leicht durch beides
vergrämt, beunruhigt oder gar verscheucht. Gut ist es, im Schatten
zu stehen oder Deckung hinter Büschen, Bäumen, Schilf u. ä. zu
suchen, obzwar es unter Umständen von größerem Vorteil ist,
„einen Hintergrund als einen Vorhang" zu haben. Wissen wir
es ja von der Jagd her, daß das Wild einen Jäger, welcher unbe-
weglich an einem Baum oder Busch sitzt, ganz vertraut ankommt,
da man sich von einem Hintergrunde bei ruhigem Verhalten kaum
abhebt, während man hinter einer Deckung bei einer gewissen Beleuchtung förmlich als Silhouette erscheint. Unter Berücksichtigung
alles Vorerwähnten werfen wir also vorsichtig ein und beobachten
unser empfindliches Floß. Richtig — da beißt auch schon ein Schup-
penträger, das Floß taucht und verschwindet unter Wasser — und
auf den Anhieb fliegt die leere Schnur pfeifend durch die Luft;

Vorfach und Haken fehlen. Verdutzt steht unser junger Angler da. „Haft du so schnell vergessen, junger Freund, was ich dir warnend gesagt habe? Ruhe und Besonnenheit sind des Anglers vornehmstes Gebot und höchste Tugend! Sind deine Nerven mit dir durchgegangen?“

Hoffentlich wirkt diese Lehre für das nächste Mal. Also rasch ein frisches Vorfach eingezogen und beim nächsten Biß nur einen kurzen Ruck aus dem Handgelenke, seitwärts, nachdem die Schnur gut gespannt ist. Jetzt beißt es wieder: Ruhe bewahren! So, jetzt! Diesmal hat er's richtig gemacht, und der Fisch, der am anderen Ende der Gerte um sein Leben kämpft, scheint von annehmbarer Größe zu sein. Nun zeige, ob du das Zeug in dir hast, ein guter Angler zu werden. Laß dir Zeit! Dein Geräte ist neu, von guter Qualität, laß es arbeiten! Vertraue ihm — es wird dich nicht im Stiche lassen, wenn du es nicht durch Aufregung und Unverstand hinderst, für dich zu arbeiten. Reiße nicht an Schnur und Gerte — senke diese nicht zum Fisch, halte sie aber auch nicht senkrecht — gib dem abziehenden Fische Schnur und sei bereit, einzurollen, wenn er stehen bleibt. So — jetzt rolle ein, langsam und bedächtig, Meter für Meter — paß auf, die Spitze macht eine verdächtige Streckbewegung — der Fisch will nochmals abziehen, laß die Rolle laufen! — so war's gut. — Siehst du — er geht schon langsamer wie vorhin — jetzt rolle wieder ein — und halte die Gerte immer steil, siehst du, jetzt kommt er ganz gefügig herein und beginnt sich auf die Seite zu legen. — Bitte, keinen Jubel! Der gefährlichste Augenblick kommt erst — nämlich das Landen — laß dir Zeit mit dem Netz, rolle weiter ein, bis die Schnur auf Gertenlänge verkürzt ist — und jetzt lege die Gerte vorsichtig zurück, schiebe das Netz von unten her unter den Fisch und hebe ihn langsam heraus. — Brav! Jetzt ist er erst wirklich gefangen. Das wäre so der normale Gang der Affäre — aber es gibt eben kein Schema in derlei Dingen, hingegen eine Menge Zufälligkeiten und Abweichungen, die oft außer jeder Berechnung liegen und denen wir nur durch kaltes Blut, raschen Entschluß und Ausnützung jeder Chance begegnen können. Wer nur stets mit so starkem Zeuge angelt, daß ihm jeder Fisch wehrlos zur Beute fällt, ist kein Angler — wer stets nur rohe Gewalt anwenden will — wird nie einer werden.

Das ist ja der Reiz am ganzen Fischen, daß ich mit dem Fische kämpfen will; daß ich suche, ihn am feinen und feinsten Zeug mit List und Kunst zu erbeuten, und ihm doch auf der anderen Seite die Möglichkeit geboten ist, sich zu wehren, alle Vorteile, welche ihm sein Element bietet, gegen mich auszunutzen und auszuspielen, kurz — ebensoviel Chance zu haben in diesem Kampfe Sieger zu bleiben wie ich. Darum muß sich eben schon der Anfänger mit dem feinen, kunstvollen Drill auch kleinerer Fische von Anfang an vertraut machen, um sich die Empfindung für den Reiz des Kampfes mit dem Fisch zu bewahren. Nichts ist falscher, schädlicher und gefährlicher als unvernünftige Kraftanwendung. Im Gegenteil, das Geräte soll alle seine guten Eigenschaften zur Geltung bringen und der Angler es nur darin unterstützen. Es ist dies ebenso, wie wenn beim Wettrennen der Reiter das Rennen machen wollte, statt es das Pferd machen zu lassen und ihm bloß die nötige Führung und Hilfe zu geben.

Auch unser Gerät — Gerte, Rolle und Schnur — bestreiten das Rennen aus eigener Kraft — und wir helfen nur nach durch kluges Nachgeben, straffes Halten und Beherrschen der Situation — im letzten Momente durch energisches Erfassen des Augenblickes — indem wir alles aus dem Geräte herausholen, was wir ihm zutrauen können.

Und wieviel wird gegen diese fundamentalen Grundsätze gefehlt!

Ich glaube nach alledem, was ich erfahren und erlebt habe, daß es kaum einen Fisch in unseren Gewässern gibt, der eine gespließte Gerte von Qualität durch einen noch so jähen Ruck brechen kann, wenn man noch genug Schnur auf der Rolle hat und die Gerte richtig gehalten wird. Andererseits hält eine unglaublich feine Schnur einen sehr schweren und scharf kämpfenden Fisch unbedingt, wenn die Gerte gut ist — und die Rolle funktioniert — viel eher reißt das Vorfach oder zerbricht der Haken.

Wer sich einmal zu dieser Überzeugung durchgerungen hat — kennt keine Unruhe oder Ängstlichkeit mehr, wenn er einen großen Fisch angehalt hat. Man kann ruhig behaupten, von hundert verlorenen Fischen gehen 80% verloren durch die Nervosität und unvernünftige Gewaltanwendung seitens des Anglers, vom Rest 15% beim Landen und nur 5% durch Bruch der Geräte oder üble Zufälle.

Der Kampf mit dem Fische beginnt im Momente des Anhiebes bzw. des Eindringens des Hakens in das Maul des Fisches, und vielfach auch schon im selben Augenblicke der Verlust desselben, wenn der Anhieb zu spät oder im unrechten Momente oder aber zu stark gesetzt wurde.

Vor allem muß man sich darüber klar werden, was der Anhieb überhaupt ist und wie er korrekt zu setzen ist.

An und für sich ist der Anhieb eine instinktiv reflektorische Bewegung, um dem zuschnappenden oder mit dem ergriffenen Köder abziehenden Fische den Haken bis über den Widerhaken ins Maul zu rennen und ihn so festzuhalten. Die Kunst des Anhauens liegt nun darin, sowohl den rechten Moment hierfür zu erfassen — oft nur den Bruchteil einer Sekunde — andererseits das Maß anzuwendender Kraft richtig zu beurteilen. Es ist doch klar, daß der Anhieb mit einer kräftigen, steifen Spinngerte gegen das knochige Maul eines Hechtes stärker und schärfer sein darf, als gegen das weiche Maul einer Plötze oder Äsche. Je feiner und zarter das Geräte, je dünner die Schnüre und Vorfächer und je feiner und fängiger die Haken, desto weniger Kraft ist erforderlich, desto weicher muß der Anhieb geführt werden, oft und sogar meist nur durch eine Drehung im Handgelenk in der Gegenrichtung des Anbisses. Viele Fische beißen mit einer solchen Vehemenz, daß sich ein Anhieb als solcher geradezu erübrigt; große Fische erleichtern den Anhieb, weil ihr eigenes Gewicht den Haken leichter einbringen macht.

Unter allen Bedingungen ist aber die korrekte Richtung des Anhiebes einzuhalten, d. h. stets nach der Seite zu, nie nach oben oder gar in der direkten Fortsetzung des Fischleibes, ganz gleichgültig, welche Art des Angelns betrieben wird.

Der ideale Angriffspunkt soll der Mundwinkel sein, wo der Haken im allgemeinen die besten Eindringungsmöglichkeiten hat, auch bei Fischen mit einem knochigen Maule, und eben diesen Punkt zu treffen, ist der Zweck des seitlichen Anhiebes. Geht seine Richtung in der der Verlängerung des Fischleibes, so läuft man Gefahr, dem Fische den Haken wieder aus dem Maule herauszureißen, und wenn schon das nicht, so wird wahrscheinlich der Haken in die Lippen oder deren Ränder eindringen, wo er sich leicht bei den Verteidigungs- und Fluchtversuchen des Fisches ausschneiden oder ausreißen kann, oder aber er erfaßt nur eine Schleimhautfalte und fällt aus dieser bei einiger lebhafter Gegenwehr einfach heraus.

Angenommen, der Anhieb war korrekt und der Haken sitzt fest — was geschieht nun?

In den seltensten Fällen wird nun der gehakte Fisch den Anhieb sofort mit einer jähen Flucht oder einem Sprunge aus dem Wasser quittieren, wenn es sich nicht gerade um einen Lachs handeln sollte; in vielen, ja, besser gesagt, in den meisten Fällen ist er direkt einen Augenblick ohne Erkenntnis seiner Lage, und oft genug kann man diese Situation zu seinem Vorteil ausnützen und den Fisch geradezu überrumpeln; auf diese Weise gelingt es mitunter, auch recht große Fische fast ohne Kampf dem Landungsgeräte zuzuführen. Versäumt man diesen günstigen Augenblick, oder kann man ihn mangels eines günstigen Landungsplatzes oder zuviel ausgegebener Leine oder aus einem anderen Grunde nicht ausnutzen, dann beginnt eben der Zweikampf zwischen Fisch und Angler, was man gemeinhin als „Drill" bezeichnet.

Bei dieser kämpft der erstere mit seiner ungebrochenen Naturkraft unter Ausnutzung der Strömung und seiner Schwimmkunst, sucht teils durch Tauchen, teils durch Sprünge aus dem Wasser, teils durch Wälzen und Schütteln sich von dem festhaltenden Haken zu befreien, teils wieder sucht er die Schnur oder das Vorfach an Steinen und anderen Hindernissen zu zerreißen, zu durchscheuern, abzusprengen oder durch Schläge mit dem Schweife zu brechen. Auf der anderen Seite steht der Angler, bewaffnet mit einer elastischen Gerte und ebensolcher Schnur, und hat die Angriffe seines Gegenübers abzuwehren, rechtzeitig zu erkennen und zu durchschauen, ihnen zuvorzukommen und den Gegner zu ermüden, ehe er selbst zum Angriff übergeht und die Entscheidung erzwingt.

Jeder von uns weiß aus Erfahrung, daß eine forcierte Anspannung aller Kräfte verbunden mit forcierter Herz- und Atemtätigkeit mit einer früheren oder späteren völligen Erschöpfung endet, die um so schneller eintritt und um so anhaltender ist, wenn diese Anspannung ohne Pause fortgesetzt wird.

Von dieser rein physiologischen Tatsache ausgehend, trachten wir diesen Zustand so rasch als es die Umstände und die Stärke unserer Geräte erlauben, beim Fischen herbeizuführen, und wir könnten nichts Törichteres tun, als den Fisch daran zu hindern, sich selbst tot zu arbeiten; im Gegenteil, wir müssen ihn dazu zwingen und müssen alles tun und veranlassen, um den Fisch bis zum letzten Augenblicke in Atem zu halten.

Das erreichen wir vor allem durch das ständige Schnurabziehen= lassen und wieder einholen, wobei uns die Elastizität von Gerte und Schnur unterstützen müssen, in erster Reihe die erstere, denn sie ist es vornehmlich, welche den Fisch besiegt.

In Seen trachte man so rasch wie möglich ins tiefe Wasser zu kommen, damit der Fisch keine Gelegenheit habe, in Kraut oder Rohr zu flüchten. Am Ufer sucht man das Unsichtbarmachen da= durch zu erreichen, daß man, wenn nur immer möglich, ins Land zurückgeht, unter Umständen, wenn das nicht geht, und man sonst keine Deckung hat, sich auf die Knie niederläßt.

Viele, selbst ältere Angler, werden durch den Anblick eines großen Fisches, den sie vorher, ehe sie ihn zu Gesicht bekamen, ruhig und richtig drillten, derart verwirrt, aufgeregt und so um den letzten Rest ihrer Nervenkraft gebracht, daß sie jede Besonnenheit verlieren — und dann geschieht regelmäßig ein Unglück.

Gewöhnlich wird in solchen Momenten versucht, den Fisch so rasch als möglich an das Ufer zu ziehen, ohne Rücksicht darauf, ob der Fisch auch wirklich schon so müde gedrillt ist, daß man es unbe= sorgt wagen kann, und meist mit noch weniger Rücksicht auf die Be= schaffenheit des Ufers und der augenblicklichen Landungsstelle selbst. Ist diese rauh, grobschotterig oder gar mit großen Steinen bedeckt, dann stößt der Fisch mit dem Maule an irgendeines der genannten Hindernisse, und nur allzuleicht reißt ein nur ober= flächlich oder außen oder nur in einer Schleimhautfalte sitzender Haken dabei aus, manchmal lockert sich ein Haken auch unter dem Drill, — und mit der letzten Lebenskraft macht der Fisch einen Schlag, daß das Wasser hoch aufspritzt, und erreicht wieder die ber= gende Tiefe. Man darf nie vergessen, daß der Fisch im Wasser nur ungefähr ein Sechstel seines wirklichen Gewichtes schwer ist, und nur mit diesem Sechstel das Angelzeug belastet; das ist die physikalische Erklärung dafür, daß man mit dem feinsten Zeuge die schwersten Fische landen kann, deren Gewicht ein Vielfaches der Bruchfestigkeit des Gerätes ausmacht. In dem Momente, da auch nur ein Teil des Fisches aus dem Wasser herausragt, macht sich das ganze Gewicht desselben geltend, dem natürlich die Bruch= festigkeit der Geräte nicht gewachsen ist, und es kommt zur Kata= strophe.

Man sucht daher, vorausgesetzt, daß der Fisch schon entsprechend gedrillt war, ihn an einer Stelle, welche es gestattet, zu stranden, d. h. man legt ihn mit dem Unterkiefer am Lande fest, unter stetigem Zuge der Leine, welcher nicht einen Augenblick auslassen darf. Dabei muß aber peinlich jeder Versuch, den Fisch aus dem Wasser zu heben, vermieden werden. Ist das Stranden gelungen, dann ist der Fisch absolut wehrlos, und man kann an seine endgültige Bergung denken. Ein Fisch in dieser Lage kann nur nach vorn, aber nie zurück ins Wasser mit seinen Flossen arbeiten.

Taucht der kämpfende Fisch in die Tiefe, so muß man ihn heben und so zwingen, gegen die Federkraft der Gerte zu kämpfen, — geht er hoch oder springt er über Wasser, so ist es die Schnur, welche bei momentan ausgeschalteter Gerte den Fisch durch ihre Dehnbarkeit zu halten hat; macht er eine jähe Flucht, sei es stromauf oder stromab, sei es schräghin zum anderen Ufer, so haben beide vereint diese zu parieren und zum Stehen zu bringen.

Der Uferfischer soll nicht nur mit den Armen, nein, vielmehr mit den Beinen drillen, — so lautet eine alte goldene Regel, welche leider viel zu wenig beherzigt wird.

Das heißt man soll trachten, wenn man die nötige Bewegungsfreiheit hat, sobald als möglich unterhalb von dem Fische zu gelangen, ihn zu drehen und ihn dann unter Ausnützung jedweden Druckes, welchen das Zeug erlaubt, und so rasch als möglich stromab zu führen; wenn das gelingt, dann kann man so den größten Fisch in überraschend kurzer Zeit wehrlos machen, da er beim Stromabführen nicht atmen kann und so förmlich erstickt. Dieser Vorgang wird direkt als „Ersäufen" des Fisches bezeichnet. Immer geht das nicht so programmäßig, wie ich es eben beschrieben habe; im Anfang des Kampfes hat oft und oft der Fisch auch seinen Willen und drängt mit aller Kraft stromauf oder stromab; wer in einer solchen Lage war und dem Fische nicht am Ufer folgen konnte, der weiß, welchen enormen Druck und Zug selbst stärkeres Zeug auszuhalten hat. Es bedeutet infolgedessen eine außerordentliche Entlastung des gesamten Gerätes, wenn man diesen Druck durch Mitbewegung am Ufer vermindern kann.

Solange der Fisch noch im Vollbesitze seiner wilden Kraft ist, unterlasse man alles, was geeignet wäre, seines Zeug zu gefährden oder über die Gebühr zu beanspruchen; erst wenn man Symptome von Müdigkeit an ihm wahrnimmt, wenn man sieht, daß seine Fluchten kürzer, seine Sprünge weniger lebhaft werden oder er sich gar auf die Seite zu legen beginnt, dann erst kann man versuchen, auf ihn einen Druck auszuüben und ihn langsam oder schneller dem Landungsorte zuzuführen.

Dabei darf aber die richtige Stellung der Gerte zum Fisch bzw. zu der Richtung des Zuges nicht außer acht gelassen werden. Beim Drill sollen Schnur und Gerte einen Winkel von 45 Winkelgraden bilden, ganz gleich, ob die Gerte erhoben oder zum Wasserspiegel gesenkt ist. Nur dieser Winkel gewährleistet unter allen Umständen die vollste Ausnutzung der Federkraft einer guten Gerte und bewahrt diese vor Bruch und die Schnur vor Überdehnung und Abgeprelltwerden.

Wird der Winkel kleiner oder größer, so geschieht dieses auf Kosten der guten Eigenschaften, ja sogar unter Umständen auf Kosten der Lebensdauer von Gerte und Schnur. Wird der Winkel kleiner als 45 Grad, so schafft man Bedingungen, welche leicht zu Überstreckung und selbst zum Bruche der Angelrute Anlaß geben können; wird er aber größer, so vermindert man die Elastizität der Gerte, und dies immer mehr, als der Winkel sich dem Rechten nähert; in diesem Falle haben die Schnur und das Vorfach allein die ganze Wucht des Kampfes auszuhalten, und nur zu leicht werden sie überdehnt und reißen.

Nur ein einziger Moment rechtfertigt das Senken der Gerte gegen den Fisch, — das ist der Fall, wenn man einen Fisch heben will, der sich am Grunde festbohren will, um so eine Kampfpause zu erzwingen.

Dies muß dann unter gleichzeitigem Einrollen geschehen, indem man bis zum Wasserspiegel mit der Gertenspitze heruntergeht und nun durch steten stromab und seitlich gerichteten Zug die Gerte in stetigem Zuge wieder emporhebt — und die so gewonnene Schnur gleichzeitig auf die Rolle bringt. Dieser Vorgang bezweckt, den Fisch aus seiner Gleichgewichtslage zu bringen und dadurch zu neuem Kampfe zu veranlassen. Allerdings muß man diesem Momente große Aufmerksamkeit schenken: Ein noch so leises Strecken der Gertenspitze zeigt das prompt an, daß der Fisch zu einer neuen Flucht ansetzt; man bringt die Gerte rasch wieder in den richtigen Winkel und läuft nun nicht mehr Gefahr, in einer unrichtigen Stellung der Gerte von einer wilden Bewegung des Fisches überrascht zu werden.

Es gilt als Regel, den Kampf mit dem Fische möglichst außer Sehweite und in tiefem Wasser zu führen. Ebenso wie der Fisch, welcher den Angler nicht sieht, viel vertrauter den Köder nimmt, ebenso kämpft er weniger wild und verzweifelt, wenn er seinen Gegner während des Drilles nicht zu Gesicht bekommt, sondern sich nur gegen ein unbekanntes Etwas zu wehren müssen glaubt, welches ihn in seiner freien Bewegung hindert. Viele gute Fische gehen dadurch verloren, daß sie den Angler oder seine hastigen Bewegungen erblicken, bevor sie völlig erschöpft sind.

Wenn man vom Boote aus angelt, besonders wenn dieses noch verankert ist, sollte man auf diesen Punkt noch mehr Gewicht legen als beim Fischen vom Ufer, — daher den Fisch in möglichst weiter Entfernung vom Boote drillen und besonders darauf acht haben, daß der Fisch nicht unter dieses gelangen oder sich gar an den Ankerseilen verfange. Ein Drill auf 20 bis 25 Meter Distanz ist am angenehmsten; deshalb lasse man den Fisch ruhig auf diese Entfernung Schnur abziehen.

Winter, Grundangeln. 2

Ist man soweit, dann lege man die Gerte, nachdem man zuvor die Schnur ergriffen hat, zur Seite, und zwar nie mit der Spitze zurück ins Land, sondern möglichst parallel zum Ufer. Das hat seinen guten Grund! Wenn durch was für Umstände immer der Fisch doch noch eine letzte Flucht machen sollte, dann hat man, wenn die Gerte so liegt, wie ich es rate, diese immer mit einem Griffe gefaßt, und noch mehr — schnell wieder in der zum weiteren Kampfe richtigen Stellung.

An der gefaßten Leine handelt man sich Schritt für Schritt zum Fisch heran, und erst im letzten Momente greift man zum Landungsgerät. Geübte Fischer verzichten vielfach auf ein solches und ziehen es vor, jeden Fisch einfach mit der Hand aus dem Wasser zu heben, sei es mit Untergriff in die Kiemen, sei es mit dem Griff in die Augenhöhlen, von dem ich allerdings zugebe, daß er nicht einer der sichersten ist, — sei es durch Umklammerung der Schweifwurzel mit folgendem Herausschieben oder Heben; jedenfalls gehört dazu eine Portion Kaltblütigkeit und Übung, aber andererseits macht ein so gelandeter Fisch, ganz besonders, wenn die Landung unter schwierigen Verhältnissen erfolgte, doppelte Freude und Befriedigung.

Wenn ich schon vom Landen spreche, so muß ich einen wichtigen Umstand zur Sprache bringen, dessen in der Literatur leider so wenig gedacht wird, daß er in vielen, ja um nicht zu sagen den meisten Fällen ganz außer acht gelassen wird; nämlich die richtige oder, noch besser gesagt, rechtzeitige Anwendung der Landungsgeräte: Netz und Gaff. Ich habe fast nirgends in der Literatur betont gefunden, daß der letzte und überlegteste aller Griffe der nach dem Landungsbehelfe sein soll, und daß er erst zu erfolgen hat, wenn der Fisch tatsächlich müde gedrillt bzw. gestrandet ist. Ausnahmen bei einer forcierten Landung oder bei Ausnutzung außergewöhnlich günstiger Verhältnisse sind und bleiben solche unter allen Umständen, denn derartige Handlungen werden eben nur vom Momente und der gegebenen Situation diktiert.

Regel sei und bleibe: „Zeige dem Fische nie Netz oder Gaff, ehe er nicht landungsreif ist."

Heintz sagt wohl ganz richtig, daß die meisten Fische beim Landen verloren werden, aber warum sagt er nicht bzw. daß in 95% der Fälle daran einzig und allein die verkehrte oder unrichtige oder noch viel öfter die ganz unzeitgemäße Anwendung der Landungsbehelfe die Schuld hat.

Ein noch nicht ganz müde gedrillter Fisch von nur einigermaßen beträchtlicher Größe wird unweigerlich beim Anblick des Netzes oder Gaffs, wenn man ihm gerade in diesem Augenblick mit beikommen will, eine letzte wilde Flucht machen, auch wenn er schon willig dem Zuge der Gerte gefolgt ist, und in diesem Momente passieren meistens die Unglücke: Bruch der Spitze, Reißen der Leine oder der Vorfächer u. dgl.

Der voreilige Angler aber, dem der Fisch die Leine oder das
Vorfach abgeprellt hat, jammert über sein Unglück und Mißgeschick,
schimpft womöglich kritiklos über den unschuldigen Lieferanten
seiner Geräte und — macht dieselbe Dummheit prompt beim nächsten Male wieder, weil Hast und Übereilung ihn die Vorsicht vergessen lassen. Beim Fischen vom Ufer ist es Regel, das Netz von
unten her, also stromaufwärts unter den Fisch zu bringen und ihn
so darüber zu leiten, daß er mit der Strömung in dasselbe förmlich
hineingleite; man vergesse aber nicht, das Netz ganz in das Wasser
zu tauchen, und achte peinlich darauf, zu vermeiden, daß der Fisch
an dasselbe anstreife, was ihn gewöhnlich zu einer neuen Flucht
veranlaßt.

Beim Waten wird man wohl oder übel den Fisch zu sich stromaufwärts herführen müssen und so ins Netz führen, aber doch wird
es selbst dabei noch in sehr vielen Fällen gelingen, durch eine Wendung des Körpers eine Stellung einzunehmen, welche es gestattet,
von unten und hinten her das Netz unter den Fisch zu schieben;
angelt man in einem fließenden Wasser vom Boote aus, dann allerdings muß man die Dinge nehmen, wie sie eben liegen, und muß
darum auf ein vollständiges Müdedrillen des Fisches das doppelte
Gewicht legen.

Etwas muß ich aber der Vollständigkeit halber noch über das
„Werfen" und das „Heben" der gefangenen Fische sagen. Das
Werfen ist die roheste Art des Landens, meist nur geübt von den
unbeholfensten Anfängern und jenen, welchen unsere Kunst ewig
ein Buch mit sieben Siegeln sein wird. Nicht zu reden von jenen,
welche nur mit dem allerstärksten Zeuge angeln und denen der Angelsport nur die unbedingte Erbeutung des Fisches bedeutet. Mit
feinem oder gar feinstem Zeuge einen Fisch werfen zu wollen,
daß er in einem Bogen aus dem Wasser fliegt, bedeutet in allen
Fällen ein Unglück, selbst bei recht kleinen Fischen; meist reißt oder
bricht etwas, sei es die Schnur oder die Spitze — und ein Angler,
den solche wiederholte Vorfälle nicht zur Besonnenheit und Selbstbeherrschung sowie zur vernunftgemäßen Handhabung seiner Geräte erziehen können, soll das Angeln ruhig aufgeben, — er wird
es nie erlernen.

Hie und da ergeben sich aber Situationen, in denen man gezwungen ist, einen Fisch, den das Zeug gerade noch trägt, ohne zu
reißen, über eine ungünstige Stelle, wie hohe Ufermauern u. dgl.,
zu heben, namentlich wenn man keine günstige Stelle zur Landung
erreichen kann oder dem Fische mit dem Landungsgeräte nicht beikommen kann, weil es zu kurz ist: es ist und bleibt immer eine ris-
kante Sache. Unbedingt soll man den Versuch nie unternehmen,
ehe man den Fisch nicht bis zur völligen Erschöpfung gedrillt hat.
Und selbst dann verliert man noch oft genug den Fisch im letzten
Augenblick, wenn man den scheinbar Leblosen zu sich hereinheben
will, durch Anstreifen an irgendein Hindernis, was ihn zum Zappeln
und Schlagen reizt. Will man den Fisch mit der Gerte heben,

2*

dann trachte man es mit möglichst horizontal gehaltener Rute zu machen, indem man so viel Leine als nur möglich einrollt und nun langsam, ohne den leisesten Riß den Fisch mit gleichmäßigem Schwung aus dem Wasser hebt; aber man hüte sich im letzten Momente des Hebens dem Fische noch einen Schwung geben zu wollen, um ihn so ans Land zu bringen; dieser Versuch endet gewöhnlich böse für den Angler. Bei steilgehaltener Gerte riskiert man diese zu überstrecken oder zu brechen, weshalb ich die Horizontalhaltung angeraten habe.

Viel sicherer habe ich gefunden, ist es, die Gerte wegzulegen, nachdem man vorher die Leine in die Hand genommen hat, und nun Zug um Zug den Fisch in die Höhe zu „hanteln", aber auch dieses „Hanteln" muß ohne Unterbrechung und in gleichmäßigem Tempo geschehen. Auch hierbei muß man sich sorgfältigst hüten, irgendwo mit dem Fische anzustreifen oder die letzten Züge zu überhasten oder gar den Versuch zu machen, den Fisch im letzten Zuge werfen zu wollen. Das führt immer zu seinem sicheren Verluste.

Am besten gelingt das, wenn man zu zweit ist und der andere im geeigneten Augenblick das Netz unter den Fisch halten kann, wenn man ihn soweit heraufgehoben hat. Dann läßt man den Fisch hineinfallen.

Mit der Zeit erlernt nun unser Anfänger alle Kunstgriffe, Kniffe und Fertigkeiten — er wird ein fermer Fänger und Fischer — und damit hat er wohl die Höhe sportlicher Fertigkeit erklommen — aber um Meister in der Kunst zu werden, dazu genügt nicht allein und lediglich die Beherrschung des Handwerksmäßigen. Nein — ein Meister muß sich den Geist seiner Kunst zu eigen machen, muß das Ethische über das Materielle stellen können und auch Beschränkung üben können, d. h. er muß sich zum Heger und Schoner weiterentwickeln, und sei es auch unter Verzicht auf billigen Ruhm.

Ein gerechter Angler fängt nicht mehr „Fische", sondern „Den" Fisch, sucht nur seine Befriedigung darin, nur die größten und schwersten zu erbeuten, die anderen aber leben zu lassen, damit sie wachsen und sich nach dem Gebote des Schöpfers vermehren können, auf daß ein Same bleibe für kommende Geschlechter.

Wieviele Fische werden doch jedes Jahr erbeutet, welche man hätte beruhigt ihrem Elemente wieder zurückgeben können, armseliges, kaum mittelmäßiges Zeug, wertlos als Nahrung und darum noch viel wertloser als Sportobjekt; aber nein, das läßt die liebe Eitelkeit nicht zu, weil vielleicht Genosse Müller oder Schulze um einen solchen Däumling mehr im Netze haben. Das ist kein weidgerechtes Tun!

Unsere Gewässer verarmen von Jahr zu Jahr in ganz bedenklicher Weise und Schnelligkeit, besonders jene, welche Edelfische führen, zu denen ich nicht allein nur die Salmoniden zähle. Zugegeben, daß diese sich spärlicher vermehren als Friedfische oder sogar Hechte und Barsche, das soll doch kein Grund sein, in Gewässern, wo nur solche vorkommen, Raubwirtschaft zu treiben.

Hierfür gibt es keine wie immer Namen habende Entschuldigung oder Begründung, am wenigsten doch wohl die alberne und doch leider gang und gäbe: „Fange bzw. behalte ich den Fisch nicht, so tut's doch der andere."

Wenn solche Ansichten nicht radikal ausgerottet werden, dann werden wir mit unseren Bestrebungen wohl auf keinen grünen Zweig kommen. Darum kann nicht oft und nicht eindringlich genug gesagt und immer wieder gesagt werden: Maß halten und schonen! Maß halten! Nicht mehr Fische fangen, als man gerade braucht und verwenden kann, und selbst dann, wenn es sich nur um Plötzen handelt! Immer auch an jene denken, welche nach uns kommen werden und unser Erbe antreten sollen, und welche gewiß unser Andenken nicht segnen werden, wenn wir ihnen fischleere Wasser hinterlassen haben. Der Fisch hat schon genug Feinde in der Natur selbst, welche seine Vermehrung beschränken; muß es denn gerade die „Krone der Schöpfung" sein, welche ihn ausrottet? Das soll sich ganz besonders der Anfänger gesagt sein lassen und sich frühzeitig an weise Selbstbeherrschung und Maßhalten gewöhnen.

Fleißige Lektüre von Fachblättern und Anglerzeitungen wird ihm behilflich sein, sich weiterzubilden und in die Fragen, welche für unser Sportleben von einschneidender Bedeutung sind, Einblick zu erhalten. Hier wird er auch den Anschluß an andere Gleichgesinnte und gesinnungsverwandte Männer finden und teilnehmen können an dem Widerstreit der Meinungen.

Hier wird er aber auch die Anregung und Überzeugung bekommen, daß der Einzelangler nur in den allerseltensten und allergünstigsten Fällen mit seinen Hege- und Besetzungsmaßnahmen reüssieren kann und daß ein enger Zusammenschluß aller gut anglerisch Fühlenden und Denkenden eine zwingende Notwendigkeit ist. Besonders da, wo es sich um den Kampf mit Faktoren handelt, denen nur eine geschlossene Organisation mit Erfolg gegenübertreten kann.

Nur eine geschlossene und gutorganisierte Masse kann sich durchsetzen und gegenüber Unverstand und Gleichgültigkeit, sei es welcher Schichten und Stellen immer, mit Erfolg ankämpfen.

Wir Angler haben heute andere Ziele, als sie vielleicht unsere Väter hatten. Diese fochten für die Ausgestaltung und das Ansehen ihres Sports, wir aber nicht nur für diese allein, sondern auch, und das heute in erster Linie, für seine Erhaltung; denn wenn die Vernichtung und Verödung unserer Gewässer in dem Tempo von heute noch ein paar Dezennien andauern sollte, dann hört der Angelsport von selbst auf.

Es braucht wohl nicht erst besonders betont zu werden, daß ein gerechter Angler nebst anderen Tugenden auch ein warmes Herz für die stumme Kreatur in seiner Brust trägt und allem abhold ist, was auch nur entfernt nach Tierquälerei aussieht.

Eine solche ist es unleugbar, wenn jemand gefangene Fische, statt sie zu töten, am Boden seines Kahnes oder am Strande des Ufers verschmachten läßt, wie man es leider noch vielfach beobachten kann; auch das Aufreihen gefangener Fische in lebendem Zustande an einer Schnur, welche durch die Kiemen gezogen ist, kann ich nicht als human bezeichnen; Fische, welche man lebend erhalten will, gehören in ein Lägel oder in ein entsprechend geräumiges Tragnetz.

Will man nach dem Angeln die Fische töten, dann tue man dies durch einen energischen Schlag mit einem sog. „Fischtöter" auf den Oberkopf, oberhalb der Augen. Man bedenke immer und überall, daß der Name „Angler" für uns ein Ehrentitel sein muß, und vermeide alles, was unserem Ansehen in den Augen der Nichtangler oder erst recht in denen der Gegner des Angelsports Abbruch tun könnte.

3. Gerätekunde.

Die Angelrute.

So wie die moderne Waffentechnik und Ballistik den Schießsport und die Jagd von heute charakterisieren, so spiegelt sich der moderne Angelsport in seinen Geräten und ihrer Vervollkommnung wieder.

Es ist noch nicht allzulange her, daß die altehrwürdige Haselnußgerte aus dem Rüstzeug des Anglers und besonders des Grundanglers ausgeschieden ist, und viele alte Angler schwören noch heute auf sie, wenn auch ihre Zahl von Tag zu Tag geringer wird. Das waren noch vielfach jene, welche ihre Gerten selbst bauten.

Um aufrichtig zu sein, ich möchte es nach meinen Erfahrungen keinem raten, sich mit dem Bau von Gerten zu plagen; das Resultat ist meist sehr unbefriedigend, und der endliche Gestehungswert einer solchen Gerte, selbst wenn sie gelungen ausfiel, nicht viel geringer, als hätte man sie bei einem soliden Fabrikanten bauen lassen.

Unsere heutigen Gerten sind entweder aus Holz oder aus einer Kombination dieses mit Rohr, auch ganz aus Rohr hergestellt; die ganz feinen und leichten aber aus gespließtem Bambus.

Von den vielen Holzarten, welche sich zum Bau von Angelruten eignen, sind es hauptsächlich nur noch zwei, welche heutzutage in uneingeschränkter Verwendung stehen: nämlich Greenheart und Lanzenholz.

Das erstere zu ganzen Gerten, letzteres meist nur noch zu Mittelteilen und hauptsächlich Spitzen an den Rohrgerten.

Längere Gerten ganz aus Holz herzustellen, würde dieselben zu schwer und massiv ausfallen lassen, deshalb findet für diese Bambus eine ausgezeichnete Verwendung.

Nicht jede Bambusart ist zur Erzeugung von Angelruten geeignet; hauptsächlich sind es zwei Sorten: der Indische, auch Kalkuttarohr genannte, und der gelbe oder schwarze Japanische Bambus; der Schwarze wird vielfach mit dem, allerdings falschen Namen Pfefferrohr bezeichnet. Zu kurzen und sehr leichten Gerten aus einem Stücke bis zu 2½ Meter sowie zu nadelfeinen Spitzen eignet sich hervorragend eine Abart des Bambus, das Jambis-Rohr, bekannt unter dem Namen „Wurzelbambus".

Eine Klasse für sich bilden die gespließten Gerten, welche, wie ihr Name besagt, aus einzelnen Splißen, meist sechs, zusammengesetzt sind. Da diese Splißen nur die zähe Kieselrinde enthalten, können diese Gerten äußerst grazil, leicht und doch enorm widerstandsfähig gebaut werden; allerdings hat der Begriff „leicht", dessen oberste Grenze ich mit 225—280 Gramm für eine Gerte von ca. 3 bis 3½ Meter ansetze, auch bei dieser Länge schon sein Ende; von da an wächst das Gewicht von 3 zu 3 Zoll rapid, was man bei Anschaffung einer langen Gerte nie außer acht lassen soll.

Wer es weiß, mit welcher Sorgfalt und Präzision eine Gespließte hergestellt sein muß, um auf den Namen einer Qualitätsgerte Anspruch zu erheben, der wird sich von vornherein darüber klar sein, daß eine solche nie das sein kann, was man landläufig „billig" nennt. Leider wird in letzter Zeit auch in diesem Artikel unverantwortlich viel Minderwertiges auf den Markt geworfen, das selbst um den billigsten Preis noch viel zu teuer ist.

Beim Einkauf einer Gespließten hat man auf eine Menge Einzelheiten Rücksicht zu nehmen: Außer auf die richtige Gewichtsverteilung und den guten Schwung, den jene, auch die einfachste Bambusrute haben muß, hat man vor allem auf eine korrekte, saubere Ausführung der Spließung und Leimung zu achten. Unreelle Erzeuger geben Gerten heraus, an denen die Splißen auf den Kanten verhobelt sind, um unsaubere Arbeit zu verwischen; das ist ein großer Fehler, denn wo die Kieselrinde fehlt, ist die Gerte geschwächt, und das weiche Innere verfällt trotz allem Lack dem Verderben. Andererseits findet man an solchen Gerten klaffende Spließen, deren Zwischenräume mit irgendeinem Kitt verschmiert sind, um den Fehler zu verdecken.

Oft entdeckt man solche Verschleierungen erst hinterher, wenn im Gebrauche der Lack und die darunterliegende Kittlage abspringen.

Verdächtig sind allemale an „billigen" Gespließten auffallend zahlreiche Bindungen. Der beste Rat, den man einem Käufer geben kann, ist der, lieber bei einer soliden Firma etwas mehr zu bezahlen und dafür die Gewähr zu haben, ehrliche Ware zu erstehen, als billige Sachen irgendwo zu kaufen, wo man über deren Herkunft nicht im klaren ist. Unsere Industrie erzeugt heute gerade Gespließte in einer Qualität, welche dem Auslande vollständig gleich kommt, so daß man vertrauensvoll im eigenen Lande kaufen kann. Um es aber gleich zu sagen, zur Grundangelei, auch zu der feinen und feinsten, ist es absolut keine unabweisbare Notwendigkeit, unbedingt eine Gespließte zu führen. Nichtsdestoweniger halte ich es aber für einen großen Vorteil, wenn die Gertenspitze oder wenigstens ihr letztes Drittel gespließt ist, das kommt dem Anhiebe sehr zugute. Ob wir uns nun zu einer einfachen Gerte aus Holz oder zu einer aus irgendeiner Bambusart oder zu einer mehr kostspieligen Gespließten entschließen: immer muß als erste und oberste Forderung die aufgestellt werden, daß die Gerte einen tadellosen Schwung besitze, das richtige Gleichgewicht habe und im jeweiligen Verhältnis zu ihrer Länge möglichst leicht sei.

Was zunächst den Schwung anbetrifft, so herrscht über diesen Punkt noch vielfach Unklarheit. Der Schwung ist das Endergebnis der Konstruktion; ist diese gelungen, so schwingt die Gerte richtig, wie sie schlecht schwingt, wenn das Gegenteil der Fall war. Nehmen wir eine gut gebaute und richtig dimensionierte Gerte in die Hand und machen die Bewegung eines starken Anhiebes, so muß die Gerte diesem Impulse folgend vom Handteil weg bis in die Spitze hinein gleichmäßig ausschwingen, welche Bewegung an der Spitze nach dem stärksten Ausschlage in ganz wenig, immer kürzer werdenden Ausschlägen beendet sein muß. Je nachdem, ob die Gerte steifer oder weicher ist, werden die einzelnen Schwingungsphasen weiter oder enger sein, aber immer bei beiden Gerten gleich lang und stets in einer und derselben Ebene verlaufen.

Machen wir dieselbe Bewegung mit einer schlecht konstruierten Rute, so sehen wir, daß die Schwingungen ungleichmäßig sind, in manchen Fällen, besonders bei solchen Gerten, welche im Mittelstücke zu schwach oder nicht richtig verjüngt sind, förmlich unterbrochen erscheinen; das Ausschwingen der Spitze erfolgt nicht wie bei der vorerwähnten in rasch abnehmenden Ausschlägen, sondern diese behalten ihre Weite lange bei, und nicht nur das, es treten seitliche Vibrationen auf, oft so deutlich, daß der Endring förmlich einen Kreis beschreibt. Gerten dieser Art sind wertlos, denn mit solchen ist weder ein korrekter noch ein weiter Wurf auszuführen, noch weniger aber ein richtiger Anhieb.

Mit dem Schwunge organisch zusammenhängend, aber nicht identisch ist jene Eigenschaft einer Gerte, welche wir mit „Rückgrat" bezeichnen. Eine Gerte mit Rückgrat hat von Hause aus einen guten Schwung, aber noch mehr als das: das Rückgrat erhält der Gerte ihre gerade Form nach schwerem Drill und jahrelangem Gebrauche sowie die ungeschwächte Federkraft, welche notwendig ist, um den Fisch zu besiegen.

Hat eine Gerte einmal ihr Rückgrat verloren, was sich dadurch zeigt, daß sie die Bogenform annimmt und trotz Ausbiegens und Streckens beibehält, dann stelle man sie getrost außer Dienst.

Zeigt eine neue Gerte von Hause aus diese ominöse Bogenform, dann ist sie das, was man gemeinhin „kopfschwer" nennt, d. h. im Mittelteil schlecht dimensioniert; tritt die Bogenform schon nach kurzem Gebrauche ein, dann hat die Gerte kein Rückgrat; eine Korrektur ist in dem einen Fall wie im anderen so gut wie ausgeschlossen, und es ist besser, sich von einem solchen Besitze bei

Zeiten zu trennen, denn er ist die Quelle unzähliger Mißerfolge und imstande, einem die Freude am Sport zu vergällen. Eine gute Gerte, besonders eine Gespließte, kann, gute Behandlung vorausgesetzt, ihren Besitzer jahrzehntelang durch ihre Dienste erfreuen, ihn sogar überleben, darum sei man nicht knauserig bei ihrer Anschaffung.

Die äußere Ausstattung einer Gerte kann bei aller Gediegenheit doch sehr einfach und trotzdem zweckdienlich sein. Die modernen Gerten sind heutzutage durchwegs mit Einrichtungen zum Anbringen der Rolle und mit Schnurlaufringen versehen.

Bei Befestigung der Rolle erfolgt am Handteil, welcher in vielen Fällen ein besonders gearbeitetes Griffende aufweist, teils aus Kork, teils aus Holz; es ist aber von großer Wichtigkeit, daß das Handteil in seiner ganzen Länge durch dieses Griffstück hindurchgeführt sei und nicht nur aufgesetzt, was besonders bei leichten Ruten von Bedeutung ist. Bei Gerten, welche durchaus aus Rohr gebaut sind, ist ein spezieller Griff nicht immer notwendig; wohl aber stelle ich wenigstens die Forderung, daß der Griff „parallel" sei, und mir die Anbringung der Rolle an jedem beliebigen Punkte mit Hilfe einer frei verschieblichen Rollenbefestigung erlaube, im Gegensatze zu den auch heute noch vielfach üblichen festen Rollenkästen. Die bislang im Gebrauch gewesene Anbringung der Rolle hinter der Hand bei den für Grundangelei bestimmten Ruten ist meiner Ansicht nach überlebt und unzweckmäßig, was vielleicht auch mancher meiner Leser schon als wahr empfunden haben wird.

Ich habe mir deswegen an alle meine Grund- und auch an alle Spinngerten Handgriffe machen lassen, die parallel sind und deren frei verschiebliche Ringe es mir gestatten, die Rolle da anzubringen, wo es gerade meinen Bedürfnissen am besten entspricht.

Die frei verschieblichen Ringe müssen allerdings von sehr gutem Materiale sein, vor allem nicht aus zu weichem, sonst biegen sie sich zu viel auf und die Rolle verliert ihren Halt, kann sogar aus ihrer Verbindung herausfallen; aber bei sorgfältiger Ausführung ist das nicht zu fürchten. Wer ganz sicher gehen will, der muß allerdings sich dazu entschließen, die teuere, aber absolut verläßliche Rollenbefestigung mittels Schraubringen, Patent Hardy, einbauen zu lassen. (Abb. 3.)

Die aus einem ungeteilten Stücke bestehende Gerte ist heute fast nur bei den Anglern im Gebrauche, welche direkt am Wasser wohnen; ihre unleugbaren Vorzüge: das Fehlen jeglicher Ver-

Abb. 3.

bindungsstücke, brillanter Schwung und nicht zuletzt erhebliche Billigkeit und Leichtigkeit bei Längen über das normale Maß hinaus, werden leider durch die nahezu Unmöglichkeit, ein so langes Stück auf weitere Ausflüge mitzunehmen bzw. es an dem Angelorte vor Schädlichkeiten geschützt aufzubewahren, illusorisch gemacht. Deshalb baut man schon seit langer Zeit zerlegbare Gerten aus zwei, drei und mehr Teilen; die alten Angler verwendeten zu dem Zwecke die heute gebräuchlichen Hülsen selten, weil es damals noch kein nahtlos gezogenes Rohr gab und die gelöteten Hülsen nicht verläßlich waren, da sie oft an der Lötung aufplatzten.

Damals verwendete man Splissungen, d. h. die abgeschrägten Teilenden trugen kurze ringförmige Bänder an den Enden, in welche die Teile eingeschoben wurden, die dann durch Umwinden mit Pechfaden oder Pflasterstreifen in ihrer Lage erhalten wurden.

Das Verfahren war zwar umständlich, aber nicht schlecht, und selbst heutzutage werden sogar in England noch Lachsruten mit dieser Verbindungsweise gebaut und von diesen allen Ernstes behauptet, daß sie einen besseren Schwung hätten wie die durch Hülsen verbundenen Ruten. Ich selbst habe in meiner Jugend viel mit solchen Gerten gefischt und muß sagen, daß an der Sache etwas Wahres ist. Jedenfalls ist eine solche Verbindung viel solider und verläßlicher als eine mit schlechtem Zwingenmaterial, wie es leider vielfach bei Gerten zu finden ist, die als Massenware auf den Markt geworfen werden.

Moderne Angelruten besserer Sorten werden jedoch heute durchgehend nur noch mit doppelten Zwingen versehen, welche aus nahtlos gezogenem Messingrohr hergestellt sind. Wenn diese so geschliffen sind, daß die beiden Hülsen saugend ineinandergreifen, daß beim Auseinanderziehen der Teile ein Knall wie von einer Stöpselbüchse entsteht, geben sie eine einwandfreie Verbindung ab. Vielfach wird die Verbindung noch verstärkt durch Holz- oder Metallzapfen, welche von dem oberen Teile in eine Ausbohrung des unteren hineingreifen. Mir erscheint dies aber überflüssig, denn bei einer Gerte aus Holz erscheint mir die Ausbohrung des in der Hülse liegenden Teiles als Schwächung oder zum mindesten als künstliche Schaffung eines neuen Punktes verminderten Widerstandes. Diese Meinung scheinen auch die amerikanischen Rutenbauer zu haben, denn diese erzeugen fast ausschließlich Gerten ohne irgendeine Verzapfung. Holzzapfen haben außerdem die unangenehme Eigenschaft, zu quellen, was zu Verklemmungen führt, und Metall- oder mit solchem beschlagene Zapfen erhöhen das Gewicht mitunter nicht unerheblich. Solide, verschliffene Hülsen geben vollständige Sicherheit gegen das Hinausgleiten der verbundenen Teile oder das Verdrehen derselben zueinander während des Angelns; solche Hülsen machen auch die Anbringung von besonderen Verschlüssen, wie Druckknopf und Bajonettverbindungen, welche meist schwer, immer aber teuer sind, überflüssig. Dagegen verdient ein anderer Punkt erhöhte Beachtung — nämlich die Art der Anbringung und Verbindung der Hülse mit dem Rutenteile; die Hülse muß auf diesen so aufgesetzt sein, daß die Verbindung eine unveränderlich feste und dauernde ist, aber das Holz oder Rohr darf dadurch nicht geschädigt werden.

Ein schwerer Fehler des Erzeugers ist es, wenn er unter der Hülse den Körper des Gertenteiles zuviel abnimmt, um so einen schönen Verlauf zu erreichen, oder wenn manche Erzeuger Hülsen verarbeiten, deren Dimensionen nicht zu denen der Teile abgestimmt sind; derartige Gerten neigen zu Bruch an den Verbindungsstellen, denn an und für sich ist ja schon bei der solid gearbeiteten Gerte die Verbindung an der Zwinge ein Gefahrpunkt.

Ein noch schwerwiegenderer Fehler aber ist es, wenn die Hülsen an die Teile angewürgt werden wie eine Messingpatrone an ein Geschoß; diese Verbindungsweise würgt nämlich direkt die Holzfaser ab, und an dieser Stelle kommt es totsicher früher oder später zum Bruche. Auch das beliebte Fixieren der Hülsen mittels durchgeschlagener Stifte ist eine bedenkliche Sache, denn auch das schwächt das untenliegende Material, besonders das der an und für sich dünneren Spitzen; aber nicht nur das: mit der Zeit bringt Feuchtigkeit unter der Hülse ein, und da dieselbe in dem Raume, in dem der Stift läuft, nicht abdunsten kann, kommt es im Laufe der Zeit dazu, daß dort das Holz verrottet, und eines schönen Tages bricht die Gerte in der Hülse.

Wie ich schon oben erwähnt habe, ist der Verbindungspunkt zwischen den einzelnen Teilen ein solcher des verminderten Widerstandes; die Zwinge ist nun einmal etwas Starres, das den Schwung der Fasern des Materials unterbricht; je länger die Hülse, um so länger ist die starre Strecke, um so größer die Verminderung der Elastizität. Man hat daher einen Ausweg zu finden gesucht und denselben auch gefunden, indem man die Hülsen an den den Holzteilen anliegenden Seiten mit Einkerbungen versieht, über denen dann das Metall verlaufend bis zur Papierdünne abgeschliffen wird. Diese Art Hülsen, welche bei allen besseren Gerten Verwendung finden sollte, verhindert das Klemmen und Würgen des Holzes und schmiegt sich der Unterlage passend an, wie nebenstehende Abbildung zeigt. (Abb. 4.)

Die Leitung der Schnur entlang der Gerte besorgen die Ringe, welche heutzutage nur mehr noch aus Stahl, mit oder ohne Einlagen aus Achat, Porzellan oder beweglichen Stahlringen erzeugt werden. Die alten „stehenden" Ringe aus Messing findet man nur noch an ganz billigen Gerten der Marktware. Sie sind überholt worden durch die sog. Schlangenringe (Abb. 5a), welche man noch sehr häufig sieht, trotzdem auch sie nicht mehr den Forderungen des Tages entsprechen. Ihr unleugbarer Nachteil ist, daß sich die jetzt gebräuch-

Abb. 4.

lichen dünnen Schnüre im feuchten Zustande zu leicht an bie Gerte
ankleben, was den Wurf erheblich stört.

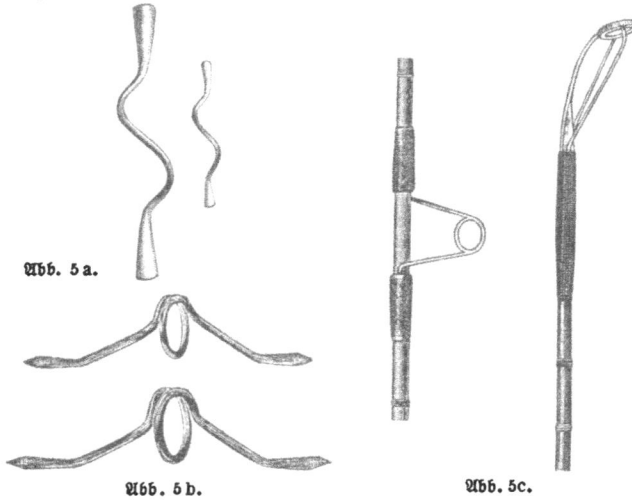

Abb. 5a.

Abb. 5b.

Abb. 5c.

Aus diesem Grunde hat man die Brückenringe (5b) konstruiert,
welche diesem Übel begegnen sollen und es tatsächlich auch beheben;
besonders die von der Gerte weit abstehenden
„Spider Legs" (5c) — „Spinnenbeine" erfüllen den
gedachten Zweck ideal und sind außerdem viel
leichter als die sonst gebräuchlichen gewöhnlichen
Stegbrückenringe. Die Gerte ist mit Spiderlegs
ausgestattet.

Abb. 6.

An besseren Gerten findet man meist den ersten
Ring am Handteile (Abb. 6) und den an der
Spitze, den sog. Endring mit Achat oder Porzellan gefüttert, manchmal auch mit einem Stahl-
ring (Abb. 7), der in seiner Fassung leicht beweglich ist. Solche Ringe tragen viel dazu
bei, das Leben der Leine zu verlängern, indem sie die Reibung auf ein Minimum herab-
setzen, welche bekanntlich am stärksten am
ersten und letzten Ringe in Erscheinung
tritt. Man sollte im Interesse seiner
Schnur immer wenigstens einen gefütterten Endring anbringen lassen,
von einer Konstruktion, die das
lästige Verfangen der Schnur um
ihn möglichst ausschließt; solche zeigen die folgenden Abbildungen.

Es ist ein Fehler, wenn man die Ringe an seiner Gerte zu eng nimmt, besonders dann, wenn man seinen Sport auch im Winter betreiben will; man muß deshalb nicht in das Extrem verfallen, aber im Verhältnis zu den Dimensionen der Gerte nehme man die Ringe lieber etwas weiter. Auch die Zahl der Ringe ist nicht ohne Bedeutung für Schwung und ungestörten Wurf. Man sieht oft Gerten, welche mit Ringen förmlich gespickt sind; das ist überflüssig und störend; auch das Gegenteil ist nicht gut, in beiden Fällen ist ein gesunder Mittelweg das Richtige. Um das Richtige zu treffen, gehört eine gewisse Erfahrung dazu, welche man erwerben muß.

Eine viel diskutierte Frage ist die, wie lang man seine Angelrute wählen soll. Jemand, der immer an ein und demselben Wasser auf dieselben Fischgattungen angelt, hat es bei der Wahl seiner Gerte leicht, weniger der, welcher seinen Sport im Umherziehen betreibt und mit verschieden gestalteten Angelverhältnissen zu rechnen hat. Im allgemeinen kann man wohl sagen, daß man mit einer Gerte von 3—3½ Metern im Durchschnitte sein Auskommen finden wird; aber es ergeben sich soviele Momente im Anglerleben, in denen eine lange Gerte von 4—5 Metern und sogar darüber wünschenswert und wertvoll wäre einerseits, andererseits aber die Anschaffung zweier guter Gerten als zu kostspielig empfunden wird.

Dieser Erwägung Rechnung tragend, hat man in früheren Zeiten Gerten gebaut, welche durch Auswechseln von Teilen und Spitzen verschiedene Kombinationen gestatten

Abb. 7.

sollten; in der Praxis haben sich alle als unbequem zu transportieren und vielfach unpraktisch erwiesen.

Der Hauptgrund dafür war der Umstand, daß man sog. Universalruten schaffen wollte, die für alle Zweige der Angelfischerei dienen sollten; allein ebensowenig wie man ein Pferd nicht für alle Zweige des Reitens und Fahrens verwenden kann, ist dies auch bei unserem Sporte mit der Gerte der Fall. Eine brauchbare Kombination ist nur möglich zwischen Grund- und Spinngerte, und auch da nur in gewissen Grenzen, die nicht allzuweit gezogen werden dürfen.

Anders liegen die Verhältnisse, wenn es sich um die Verbindung von Grund- und Fischchengerte handelt; hier genügt tatsächlich das Wechseln der Spitze, um ein brauchbares einwandfreies Geräte zu haben; wird diese Kombination noch durch einen zweiten, kurzen

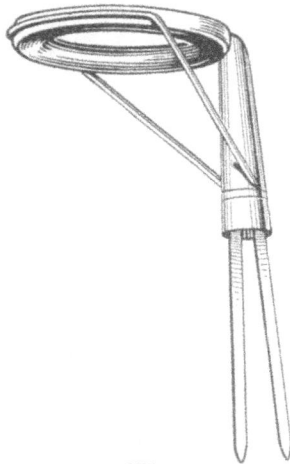

**Verſchiedene
Gertenmodelle.**

Abb. 10.

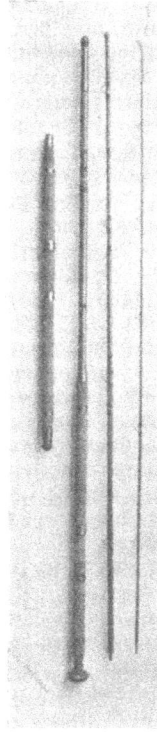

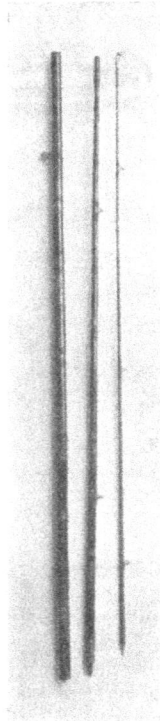

Abb. 9 a.

Abb. 9.

Handteil er-
weitert, wel-
cher es geſtat-
tet, die Ruten-
teile an beiden

Abb. 8.

Enden anzuſtecken, in welchem
Falle ſeine Zwingen von verſchie-
dener Weite ſein müſſen, dann
kann man mit ſeiner Hilfe und
unter Verwendung einer zweiten
Spitze einige brauchbare Kombinationen zuſammen-
ſtellen, welche in ihrer verſchiedenen Länge und Stärke
ſich den jeweils gegebenen Verhältniſſen anpaſſen. In
dieſem Sinne laſſe ich eine Kombinationsgerte gelten.

Die Handteile der meisten besseren Gerten enden in einen Knopf, teils aus Holz, teils aus Gummi; dem Zwecke des Grundanglers entsprechen beide, nur sollen sie beide sich aus dem Handteile ausschrauben und durch einen Erdspeer ersetzen lassen. Dieser ist in seiner gewöhnlichen Form für die Gerten bis zu 3½ m ganz ausreichend, um diese in der Erde oder am Ufer feststecken zu können. Für die langen und dementsprechend schweren Gerten zur Fischerei mit dem schweren Bodenblei, wie sie zum Barbenfischen in großen Strömen meistens Verwendung finden, ist der von Fellner empfohlene Dorn aus Eisen in der Stärke eines Fingers und ca. 12 cm lang vorzuziehen, weil er der Rute auch noch ziemlich viel Schwere in die Hand verleiht und so ihre Balance verbessert. Ich will nun im folgenden verschiedene Modelle von Gerten besprechen, welche heutzutage bei der Grundangelei Verwendung finden.

Abb. 8. Eine 2,40—2,60 m lange Gerte aus Greenheart oder gespließtem Bambus. Diese Gerte ist vornehmlich für die feine Fischerei mit Wenderollen und sehr feinen Schnüren bestimmt, ist äußerst leicht und einhändig zu führen. Sie eignet sich vor allem dort, wo man kein allzugroßes Wasser zu beherrschen hat, sowie zum Angeln vom Boote aus. Infolge ihrer glücklichen Konstruktion ist sie auch als leichte Spinngerte zu brauchen. Sie wird meist zweiteilig gebaut.

Abb. 9. Eine leichte Gerte aus Tonkinrohr mit Spitze von Greenheart, 3—3,35 m lang; mit weitabstehenden Brückenringen und freiverschieblichen Rollenringen. Diese Gerte entspricht allen Anforderungen, welche man an eine leichte Gerte stellen kann, und wird in ihrer Länge so ziemlich für die meisten Verhältnisse passen.

Abb. 9a. Eine ähnliche Gerte in feinerer Ausführung mit einem zweiten kurzen Handteil, der, wo es erwünscht ist, eine bedeutende Verkürzung gestattet.

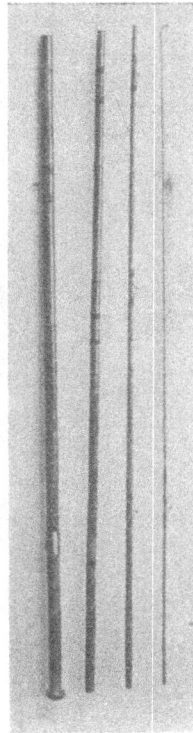

Abb. 11.

Abb. 10. Die bekannte „Schwere Barben- und Grundgerte" aus Bambus, 5—8 m lang. Wegen ihrer Schwere kann sie nicht einhändig geführt werden; der vorerwähnte Dorn läßt sie im Ufer sicher feststecken. Sie wird meist vierteilig gebaut.

Abb. 11. Eine Gerte aus Seerohr (Roseau) mit Spitze aus Jambisrohr oder besser mit einem oberen Spitzenende aus gespließtem Bambus. Diese Gerten sind wegen ihrer enormen Leichtigkeit in den außergewöhnlichen Längen von 5—7 m immer noch mit einer Hand zu führen und eignen sich hervorragend dort, wo man eine lange Gerte führen muß und doch mit sehr feinem Zeuge zu angeln gezwungen ist, was man mit den langen und schweren Bambusgerten nicht tun kann. Auch für die Zwecke der Tippfischerei und des Angelns mit der „Geblasenen Leine" ist sie hervorragend geeignet. Trotz ihrer Zartheit kann man mit ihr den Kampf mit recht großen Fischen aufnehmen, und außer anderen Vorzügen hat sie noch den der auffallenden Billigkeit.

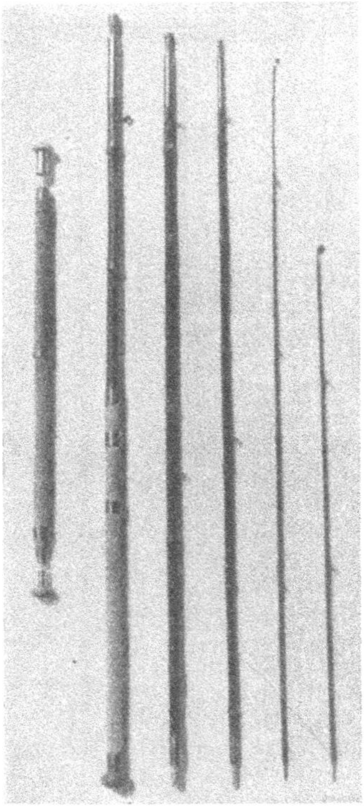

Abb. 12. Zeigt die von mir vorgeschlagene Kombinationsgerte; sie ist mit der feinen, langen Spitze 5 m lang. Mit dem kurzen Handteil und den beiden Spitzen, von denen die lange aus Jambisrohr, die kürzere aus Greenheart hergestellt ist, lassen sich verschiedene Kombinationen bewerkstelligen. Der kurze Handteil ist bloß 60 cm lang und erlaubt es, sowohl das zweite wie auch das dritte Mittelstück, welche, um die Gerte leicht herauszubringen, aus Pfefferrohr gemacht wurden, anzustecken, weil jedes Ende eine entsprechend weite Zwinge trägt. Diese Gerte habe ich mir für Angelreisen an fremde Wasser bauen lassen und bin mit ihrer Verwendungsmöglichkeit weitestgehend zufrieden. Auf alle Fälle ist sie der früher gerne gekauften doppelhändigen Fliegengerte nach Stewart überlegen, denn sie gestattet auch die klaglose Verwendung als Spinngerte, da infolge der frei verstellbaren Rollenringe an den Handgriffen die Rolle jeder Handstellung und Armlänge anzupassen ist.

Abb. 12.

An der Hand vorstehender Beschreibungen wird sich der vorgeschrittene Leser und auch der Anfänger leicht über die Gerte, welche seinen Bedürfnissen und seinem Fischwasser entspricht, orientieren können. Ich glaube aber dieses Kapitel nicht schließen zu dürfen, ohne einiges über die Behandlung und Pflege der Gerte zu sagen, was mir besonders hinsichtlich der zur Grundangelei verwendeten wichtig erscheint, da gerade diese von allen Gertenarten am meisten und längsten, ja man kann sagen fast ununterbrochen in Verwendung stehen, während Spinn- und noch mehr

Fluggerten doch eine mehr minder beschränktere Verwendungszeit haben.

Die Gebote für die Pflege der Gerte lauten:

1. Lasse nie die Gerte nach dem Angeln in einem nassen oder feuchten Futterale stehen! Nimm sie daheim oder im Quartier angekommen sofort heraus, reibe die einzelnen Teile trocken und hänge sie einzeln auf! Nimm die Schutzzapfen aus den Hülsen, damit diese austrocknen. Etwa verbogene Teile biege vorsichtig wieder gerade!

2. Außer Gebrauch hänge die Gerte stets auf! Stelle sie nie wie einen Regenschirm in eine Ecke, ebensowenig lege sie auf einen Schrank; bewahre in der Zeit, wo du nicht angeln gehst, die Gerte in einem mäßig warmen Raume, aber immer fern vom Ofen auf!

3. Lasse deine Gerte nie gegen einen Baum oder eine Wand gelehnt über Nacht und womöglich auch noch im Regen im Freien stehen, wenn du am Fischwasser übernachtest oder eine lange Rast machst!

4. Sieh deine Gerte öfter nach, ob sie und besonders die Lackierung intakt ist, oder lasse sie am Ende der Saison vom Fabrikanten nachsehen! Kleine Schäden lassen sich bald beheben, ignoriert man sie, können sie in kurzer Zeit die beste Gerte vernichten. Wenn man eine Gerte zusammensteckt, so soll man stets mit der Spitze beginnen, ebenso soll man verfahren, wenn man sie zerlegt. Sehr zu beachten ist, daß man die Teile an oder knapp ober den Zwingen faßt und mit einem geraden Zuge voneinanderziehe! Man vermeide jedes Drehen der Teile gegeneinander bei gleichzeitigem Fassen des Holzes, sonst dreht man dessen Fasen ab, oder aber man lockert die Hülsen; besonders gefährlich ist ein solches Tun an den Spitzen.

Die Schutzzapfen halte man stets blank und fette sie ab und zu mit einer Spur Vaselin. Hirschtalg, der auch zu diesem Zwecke empfohlen wird, wird leicht in der Hitze ranzig und bildet einen schmierigen Belag, ebenso die vielempfohlene Seife.

Blanke Hülsen und Schutzzapfen sowie Zwingen verbeißen sich nie. Auch ersetze man einen verlorengegangenen Schutzzapfen ehestens; anderenfalls riskiert man, daß die offene Hülse verschlagen wird, was zum Verbeißen Anlaß gibt.

Man sollte meinen, daß diese wenigen einfachen Sätze Gemeingut aller Angler sein sollten, leider aber macht man die Wahrnehmung, daß in diesem Punkte viel Leichtsinn und Gleichgültigkeit herrscht und man besonders die jüngeren Angler nicht oft und oft genug auf die Wichtigkeit dieser elementaren Gebote aufmerksam machen kann.

Ihre Befolgung wird sie vor mancher unliebsamen Erfahrung bewahren, dafür aber das Leben ihrer Gerten verlängern.

Ich gehe nun zur Beschreibung des nächstwichtigen Gerätes über.

Der Angelhaken.

Wenn ich seine Besprechung der aller anderen Geräte voranstelle, so hat das seinen guten Grund; denn er allein ist der Teil unserer Ausrüstung, der „fängt".

Um diesen Dienst klaglos zu leisten, muß er vor allem gut sein; um aber dieser Bezeichnung voll zu entsprechen, muß er drei Bedingungen erfüllen.

Die erste ist: „Er muß ‚fängig' sein!"

Was nennt man fängig? Die Fähigkeit, unter allen Umständen in das Maul des Fisches eventuell sogar in die Knochen desselben einzudringen und dort zu haften.

Dieses Fängigsein ist von verschiedenen Bedingungen abhängig, über die in den Fachblättern viele, sogar tief wissenschaftliche Abhandlungen und Kontroversen zu lesen waren und sind. Besonders ist und war es das Thema des sog. „Schädlichen Winkels", das lange Zeit die Gemüter beschäftigte.

Der schädliche Winkel ist jener, den die Verlängerung des kurzen Bogenteiles mit einer Linie bildet, welche wir uns von der Hakenspitze zum Ende des Schenkels gezogen denken. Man kann im allgemeinen sagen, ohne auf die verschiedenen mathematischen und physikalischen Begründungen einzugehen, daß dieser Winkel ein Optimum von annähernd 20 Graden hat, d. h. daß ein Haken verhältnismäßig dann am fängigsten ist, wenn dieser Winkel nach oben und unten nicht überschritten wird.

Trotzdem aber gibt es Haken, welche, ungeachtet eines günstigen schädlichen Winkels, eine geringe Fängigkeit aufweisen. Das sind jene, deren Konstruktion im Bogen und in der Spitze falsch ist.

Viele Fabrikate haben zu enge Bogen; das ist ein großer Fehler. Der Bogen muß eine entsprechende Breite haben, gleichviel von welcher Form er sei.

Ebenso wichtig ist aber auch die richtige Form, Anordnung und Länge der Hakenspitze. Vor allem darf sie weder zu lang noch zu kurz sein. Zu lange Spitzen verhindern den Haken am korrekten Eindringen und neigen zum Brechen infolge des eigenartigen Hebelmechanismus, der beim Anhiebe und Drill in Erscheinung tritt.

Ist dann noch dazu der Hakenbogen zu eng, dann ist man fast überhaupt nicht imstande, den Haken im Fischmaule zu setzen, und hat meist lauter Fehlanhiebe.

Die Spitze darf aber auch nicht zu kurz sein und die Form eines Kegels zeigen. Derlei Spitzen besitzen nahezu gar keine Eindringungsfähigkeit, schon gar nicht, wenn sie auf Knochen oder zähe Knorpel stoßen.

Von großer Bedeutung ist auch die Stellung der Spitze; bei einem gut gebauten Haken verläuft sie in direkter Verlängerung des kurzen Bogenteils, d. h. sie darf mit diesem in keinem Falle einen Winkel bilden, weder nach innen noch nach außen. Besonders letztere Anordnung ist ganz fehlerhaft und sowohl eine physika-

lifche wie eine anglerifche Unmöglichkeit. Das klaffifche Beifpiel
für die Fehlkonftruktion war der — gottlob von der Bildfläche ver=
fchwundene — „Leonrod"=Haken (Abb. 13), deffen Abbildung
ich nur bringe, um zu zeigen, wie ein Haken nicht ausfehen foll.

Bei der Beurteilung eines Hakens darf man auch
die Unterfchneidung des Widerhakens nicht außer
acht laffen; diefe darf nicht zu tief fein, fonft bricht
der Haken beim Anhieb oder bei einem geringften
Hänger, aber der Widerhaken felbft fei auch nicht zu
lang, fonft bringt er fchwer ein.

Bei den meiften Hakenforten liegen Schenkel,
Bogen und Spitze in einer Ebene; es gibt aber auch
Haken, bei denen kurzer Bogenteil und Spitze aus
diefer Ebene heraustreten. In der Literatur ift viel
darüber gefchrieben und geftritten worden, welche

von den beiden Formen beffer bzw. fängiger fei. In der Praxis
dagegen ergibt fich das merkwürdige Refultat, daß z. B. der ziem=
lich ftark ausgebogene „Perfekt"=Haken ebenfo fängig ift wie der
altberühmte und bewährte Limerick.

Wir wollen deshalb hier nicht für diefe oder jene Anfchauung
Partei ergreifen, fondern kurz die Fängigkeit eines Hakens diefer
oder jener Gattung dahin präzifieren, daß wir fagen: „Der Haken,
welcher im Vergleiche zu feiner Geftalt, Konftruktion und Größe
bzw. Stärke den kleinften Prozentfatz von Fehlfängen liefert, ift
der fängigfte.

Die zweite Bedingung, die zur Güte erforderlich ift, ift die
richtige Härtung. Der beftgebaute Haken ift wertlos, wenn er über=
härtet oder andererfeits zu weich ift. Im erften Falle fpringt er bzw.
bricht er, wenn er einen Zug auszuhalten hat, im zweiten biegt er
fich auf.

Man kann auf die richtige Härtung eine Probe machen, indem
man den Haken mit der Spitze tief in einen Kork einfteckt, und nun
am Schenkel einen ftetigen Zug ausübt, indem man den Schenkel,
foweit es geht, von dem Bogen abzieht. Wenn man auf dem äußer=
ften Punkte der Spannung den Schenkel ausläßt, muß er bei einem
richtig gehärteten Haken fofort in feine Ausgangsftellung zurück=
federn, und der Haken darf keine Deformation zeigen; bleibt der
Schenkel in der Lage, die er durch den Zug erhalten hatte, ftehen,
fo ift der Haken zu weich; wenn aber der Haken unter dem Zuge
bricht, ift er überhärtet.

Man darf einerfeits nicht vergeffen, daß Angelhaken Maffen=
artikel find, und es fehr leicht vorkommen kann, daß unter den
taufenden Stücken, die im Härteofen find, einige verdorben werden,
andererfeits kommt gerade in diefem Artikel auch fehr viel Schund
in den Handel, fo daß es ein Gebot der Vorficht ift, nur von Haus
aus die beften Qualitäten zu kaufen, trotzdem aber in befonderen
Fällen den oder die Haken vor dem Gebrauche der befchriebenen
Probe zu unterziehen, um nicht unliebfame Erfahrungen zu machen.

Die dritte Forderung, welche wir an einen guten Haken stellen, ist die, daß er im Verhältnis zu seiner Größe und zu den Dimensionen seines Materials die größtmögliche Stärke besitze.

Die meistgebrauchte Hakenform ist der Einhaken, besonders für den Grundangler kommt er am meisten in Betracht, denn es gibt keinen Fisch, ob Fried= oder Raubfisch, der im Grunde genommen nicht mit gleicher Sicherheit am Einhaken zu erbeuten wäre, wie bei Verwendung von zusammengesetzten Haken.

Im Laufe der Zeit haben sich drei Standard=Formen ausgebildet, welche allen Bedürfnissen entsprechen: der Rundbogen, der Limerick und der Sneckbent.

Alle drei werden sowohl mit spitzem Schenkel als auch mit Plättchen und mit Ringen erzeugt, und es sind besonders die letzteren, welche sich immer mehr die Gunst des Anglers erringen, denn sie haben eine Menge guter Eigenschaften, die sie uns wertvoll machen. Ihrer Größe nach sind sie nach einer Skala geordnet, welche leider bisher nicht vereinheitlicht ist, daher Haken verschiedener Erzeugung mitunter auffallende Größenunterschiede bei gleicher Nummer aufweisen.

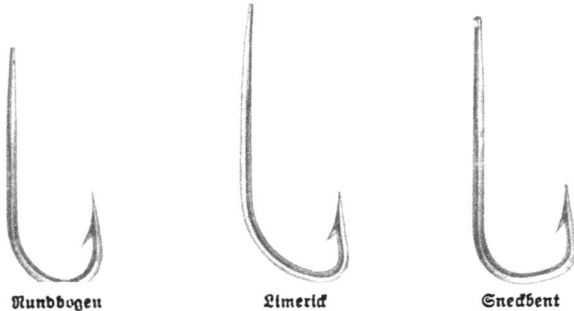

Rundbogen   Limerick   Sneckbent
Abb. 14.

Es gibt zwei Skalen, die alte beginnend bei 1/0, fallend bis 17 als kleinste Größe, die neue beginnend mit 000 (entsprechend Nr. 17) und steigend bis 15 (entsprechend Nr. 1/0).

Richtiger wäre es, wenn man die Entfernung von Spitze zum Schenkel als Basis annehmen würde, aber das würde eine allgemein richtige Konstruktion des Bogens bedingen, die es, wie ich vorhin erwähnte, leider nicht bei allen Fabrikaten gibt.

In obenstehender Abbildung gebe ich die drei hauptsächlichsten Hakenformen wieder sowie die nachstehend alte Größenskala (Abb. 15).

Ein sehr beliebter und hervorragend fängiger Haken ist der schon erwähnte Perfekt oder auch „Italian" (Abb. 16) genannte, aus Flachstahl, und der feindrähtige Limerick, welcher als „Kristall"=haken bekannt ist und für seine Fischerei fast unentbehrlich ist.

Angelhaken kommen lose und auch bereits an Gutfäden angebunden in den Handel; man bekommt auch solche, die mit Zelluloid mit dem Gut verbunden sind. Wem die kleine Mühe, sich Haken selbst anzubinden, zu viel ist, der mag sich immerhin bei einer soliden Firma solche kaufen. Ich selbst verwende angebundene Haken nur noch zur

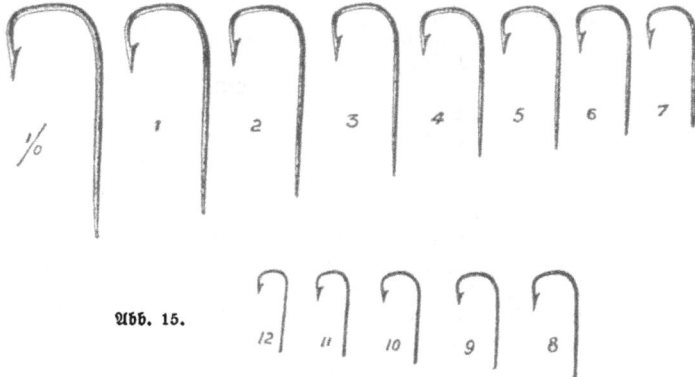

Abb. 15.

Fischerei mit Maden, sonst aber bin ich schon lange dazu übergegangen, nur noch Ringhaken zu verwenden. Die Vorteile derselben sind zu augenfällig, als daß man sie übersehen sollte. Erstens: Ich erspare mir die Anschaffung und das Mitschleppen einer voluminösen „Vorfachtasche", wie sie bei den älteren Anglern gebräuchlich war, denn ich kann in einer flachen Blechbüchse Dutzende Haken in meiner Westentasche mitnehmen. Zweitens: Ich habe immer verläßlich angebundene Haken; bei den gekauften weiß man nie, wie alt sie sind, das Bindemittel trocknet ein, das im Wasser quellende Gut lockert die Bindung, und der Haken rutscht einfach vom Gutfaden, ganz abgesehen, daß Gut durch langes Lagern nicht besser wird. (Abb. 17.)

Abb. 16.

Abb. 17.

Drittens: Ich kann Haken nach Belieben wechseln, ohne an mein Vorfach eine Gutlänge erst anpassen zu müssen, sei es, daß das Gut an der Bindung schadhaft erscheint, sei es, daß ich einen größeren oder kleineren Haken einbinden will, wie es gerade die Situation erfordert. Das sind Vorteile, die berücksichtigt zu werden verdienen. Allerdings, es gibt Angler, die nicht imstande sind, die paar einfachen Knoten zu erlernen, und andere, welche um Gotteswillen keine Minute Zeit am Wasser verlieren zu dürfen glauben, wenn sie einen Haken einbinden sollen, denen ist nicht zu helfen.

Wer aber einmal die Wohltat des Ringhakens erkannt hat, bleibt ihm treu.

Zu gewissen speziellen Arten des Angelns, wie z. B. zur Anköderung von Obst oder von Teigen lieben manche den zusammengesetzten Haken, sei es als Doppelhaken oder als Drilling. Ich bringe daher auch von diesen beiden Hakensorten die Bilder in den für obige Zwecke gebräuchlichen Größen; ihre Skala ist mit der: der Einhaken identisch, aber auch für die Doppelhaken und Drillinge gilt das von den einfachen Ringhaken Gesagte: Die Formen mit Ohr sind für den Gebrauch die vorzuziehenden. (Abb. 18.)

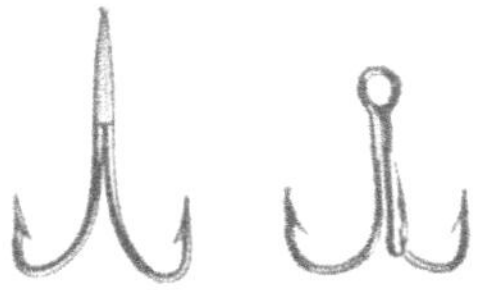

Abb. 18.

Im Gebrauche ist es wichtig, seine Haken vor Rost zu schützen, besonders wenn man mit blanken Haken angelt; um dem Angler hierin zu Hilfe zu kommen, haben die Fabrikanten schon seit langem die Haken mit rostsichereren Decken versehen, entweder in der Form von Email oder der Brünierung; Haken, welche in See- oder Brackwasser verwendet werden, sind mit Vorteil verzinnt.

In England liebt man den feindrähtigen Kristallhaken (auch vergoldet.

Im Laufe der Verwendung passiert es dem Angler mit den erlesensten Hakensorten, daß der Haken irgendwie defekt wird, durch Anschlagen an Steine beim Wurfe oder durch Hänger, unter Umständen auch durch Auftreffen auf harte Knochenpartien im Maule des Fisches; im ersteren Falle bricht gewöhnlich die Spitze ganz ab, vielfach auch im zweiten; in sehr vielen Fällen jedoch ist der Haken scheinbar unverletzt, und nur die Tatsache, daß die Anhiebe nicht sitzen bzw. daß die Fische wieder nach kurzer Führung abkommen, belehrt den Angler, daß etwas nicht in Ordnung sei. Bei genauem Nachsehen wird er nun die Wahrnehmung machen, daß die äußerste feine Spitze entweder abgebrochen ist, wenn der Haken hart war, oder daß diese direkt umgeschlagen ist, wenn er zu weich war. In beiden Fällen muß man mit Hilfe einer feinen, scharfen Feile (Uhrmacherfeile) den Defekt beheben und womöglich noch mit einem Stückchen sog. Arkansasstein nachschleifen. Wird durch wiederholtes Nacharbeiten die Spitze zu kurz, dann werfe man den Haken weg und ersetze ihn durch einen neuen.

Angerostete Haken poliere man mit Ballistol und feinem Schmirgelleinen wieder blank. Lose Haken, welche man in irgendeinem Behältnis mit zum Angeln hinaus nimmt, sollen immer mit Ballistol gefettet sein, was sie sicher vor Rost bewahrt.

Die Rolle.

Die alten Grundangler kannten in der Mehrzahl den Gebrauch der Rolle nicht in der Form wie wir; die meisten benützten nur eine Leine von Stockeslänge oder etwas darüber, welche an der Spitze der Gerte fest angeschleift war und wenn sie schon eine Gerte mit Ringen benutzen, dann hätten sie die Leine auf seinem Auf-schlagholz aufgewunden. Erst mit der zunehmenden Verfeinerung des Sports wurde die Rolle ein unentbehrlicher Bestandteil der Ausrüstung, und wurde es immer mehr, je feiner und leichter Gerten und Schnüre wurden und der Weitwurf sich mehr und mehr geltend machte, und ebenso die Notwendigkeit, einen Fisch an dem feinen Zeuge länger und intensiver zu drillen, eine zwingende wurde.

Für den Grundangler kommen zwei Arten von Rollen in Betracht: die beim Wurfe mit rotierender Trommel und die mit feststehender, die sog. Wenderollen und die neueste Schöpfung auf diesem Gebiete, die Illingworthrolle, welche eigentlich einen Typ für sich bildet. Die erstere Gattung wird repräsentiert durch die altbekannte „Nottingham"-Rolle und ihre Abarten und Ver-besserungen.

Eine jede Rolle, mag sie zu diesem oder jenem System gehören, hat die Bestimmung, die Angelschnur aufzu-nehmen, und so es dem Angler zu ge-statten, von ihr soviel Leine abzu-werfen, als er zur Erreichung der von ihm erwünschten Angelstelle benötigt, umgekehrt aber auch die ausgegebene Schnur durch Wiedereinrollen zu ver-kürzen und durch diese Möglichkeit den Angler instand zu setzen, einen Fisch regelrecht zu drillen.

Wir wollen zuerst die Rollen vom Nottingham-Typ besprechen.

Die alten Rollen dieses Systemes, welche die nebenstehende Abbildung (Abb. 19) zeigt, waren meist aus Holz oder Ebonit verfertigt; beide hatten einen nicht zu behebenden Übelstand an sich, — man war nicht imstande, mit ihnen einen korrekten Wurf mit leichten Ködern zu machen, woran auch die spätere Ausführung derselben in Aluminium und die noch später angebrachten Ausbohrungen am Rollenkörper nicht viel zu ändern vermochten.

Der Grund hierfür lag in dem zu hohen Eigengewichte der Trommel. Der ausfliegende Köder hatte das ganze Gewicht der Trommel mitzuziehen und deren Trägheitsmoment zu besiegen. Erst die neuere Zeit hat Rollen gebracht, bei denen dieser Übel-

Abb. 19.

stand ausgeschaltet ist. Wenn wir uns daher zur Anschaffung einer neuen Rolle entschließen, so müssen wir uns vor allem die Frage vorlegen: Was soll nun diese Rolle für Eigenschaften haben, um meinen Zwecken zu entsprechen?

Vor allem muß dieselbe einen korrekten Lauf besitzen.

Die Ansichten über diese Eigenschaft haben in den letzten Jahren auch bedeutende Wandlungen erfahren. Früher kaufte man eine Rolle und freute sich, wenn die Trommel nach einem mehr oder weniger kräftigen Impuls eine längere Dauer oder gar Minuten lang lief, ohne zu ahnen, daß das eigentlich ein schwerer Fehler sei. Gewiß, eine gute Rolle muß reibungslos laufen, aber das Trommelgewicht muß ein derart kleines sein, daß die Trägheit der Materie sich an ihr nicht auswirken kann und sie daher bald zum Stillstande kommt, gleichviel, ob ihr Durchmesser groß oder klein sei.

Diese Eigenschaft erlaubt es mir, eine Rolle von einem großen Durchmesser zu führen und trotzdem mit ihr leichte Köder weit und sicher zu werfen.

Ferner muß eine gute Rolle eine ausschaltbare Bremse besitzen, welche einerseits genügend stramm geht, um einem abziehenden Fische Widerstand zu leisten, und bei einer sehr scharfen Flucht desselben das Überlaufen der Trommel unbedingt zu verhindern. Andererseits muß diese Bremse so weich sein, daß sie der einrollenden Hand wenig oder keinen Widerstand bietet; endlich und schließlich muß die Anordnung der Bremse so sein, daß sie sich weder verklemmt noch im Laufe der Zeit schlaff wird, wie es bei den Rollen der alten Konstruktionen leider nur zu oft der Fall war.

Die alten Holzrollen hatten außer ihrer Schwere noch die unangenehme Eigenschaft, in der Nässe leicht zu quellen; eine Fütterung mit Metall behob dies zwar, erhöhte aber das Gewicht oft recht fühlbar.

Heutzutage wird man wohl in allen Fällen zu einer Rolle aus Aluminiumlegierung greifen. Um das zu häufige Überlaufen der alten Rollen zu korrigieren, kam man zu der Konstruktion der „Gebremsten“ oder „kontrollierten“ Rollen, deren erstes die altbekannte nach ihren Erfindern benannte und lange Zeit recht beliebte Marston-Crossle-Rolle war. Da sie aber außer der Bremsung, welche direkt auf den Trommelkörper wirkte und deren Wert bei leichten Ködern illusorisch und bei schweren problematisch war, keine anderen Vorzüge vor den anderen besaß, kam man zu anderen Arten der „Kontrolle“.

Vor allem wurde die Bremsung vom Trommelkörper auf die Achse verlegt, was das richtige Prinzip war; vollendet wurde die Konstruktion erst, als man erkannte, daß das Hauptgewicht auf die möglichste Verminderung des Eigengewichtes des Trommelkörpers zu legen sei und zur Konstruktion des durchbrochenen Körpers kam.

Alle diese guten Eigenschaften vereint in idealer Weise die immer mehr in Aufnahme gelangende Speichenrolle, deren Beschreibung ich im nachstehenden bringe.

Abb. 20a zeigt den Trommelkörper, welcher in sinnreicher Weise sowohl die Achsenbremse als auch die Vorrichtung zum Auseinandernehmen trägt; trotz der scheinbaren Zartheit ist das Ganze von einer

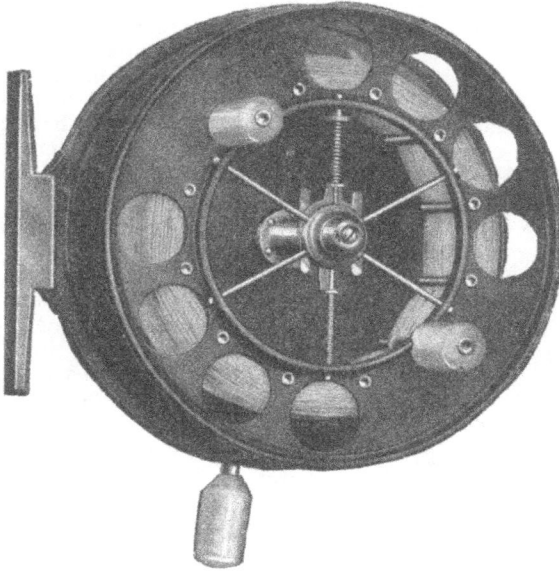

Abb. 20 a.

Abb. 20 b.

enormen Widerstandskraft gegen äußere Einflüsse. Die Trommel faßt bei einem Durchmesser von 10 cm, ohne überladen zu sein, 100 m starke Huchenschnur, daher von den für die Grundangelei meist gebräuchlichen Leinen mindestens 125 m und mehr.

Abb. 20b zeigt die äußerst gelungene Anordnung der Knarre, welche infolge der asymmetrischen Anordnung der Federarme ein fast lautloses und widerstandsloses Einrollen erlaubt; diese Konstruktion wird weder im Laufe der Jahre schlottern noch klemmen noch weich werden; auch ein Bruch der Federn, der bei den alten Rollen so oft erfolgt, ist ausgeschlossen, weil die Feder nicht wie bei jenen durchbohrt und deshalb geschwächt ist, sondern aus soliden Blättern besteht.

Da diese Rolle alles bietet, was eine Rolle von Klasse bieten soll und kann, verzichte ich darauf, andere Modelle zu beschreiben; nach meinen Erfahrungen ist sie heute das Beste, was wir in diesem Artikel haben, und ich kann ihre Anschaffung, und zwar nur in dem einen Durchmesser von 10 cm einem jeden Angler getrost empfehlen. Erst recht deshalb, weil diese Rolle heute im Inlande in bester Ausführung hergestellt wird und noch dazu zu einem Preise, welcher kaum die Hälfte dessen für das ausländische Erzeugnis ist.

Wer sich noch dazu entschließt, eine zweite Trommel zu kaufen, hat jederzeit die Möglichkeit, durch einfaches Wechseln derselben mit einer stärkeren oder schwächeren Leine weiterzufischen.

Das Bestreben, den Weitwurf immer leichter zu gestalten, und gleichzeitig die immer mehr in Aufnahme kommende Art des Fischens mit feinem und feinstem Zeuge, mußte sich naturgemäß auf die Verbesserung der Wurfmöglichkeit von der Rolle weg richten, besonders da, wo es sich um den Wurf von Federgewichten handelt.

So kam man dazu, eine zwar schon vorhandene, aber fast vergessene Rollenform wieder in Aufnahme zu bringen, und wendete seine Aufmerksamkeit der Erbauung der „Wende-Rollen" zu. Das Prinzip dieser zuerst vor einigen Dezennien schon von dem Schotten Malloch gebauten Rolle fußt auf der Idee, die Leine nicht von einem rotierenden Körper abrollen zu lassen, sondern von einer feststehenden Spule ablaufen zu lassen, indem man diese durch eine Drehung an ihrem Fuße quer zur Achse der Gerte legte. Die Abbildung 21 a u. b zeigt die alte Mallochrolle. Die meisten dieser älteren Wende-Rollen litten an dem Fehler, daß sie im Fuße nicht genug fest standen und deshalb gern leicht auskippten. Ich bin dieser Rollenart mit großem Interesse nähergetreten, weil ich in ihr das langgesuchte Ideal des Anglers, der die leichtesten Gewichte auf große Entfernungen werfen will oder muß, um den Standort seiner Fische zu erreichen, erblickt habe; so bin ich dazu gekommen, eine Konstruktion auszuarbeiten, welche die Vorzüge der besten Rollen dieser Art in sich vereint; vor allem steht der Fuß, der eine

Abb. 21a.

Abb. 21b.

Drehung des Körpers um 180 bzw. 360° erlaubt, in jeder Lage unverrückbar fest.

Die Trommel ist äußerst schmal gehalten, faßt aber trotzdem 60 m feine Schnur; der Schnurleiter verhindert ein unrichtiges

Abb. 22 a.

Aufrollen sowie das Herausfallen der Schnur von der Trommel. Die Handhabung ist äußerst einfach und erlaubt diese Rolle sowohl den Seitenwurf wie auch den in neuerer Zeit immer mehr beliebten Überkopfwurf. Die Abbildungen 22a u. b zeigen die Hand- und Fingerstellungen bei diesen beiden Wurfarten.

Abb. 22 b.

In Verbindung mit einer der beiden unter Abb. 9 u. 9a im vorigen Kapitel beschriebenen Gerten ist man imstande, einen Köder von 4—6 g Gewicht sicher auf 15—20 m hinauszubringen; jeder Angler, der in einer solchen Lage war und mit seiner alten Rolle ⸝der

Situation ohnmächtig gegenüberstand, weiß diesen Vorteil zu schätzen. Da die Rolle, wie schon gesagt, auf ihrem Fuße um 360° drehbar ist, kann sie sowohl der Rechts- wie auch der Linkshänder gleich gut benutzen.

Daß die Wenderollen eine Berechtigung haben und trotz aller gegenteiligen Behauptungen eine Notwendigkeit geworden sind, zeigt ihre auffallende Beliebtheit in englischen Anglerkreisen, die für feinstes Geräte schwärmen, und die wachsende Anzahl neuer Konstruktionen jenseits des Kanals.

Die bedeutendste von ihnen, welche wirklich eine epochale Neuheit vorstellt, ist die nach ihrem Erfinder genannte „Illing-

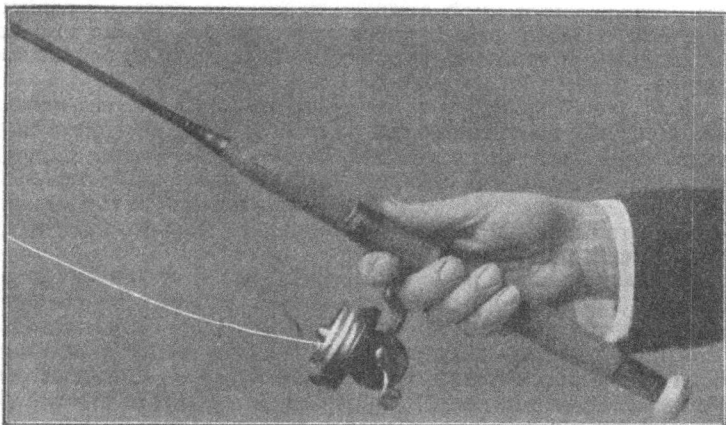

Abb. 23.

worth"-Rolle (Abb. 23); sie ist eigentlich keine Wenderolle, weil die Spule zwar um ihre Achse rotiert, jedoch ihre Lage nie verändert.

Beim Wurfe spult sich die Schnur von ihr ab, beim Einrollen aber besorgt ein eigener Schnurfänger und Leiter ein tabelloses Aufwinden der Leine, was noch erleichtert wird durch das Heben und Fallen der Spule.

Diese Rolle gestattet die Verwendung der allerfeinsten Schnüre; ist doch die Standardschnur nur eine von 2 lbs. Tragkraft, und die stärkste Nummer davon trägt 3½ lbs.! Und doch werden mit diesem haarfeinen Zeuge die schwersten Fische gelandet, sogar Lachse von beträchtlichem Gewichte. Daß man natürlich einen schweren Fisch tabellos und lange drillen muß, erhöht nur den Reiz des Vergnügens; bedauerlich ist nur, daß dieses herrliche Geräte so exorbitant hoch im Preis steht, daß seine Anschaffung nicht einem jeden möglich ist; wer aber ein Freund des allerfeinsten Angelns ist und wem es seine Mittel erlauben, der sollte sich wirklich mit dieser Rolle

ausstatten, um die höchsten Wonnen aufregenden Drills auszu=
kosten.

Wenn eine Rolle auf die Dauer klaglos funktionieren soll,
dann muß man sie auch mit Liebe und Sorgfalt pflegen und auf
dem Wege von und zum Fischwasser und daheim vor Schmutz, Sand,
Staub und gewalttätigen Einflüssen schützen; leider kann man in
vielen Fällen und bei vielen Anglern das Gegenteil sehen. Man
braucht sich dann nicht zu wundern, daß selbst ein hochsolides Fa=
brikat vor der Zeit den Dienst versagt. Viele scheuen den kleinen
Handgriff, die Rolle nach dem Angeln wieder in ihr Beutelchen
oder ins Futteral zu tun, und werfen sie einfach achtlos in den Ruck=
sack, daheim bleibt die feuchte Schnur auf ihr liegen, und daß man
seine treue Dienerin auch einmal der Wohltat einer gründlichen
Reinigung teilhaftig werden lassen muß, und daß sie hie und da
auch einen Tropfen Öl auf die reibenden Teile benötigt, das wollen
viele nie erlernen und begreifen.

Nach dem Angeln, sei es im Quartier, sei es daheim, nehme
man die Rolle auseinander und trockne sie sorgfältig innen und
außen, wische mit einem weichen Lappen anhaftenden Schmutz
und Staub sorgfältig ab und öle die Achse und sonstige reibende
Teile mit einem leichtflüssigen Öle, dem man im Winter, wenn
die Temperatur so tief sinkt, daß gewöhnliches Öl stockt, mit Erfolg
etwas Graphitpulver zusetzen kann.

Nie aber öle man bei Aluminiumrollen den Rand der Trommel,
auch nicht bei den bronzierten; tut man das, so bildet sich mit dem
Staube eine klebende Masse, welche den Lauf der Rolle unange=
nehm hindern kann. Nichtbronziertes Aluminium bildet mit der
Luft ein Oxydationsprodukt, welches sich in Form eines grauweißen
Staubes ablagert und mit Öl ebenfalls einen mitunter leimartigen
Belag schafft.

Vom Standpunkte größerer Unsichtlichkeit und zur Ver=
meidung der erwähnten Oxydation empfiehlt es sich, nur bronzierte
bzw. schwarz finierte Rollen zu führen.

Zur Aufbewahrung und für große Touren sind die Rollenetuis
aus Steifleder sehr anzuraten; sie haben nur den Fehler, recht volu=
minös und schwer zu sein und sind nicht gerade billig; meines Er=
achtens wäre es eine gute Idee, wenn eine Firma der Angelgeräte=
branche solche Rollenetuis aus Aluminium herstellen würde.

Für den Gebrauch eines Fischtages und für kleine Ausflüge
genügt ein Beutel aus Leder oder Canavas, um die Rolle vor Schmutz
und Staub zu schützen.

Ich kann es nicht unterlassen, über das in vielen Katalogen er=
wähnte „Trocknen der Schnur auf Rolle" zu sprechen, welche
Eigenschaft vielfach den Speichenrollen angedichtet wird. Das ist
ein für allemal falsch und irreführend. Nur das eine ist richtig:
die Schnur wird auf diesen Rollen durchlüftet und neigt bei sonst
korrekter Behandlung nicht zum Verstocken wie auf den Rollen,
deren Trommelausschnitt allseits geschlossen ist; wenn die Schnur

und besonders die präparierten Ölschnüre längere Zeit auf der Rolle liegen. Wer aber seine Leinen nach dem Gebrauche nicht richtig trocknet, wird sich zu seinem Schaden bald von der Wahrheit meiner Worte überzeugen. Und noch etwas möchte ich erwähnen: das Gefrieren der Schnur auf den durchbrochenen Rollen. Um es rund heraus zu sagen: die Gefahr ist nicht größer als bei den anderen. Ist es einmal so kalt, daß die Schnur gefriert, dann ist es ganz gleich, ob die Rolle durchbrochen ist oder nicht. Ich führe jetzt die Speichenrolle seit geraumer Zeit und habe mich nicht mehr und nicht weniger über das Schnurgefrieren zu beklagen als vordem, da ich mit den Rollen alter Bauart fischte, bei denen die Schnur von drei Seiten von dem Trommelkörper umhüllt war.

Die Schnur.

In der Ausrüstung des Anglers spielt die Schnur oder Leine eine Rolle von weitesttragender Bedeutung; ich möchte sagen, die Schnur kann überhaupt nicht gut genug sein, denn von allen Geräten ist sie es, welche nächst der Gerte am meisten beansprucht wird und den meisten Schädlichkeiten ausgesetzt ist. Die Angelschnur hat eine doppelte Aufgabe zu erfüllen: sie hat den Angler in ständigem Kontakt mit dem Fische zu halten — und die Gerte zu entlasten — zu diesen beiden Behufen muß sie sowohl fest wie auch elastisch sein. Das Material zur Erzeugung von Angelschnüren ist Flachs bzw. Hanf und Seide, außerdem für bestimmte Zwecke noch Roßhaar.

Der Hanf bzw. Flachs kommen für die Grundangelei im Süßwasser, soweit es sich um die Ausübung feineren Sportes handelt, kaum mehr in Betracht, dafür um so mehr für das Angeln im Meere.

Wenn wir als Kardinalforderung für unsere Schnur aufstellen: größtmögliche Elastizität und Reißfestigkeit bei jeweils kleinstmöglichem Querschnitt, dann scheidet Hanf von vornherein aus. Vergleichen wir zunächst die beiderseitige Bruchfestigkeit: Hanfschnur trägt ein totes Gewicht von 8—10 Pfund auf den Quadrat-Millimeter Querschnitt, Seide dagegen 24—27 Pfund, je nach der Qualität des Rohstoffes. Aus dem Gesagten kann man sich leicht berechnen, wie dick eine Hanfschnur sein muß, die 12 bis 15 Pfund Bruchquotienten hat im Vergleich zur Seidenschnur von gleicher Leistung.

Gedrehte Schnüre sind heute längst nicht mehr im Gebrauch, sie mußten der geklöppelten das Feld räumen. Aber auch unter den geklöppelten Schnüren gibt es verschiedene Qualitäten, und der Angler muß darauf beim Einkauf Rücksicht nehmen.

Der Natur des Klöppelprozesses entsprechend, ist der Querschnitt einer solchen Schnur quadratisch — was sich weniger bei den feinen als bei den starken Leinen von über 15—17 Pfund Tragkraft bemerkbar macht.

Für die Gebrauchsfähigkeit der Schnur spielt das keine Rolle, maßgebend hiefür ist die Art und Weise der Klöppelung, b. h. ihre Dichte und Regelmäßigkeit und die Güte des verwendeten Roh-materiales.

Eine gute Schnur muß aus den besten Seidenfasern erzeugt werden. Vielfach wird Abfallseide mit verarbeitet, eine solche Schnur ist von Anfang an minderwertig. Manche solche Schnüre sind schon äußerlich daran kenntlich, indem sie an der Oberfläche wollige oder flaumige Stellen aufweisen, was der Engländer mit „fluffiness" bezeichnet. Diese Wolligkeit ist aber nicht zu ver-wechseln mit der Rauhigkeit jener Schnüre, welche aus nicht ent-basteter Seide hergestellt sind; um die Schnüre so glatt als möglich zu gestalten, wird die Seide entbastet und gekocht, ehe sie ver-arbeitet wird. Es wird behauptet, daß letztere Herstellungsart der Lebensdauer der Schnur abträglich sei — ich möchte das nicht be-haupten, und schließlich kommt es ja nicht darauf an, eine Schnur jahrelang zu führen.

Der Klöppelungsprozeß muß mit großer Sorgfalt überwacht werden, sonst reißt ein Strähn in der Maschine, und in der Schnur erscheint dann eine kürzere oder längere Stelle, die wie „ausge-fressen" aussieht. Solide Firmen setzen solche Schnüre nie in Ver-kehr, und sollte aus Versehen einmal ein solches Stück verkauft werden, so wird es anstandslos gegen ein anderes umgetauscht.

Die Klöppelung der Schnur muß außerdem durch die ganze Länge der Schnur gleichmäßig fest sein; ist sie es nicht, so werden die locker geflochtenen Teile bandartig, was zu Wurfhemmungen, und dem so fatalen „Verdrehen", Anlaß gibt.

„Enge geklöppelte Schnüre" verdienen den Vorzug vor den locker geklöppelten. Die ersteren nehmen viel weniger Wasser auf und neigen weniger zum Flachwerden und zum Verdrehen.

Solid und zuverlässig sind nur die durch den ganzen Querschnitt voll geflochtenen Leinen, welche unter dem Namen' „Vollschnüre" im Handel sind.

Unbrauchbar sind die „hohl" geflochtenen, denn sie werden nach kurzem Gebrauche total flach und verdrehen sich in garstiger Weise, zudem verfaulen sie in kürzester Zeit, weil das Innere nicht ordentlich abtrocknen kann.

Dasselbe gilt von den Schnüren, die über einen Innenfaden gearbeitet sind; dieser wirkt als Docht, der die Feuchtigkeit durch die ganze Länge der Schnur saugt.

Es gibt auch Schnüre, welche statt über einen einzelnen Innen-faden oder, besser gesagt, über einen ungezwirnten Strähn Seide über eine feine, voll geklöppelte Seidenschnur gearbeitet sind und in irreführender Weise „Doppelvollschnüre" genannt werden. Diese Schnüre sind nicht viel mehr wert als die mit einfachem Innen-faden; man stelle sich nur einfach vor, daß über die feine Leine ein Schlauch geklöppelt wurde. Bei einem schweren Zug wirkt sich dieser naturgemäß anders aus auf den Innenteil und anders auf den Mantel. Bei der verschiedenen Elastizität dieser beiden Teile kommt es zu Überdehnungen des einen oder des andern, und zwar an verschiedenen Stellen — ja sogar zum Reißen. — Man hat an so gearbeiteten Kletterseilen durch Zerr- und Reiß- proben die Gefährlichkeit solcher nachgewiesen und gefunden, daß die Reißstellen beider Teile voneinander oft weit entfernt lagen. Man weise daher solche Fabrikate beim Einkauf zurück und ver- lange stets nur Vollschnüre!

Ein Punkt zur Beurteilung einer Schnur scheint mir besonders wichtig, doch fand ich ihn bisher nirgends in einem Buche betont. Das ist die **Knotenfestigkeit.** Knotenfest im nassen wie im trockenen Zustand muß die Schnur sein, sonst erlebt man unan- genehme Sachen. Leider mußte ich die Bemerkung machen, daß unsere im Inlande erzeugten Schnüre zum Teil dieser Bedingung nicht entsprechen und dadurch bedeutend an Wert verlieren.

Die Schnüre sind teils imprägniert (oil dressed), teils nicht imprägniert (undressed).

Von den imprägnierten Schnüren, die naturgemäß mehr Körper haben, kommen nur die dünnsten Nummern für die Grundangelei in Betracht. Um sie schwimmend zu erhalten, muß man sie vor dem Angeln mit einem der vielen „Schwimmfette" abreiben. Sie erfordern viel Sorgfalt und Pflege im Gebrauch und noch mehr außer Gebrauch, wenn sie ihre volle Leistungsfähigkeit bewahren sollen, und sind, wenn von erster Qualität, ziemlich kostspielig, denn der Imprägnierungsprozeß ist langwierig und umständlich. Gute Schnüre werden durchwegs unter der Luftpumpe imprägniert, und zwar zu wiederholten Malen, damit das Imprägnierungs- mittel jede Faser vollkommen durchdringe.

Es empfiehlt sich nicht, seine Schnüre selbst mit Öl zu im- prägnieren, der Prozeß selber und speziell das Trocknen ist äußerst umständlich und heikel und das Resultat nicht immer befriedigend — ich sehe daher davon ab, ihn hier zu beschreiben.

Eine besondere Art der imprägnierten Leinen sind die sog. „emaillierten" Schnüre, die besonders in Amerika viel erzeugt werden. Das „Email" besteht aus einer Lack- (meist Zelluloidlack-) Schichte. Die Schnüre sind dadurch sehr steif, aber der Lack splittert sehr bald ab und die Schnur verrottet dann enorm rasch. Zum Grund- angeln sind sie zumindestens überflüssig, wenn nicht unbrauchbar, außerdem für ihre kurze Lebensdauer viel zu kostspielig.

Für die Zwecke der Grundangelei, besonders der feinen, eignen sich die nichtimprägnierten Schnüre besser. Sie verbrauchen sich vielleicht etwas schneller, vornehmlich die ganz dünnen Sorten, aber dafür sind sie unvergleichlich billiger und ihr eventueller Ver- lust bzw. Ersatz weniger fühlbar.

Es genügt, wenn man sie mit einem Schwimmpräparat be- handelt, um sie vor allem schwimmfähig und gleitend zu machen, wodurch sie leichter durch die Ringe laufen, sich nicht mit Wasser durchtränken und nicht rauh oder filzig werden.

Das Behandeln kann auf zweierlei Weise erfolgen: Entweder man legt die Schnur in die geschmolzene Masse für einige Minuten, je nach der Stärke und der Enge der Klöppelung, und streift dann das überflüssige Imprägnierungsmittel wiederholt zwischen den Fingern und einem weichen Tuch ab, um ein Kleben der Schnur zu verhindern, wenn sie auf der Rolle liegt. Besser ist es, die Schnur durch die heiße Masse hindurchzuziehen und beim sofort folgenden Aufspulen auf die Rolle durch einen Lappen zu streifen. So behandelte Schnüre haben fast gar kein überschüssiges Imprägnierungsmaterial auf ihrer Oberfläche.

Oder man spannt die ganze Schnur zwischen zwei Bäumen oder Pfählen aus, reibt sie erst mit bester Vaseline ab und reibt dann zollweise das Schwimmpräparat mit Hilfe eines Waschleberläppchens und der Finger gut ein und poliert dann die Schnur mit einem trockenen Waschleder nach.

Dieses letztere Verfahren ist besonders für dünnere Schnüre ausreichend. Ab und zu im Laufe der Saison wiederholt man die Abreibung, doch nur mit Schwimmfett.

Es liegt in der Natur der Sache, daß die untersten Partien jeder Schnur infolge der Reibung an den Rutenringen, selbst wenn sie von Achat oder Porzellan sind, sich rascher abnützen, um so mehr, als sie auch am meisten der Ausnützung des Wassers ausgesetzt sind. Deshalb muß man eine jede Schnur vor Beginn des Fischens durch Zug auf ihre Festigkeit prüfen und auch nachsehen, ob sie nicht durch Verfangen an versunkenem Holze oder Scheuern an Steinen usw. irgendwo schadhafte Stellen aufweist, die zu einem Reißen und dadurch zum Verlust von Vorfach und eventuell einem guten Fische führen können.

Solche Stellen schalte man rücksichtslos aus, ebenso jedes Stück verbrauchter Schnur. Da die Abnützung im Laufe der Zeit ziemlich weit geht, wird folgerichtig die Schnur immer kürzer. Je feiner die Schnur und je öfter man damit fischt, desto schneller vollzieht sich dieser Prozeß. Daher nehme man von Haus aus gleich eine ganze Länge von 100 m auf die Rolle; man erspart sich dann das Anknüpfen von Verlängerungen u. dgl. Flickereien.

Ich habe es vorteilhaft gefunden, besonders sehr feine Schnüre öfters auf der Rolle umzudrehen. Die Abnützung geht dann gleichmäßiger vor sich.

Nun zur Frage: Was für eine Schnurstärke soll ich wählen? Vor allem keine zu dicke!

Gerte, Rolle und Schnur müssen eine harmonische Einheit bilden, daher muß die Schnur auch den beiden andern angepaßt sein, unter erster Berücksichtigung ihres Verwendungszweckes.

Wir haben für Schnüre leider keine Maßbestimmung oder Einheitslehre. Das liegt vielleicht in der Natur des Verarbeitungsprozesses und der jeweiligen Beschaffenheit des verarbeiteten Materials. Aber es müßte doch ein Weg gefunden werden, der veralteten und ganz willkürlichen Numerierung der Stärken aus dem

Wege zu gehen. Die Nummernstärke läuft bei dem einen Erzeuger von 0 bis 15, bei einem anderen von 1 bis 6/0 — aber selbst bei gleichlautenden Nummern können die Querschnitte der einzelnen Schnüre bedeutend schwanken.

An der Tatsache ändert auch die Beziehung nach Bruchfestigkeit in Kilogrammen oder Pfunden nichts, auch da ist oft ein großer Unterschied zu finden. Schnüre von enormer Tragkraft sind von einem Erzeuger auffallend dünn, vom anderen bei gleicher Bezeichnung sehr voluminös.

Im allgemeinen kann man sagen, daß heute im Inlande gute, ja sogar ausgezeichnete Schnüre erzeugt werden, die den besten ausländischen Marken vollkommen gleichwertig sind.

Es ist nicht leicht, jemandem zu sagen, welche Stärke von Schnur er wählen soll, wenn man seine Geräte und seine Fertigkeit nicht kennt. Durchschnittlich wird man zum Grundangeln mit zwei Schnurstärken sogar zum Fange von Karpfen, Hechten und Zandern auskommen — eine Schnur von 6—7 Pfund und eine von ca. 10—12 Pfund werden für die meisten Fälle genügen. In speziellen Fällen wird man zu einer stärkeren oder schwächeren Leine sich entschließen müssen, aber meiner Erfahrung nach dürften die angeführten Stärken den Bedürfnissen der großen Mehrheit der Angler genügen.

Von den imprägnierten Sorten ist es die „Alnwick line" von Hardy, welche die höchsten Qualitäten besitzt, von der die Stärken 0 bzw. 1 allen Ansprüchen genügen.

Für die Illingworth-Rollen werden eigene Schnüre hergestellt von 1½—3½ Pfund Tragkraft.

Ich halte es auch für angebracht, gleich an dieser Stelle die Pflege der Schnur zu besprechen, denn gerade sie ist es, gegen die am meisten gefehlt wird, teils aus Leichtsinn, teils aus Unverstand, worin die meisten „Unglücksfälle" ihre Ursache haben.

Nach dem Fischen muß sofort die ganze Schnur von der Rolle auf eine Schnurwinde zum Trocknen aufgewunden werden, eventuell im Notfall auf dem Boden in weiten Ringen aufgelegt werden, wenn man auswärts ist. Für längere Touren empfiehlt sich das Mitnehmen eines der zusammenlegbaren Schnurtrockner (Abb. 24). Je länger und gründlicher die Schnur trocknen kann, desto besser!

Der Gebrauch des Schnurtrockners verhindert auch das Neigen zum Verdrehen. Unbedingt zu widerraten ist es, die Schnur von der Hand auf die Trommel zu winden, weil man damit selbst die Schnur zum Verdrehen bringt.

Schnüre, welche nicht in Verwendung stehen, sollten nie durch wochen- oder gar monatelange Zeit auf der Rolle liegen, nichtimprägnierte sowohl wie imprägnierte; besonders die letzteren sind dagegen sehr empfindlich und beginnen zu kleben.

In der Zeit des Nichtgebrauches winde man sie zu großen lockeren Ringen und hänge diese im luftigen, staubfreien Raume

4*

auf und lege sie weder in eine Schublade, noch weniger in eine dichtschließende Schachtel!

Imprägnierte Schnüre muß man immer auf Kleben untersuchen und beobachten. Die Neigung dazu erkennt man, wenn man die Rolle in rückläufige Bewegung versetzt und die Schnur nicht à tempo sich klaglos abspult.

In diesem Falle muß man die Schnur abnehmen, ausspannen und mit einem feinen, weichen Tuche polieren, nachher eine Spur Gleitmasse einreiben und wieder polieren, eventuell dieses Verfahren solange wiederholen, bis die Schnur bei rückwärts laufender Rolle allein von dieser zu Boden fällt.

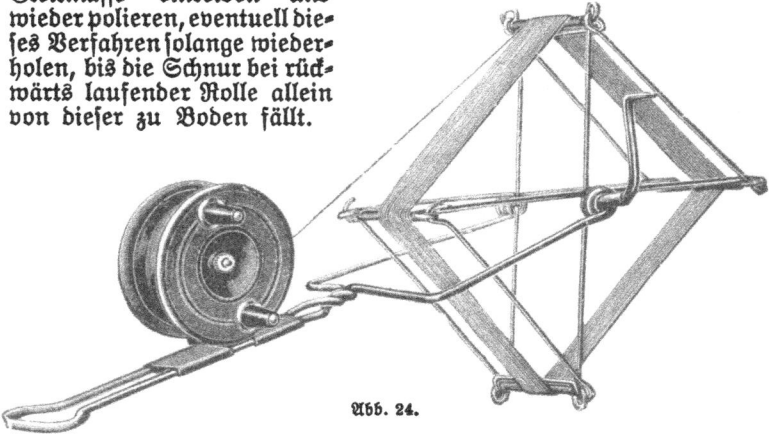

Abb. 24.

Dasselbe Verfahren muß man beobachten, wenn man eine Schnur mit Schwimmfett behandelt hat; nichts stört außer ungleichmäßigem Aufwinden so sehr im Wurfe als überschüssiges Fett auf der Leine.

Gute Schwimmfette sind „Muciline" und „Cerolene" (letzteres von Hardy). Ein mir bewährtes Rezept ist das folgende: Je 40 g festes und 50 g flüssiges Paraffin werden im Wasserbad geschmolzen und dann 5 g feinste weiße Vaseline und 2—3 g feinstes weißes Bienenwachs dazu gegeben; das letztere gibt der Schnur eine Art Politur.

Auch zum Imprägnieren schmelze man die Masse im Wasserbade, noch besser im Sandbade. Um ein Versengen der Schnur beim Kontakt mit dem Gefäß zu vermeiden, verwende man dazu breite, flache Gefäße aus Glas oder Porzellan und lasse die Schnur einige Minuten, je nach Dicke, darin. Das hat den Zweck, die Luft aus den Poren der Schnur entweichen zu lassen, damit die Imprägnierung die ganzen Fasern durchdringe. Zu diesem Zwecke wird auch empfohlen, die Schnur vorher in absolutem Alkohol zu tränken und dann erst ins Imprägnierungsbad zu bringen; sie wird dadurch tatsächlich luftleer und die Durchtränkung gleichmäßiger.

Der Vollständigkeit halber muß ich auch noch der Roßhaar-
schnur einige Worte widmen, denn sie hat immer noch viel An-
wert und Liebhaber — und nicht mit Unrecht. Zu mancher Art
Angelei, z. B. der in den Alpenseen, auf verschiedene Korregonen-
arten wird sie wahrscheinlich kaum von einem anderen Materiale
verdrängt werden; sie hat verschiedene gute Eigenschaften und
verdient es wirklich nicht, kurzerhand der Vergessenheit überant-
wortet zu werden.

Nur ist bei ihrer Verwendung folgendes zu berücksichtigen:

Vor allem sei sie nicht alt und verlegen, wie es meist die in
Geschäften gekauften fertigen Zeuge und Längen sind.

Sodann achte man auf die Qualität des Haares.

Brauchbar und haltbar ist nur das vom lebenden Pferde
geschnittene und ausschließlich das vom Hengste.

Das Haar der Stute ist infolge der Besudelung mit Urin brüchig und morsch, jenes von Wallachen dünnfädig und spröde.

Dem Bezug von Haaren von Geigenbogenerzeugern ist entschieden zu widerraten, da diese das Haar chemisch bleichen, wodurch es seine beste Eigenschaft, die enorme Elastizität, verliert.

Als Naturfarbe kommt Haar von Schimmeln und Grau-
schimmeln, eventuell auch von hellen Fuchshengsten in Betracht.

Ich will bei dieser Gelegenheit über das Anfertigen von Roß-
haarschnüren einige Anleitungen geben.

Das Haar — selbstverständlich Schweifhaar — wird zuerst
durch kurzes Waschen in lauwarmem Seifenwasser vom Schmutz
gereinigt, sodann gut mit reinem Wasser abgespült, fest ausge-
schwenkt, damit alles Wasser abgeschüttelt werde, und dann, auf
einem Tuche lose ausgebreitet, an einem kühlen, luftigen Orte
getrocknet.

Zum Drehen sucht man sich gleich lange und gleich
starke Haare aus; solche, welche Knickstellen zeigen oder in
der Länge ungleich stark sind, werfe man fort; ein gutes Haar
ist brehrund, glatt und von der Wurzel bis zur Spitze gleichmäßig verjüngt.

Damit die einzelnen Längen gleichmäßig stark werden, muß
man immer ein Haar mit der Spitze, das andere mit dem Wurzel-
teile verknüpfen und dann erst zusammendrehen, was am besten
geschieht, wenn man sie durch die Finger der einen Hand laufen
läßt und mit Daumen und Zeigefinger der anderen dreht. Empfehlenswert ist der Gebrauch einer Spinnmaschine, die man auch
zum Zusammendrehen von Poils, Silkcastgut usw. verwenden kann
(Abb. 25). Stärkere Längen wie aus drei Haaren braucht man
zur feinen Fischerei nicht. Die unteren Längen bestehen nur aus
2 Haaren, die letzte sei verjüngt, indem man die Haare mit den
Wurzelteilen zusammenlegt. Nur sei man bedacht, die Haare nicht
zu scharf zu „drellen", sonst bekommt die Schnur die Neigung zum
Rollen bzw. zum Erdrehen.

Für ganz klares Niederwasser dürfen die letzten Längen oft nur aus einem einzigen Haar bestehen, das zu unterst auch den Haken trägt — für diese sucht man selbstredend die besten und stärksten Haare aus.

Eines ist nicht zu vergessen: Man verwende Roßhaarschnüre nicht allzu lange — einmal deshalb, weil ihre Elastizität und Haltbarkeit durch oftmaliges Naß- und Trockenwerden besonders bei Sonnenbrand leidet — ähnlich wie beim Poil, welches nach alter

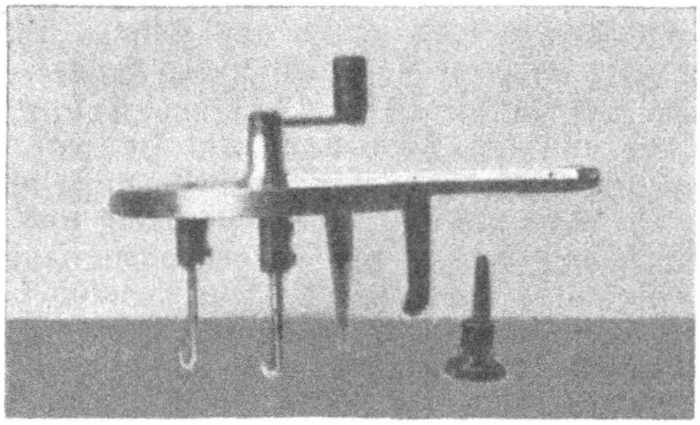

Abb. 25.

Unsitte um den Hut geschlungen mitgeführt wird — das andere Mal, weil ältere Schnüre gerne in den Knoten verstocken und dann dort gerne reißen.

Darum erneuere man sie öfter — sie sind ja heutzutage noch immer fast umsonst.

Auch ist es ratsam, die Knoten öfters neu zu binden. Der beste Knoten hiefür ist der doppelte Fischerknoten, der in einem späteren Absatz beschrieben wird.

Das Vorfach (Trace) (Zug).

Es gibt in der anglerischen Terminologie kaum ein Wort, welches wie gerade dieses so viele und verschiedene Begriffe zu decken hat; je nachdem bezeichnet das Wort „Vorfach" einmal das, was es wirklich ist — nämlich ein Zwischenstück zwischen dem Haken und der Rollschnur, ein anderes Mal einen Haken an Gut oder sonst einem Materiale. — Diese letztere Bezeichnung ist mehr minder lokaler Natur — und geeignet, Verwirrung zu schaffen.

Wir halten daran fest, daß wir „Vorfach" ein für allemal jenes Stück nennen, das in Fortsetzung der Rollenschnur zwischen Haken und diese eingeschaltet ist. Die englische Literatur hat dafür

den unveränderlichen Terminus „cast" oder „Trace" (amerik.:
„leader") geschaffen.

Wird der Haken, wie es heutzutage wenigstens bei Verwendung von Gut fast allgemein Usus ist, direkt am Vorfach befestigt,
dann entfällt die Anschaltung eines Verbindungsstückes, ist aber
der Haken von Haus aus an einem separaten Gutfaden, Draht
o. ä. befestigt, um mit Hilfe dieses erst am Vorfach eingehängt zu
werden, dann nennen wir dieses Stück Geräte richtig „Vorschlag"
oder „Schneller" (snooding, amerik.: snell). Es gibt selbstverständlich auch eine Menge Namen für den einen oder anderen dieser beiden
Teile; ich lasse sie besser unerwähnt, um nicht weitere Verwirrung
zu schaffen.

Der Zweck des Vorfaches ist vornehmlich der, den gegen den
Fisch endenden Teil des Angelgerätes möglichst unsichtlich zu
machen bzw. die Angelschnur nach dem Haken zu zu verjüngen.
Seine Stärke richtet sich nach dem verwendeten Angelgerät und
der Größe der zu erwartenden Fische, und demgemäß auch die Wahl
des Materiales.

Deshalb muß sich der Grundangler mit Vorfächern verschiedener Stärken ausrüsten und auch mit solchen aus verschiedenen
Materialien, deren spezielle Eigenschaften im folgenden besprochen
werden sollen.

Das meist verwendete Material zur Herstellung von Vorfächern ist das Gut, auch Poil, landläufig, aber falsch, Seidenwurm-
darm genannt. Gut wird aus dem Spinnapparat der Seiden-
raupe gewonnen und in einem ziemlich komplizierten Prozeß zu
dem verarbeitet, was wir als glasartige Fäden verschiedener Länge
und Stärke zu kaufen bekommen. Spanien, Italien und Griechen-
land und teilweise die Levante befassen sich mit der Erzeugung
von Gut — das beste ist das spanische. Auch bei diesem Produkte
scheint das jeweilige Jahresklima, die Ernährung und der Gesund-
heitszustand der Raupen einen großen Einfluß auf die Qualität
der Waren zu haben — ich habe beobachtet, daß manche Jahre
ein sehr minderwertiges Gut liefern.

In keinem Artikel ist man so auf die Reellität des Lieferanten
angewiesen wie gerade in diesem — in keinem Artikel ist es möglich, soviel Minderwertiges und Schund an den Mann zu bringen.
Wer sieht es einem fertig gekauften Vorfach an, ob es letzter Ernte
ist oder ein alter Ladenhüter? Erst im Gebrauch kommt man darauf,
wenn's zu spät ist — darum kaufe man fertige Vorfächer nur bei
den solidesten Firmen, bei denen man sicher ist, nur Ware bester
Qualität und letzter Ernte zu bekommen, und auch da kaufe man
nur das Beste, wenn's auch scheinbar mehr kostet.

Das Sicherste ist es unbedingt, sich die Gutfäden von der Klasse
„pricked and selected" zu kaufen und seine Vorfächer selbst zu
knüpfen, was bei etwas Geschick und Übung jeder fertigbringen
kann. Anleitung hiefür bringt Kapitel „Praktische Winke".

Gut kommt gefärbt und ungefärbt in den Handel in Längen von 10—16 Zoll engl. mit den Handelsnamen Hebra bzw. Imperial= (selecto) Marana I und II, Padron I und II, Regular Fina, Refina (finest undrawn). Letztere Sorte ist die dünnste.

Alle diese Sorten sind Naturprodukt, ohne jede spezielle künst= liche Nacharbeit. Gutes Gut muß in der ganzen Länge drehrund sein und von gleichem Durchmesser, von einer opaken Färbung und mattem, seidigen Glanz. Es gibt auch sog. poliertes Gut, das eine eigenartig schimmernde Oberfläche hat. Dieses ist minder= wertig. Ebenso solches, dessen einheitliche Färbung Trübungen oder gar Flecke zeigt.

Da infolge der eigenartigen Herstellungsweise mit der Hand es sich nicht vermeiden läßt, daß die einzelnen Fäden in einem Paket von 100 Stücken ganz gleichartig sind und trotz wiederholten Sortierens an der Erzeugungsstelle dickere und dünnere, voll= wertige und mindere Stücke zusammengebündelt werden[1]), so empfiehlt es sich eben, von einer soliden Firma die nochmals pein= lich sortierten und fehlerfreien, beschnittenen Stücke zu kaufen; man zahlt wohl etwas mehr dafür, aber hat den Vorteil, jedes Stück ruhig verbrauchen zu können. Für die feine und feinste Angelei ist jedoch vielfach die Sorte Refina noch zu dick. Sehr feine und feinste Fäden kommen ja wohl darunter vor, doch sind die wenig= sten gleich rund und vollwertig und die Zahl der letzteren ist so gering, daß sie bei weitem nicht den Bedarf deckt. Deshalb kann man auf die Herstellung des „gezogenen Gut" (Drawn=Gut), indem man den Gutfaden durch Metallplatten mit Löchern zieht, um ihn so auf den gewünschten Grad von Feinheit und Rundung zu bringen und stellte hierfür eine Standardskale auf, die sich von $\frac{1}{4}\times$, $\frac{1}{2}\times$, $1\times$, $2\times$, $3\times$ bis $4\times$, eventuell $5\times$[2]) herunter bewegt, wobei ein $\frac{1}{4}$ drawn der Stärke Fina der unbearbeiteten Rohware entspricht. Die Bezeichnung $1\times$, $2\times$ usw. entspricht nicht der Vorstellung, der Faden sei $1\times$, $2\times$ usw. gezogen, sondern ist eine abgekürzte Handelsbezeichnung für das Stärkemaß in $\frac{1}{000}$ engl. Zoll.

Dieses Gut ist tadellos drehrund und hat trotz seiner Feinheit eine kolossale Tragkraft — gutes $4\times$ hat eine Bruchfestigkeit von $1\frac{1}{2}$ lb.

Bei längerem Gebrauche allerdings franst es sich etwas früher aus als der unbearbeitete Faden und muß dann selbstredend ersetzt werden, immerhin ist es pfleglich behandelt, von einer ganz ent= sprechend langen Lebensdauer.

Meist wird das Gut gefärbt geliefert — rauchblau oder grün= lich. Man kann es sich auch selbst färben — was später besprochen werden soll.

Viel Sorgfalt ist der Aufbewahrung des Gutes und der daraus gefertigten Vorfächer zuzuwenden — ebenso der Verarbeitung.

---

[1]) Selbst die Sorten „super selected" enthalten 5—10% minderwertige Fäden.
[2]) In manchen Katalogen wird 6, 8 und sogar $10 \times$ Gut angepriesen. Sorgfältige Messungen, die in England vorgenommen wurden, haben ergeben, daß es sich im besten Falle immer nur höchstens um $5 \times$ Gut gehandelt hat.

Gut ist ein äußerst empfindliches Material. Es verträgt kein langes Lagern. Die Einwirkung von Luft, Licht, besonders Sonnenbrand und Feuchtigkeit schädigt seine Qualitäten ganz unberechenbar, und je länger es lagert, desto mehr schwindet seine Zuverlässigkeit — es wird spröde und brüchig.

Darum empfiehlt es sich, keine größeren Vorräte anzulegen, als man im Laufe einer Saison restlos verbrauchen kann.

Zur Aufbewahrung des Gutes empfiehlt es sich, dieses vorerst in Wachspapier einzuschlagen und dann in eine Tasche aus Sämischleder zu legen; so verwahrtes Material ist vor der Austrocknung, Licht und Luft sowie gegen Feuchtigkeit genügend geschützt und kann so ruhig für ein Jahr in Vorrat gehalten werden, ohne an seiner Qualität Einbuße zu erleiden.

Gut, das man verknüpfen will, muß vorher gründlich gewässert werden, die feineren Sorten inklusiv Fina mindestens durch eine halbe Stunde, die stärkeren eine Stunde — ältere Vorräte bedürfen der Sicherheit halber einer mehrstündigen Wässerung. Es ist gut, sogar ratsam, dem Wasser reinstes säurefreies Glyzerin zuzusetzen, und zwar ein Zehntel der Wassermenge.

Ein derart behandeltes Gut erhält eine größere Geschmeidigkeit und neigt weniger zum Fransen oder Aufschilfern als bloß gewässertes. Das Glyzerin gibt dem Gut eine eigenartige Geschmeidigkeit und Festigkeit, wirkt auch konservierend und regeneriert sozusagen altes Gut, welches trotz Wässerns eine gewisse Sprödigkeit zeigt. Dafür müssen die fertig geknüpften Vorfächer oder Vorschläge sehr gründlich an der Luft, aber ja nicht an der Sonne, freihängend getrocknet werden. Das Trocknen beansprucht mehrere Stunden, weil die Feuchtigkeit auch aus den Knoten restlos verdampfen muß. Geschieht dies nicht, verstocken oder verrotten diese oder reißen oft bei geringster Beanspruchung. Dasselbe gilt von den zum Angeln verwendeten Sachen, die gemeinhin zusammengerollt und in die Brieftasche geschoben werden, wenn des Tages Arbeit vorbei ist, oder einer alteingesessenen Unsitte gemäß um den Hut geschlungen, wenn nicht gar unter dem Schweißleder desselben getragen werden. Wer seine Guts so behandelt, wird sie in kürzester Zeit fortwerfen müssen. Fertige Vorfächer versorgt man jedes für sich in einem Kuvert aus Wachs bzw. aus Pergamentpapier (Photographiekuverts in der Größe 9×9 eignen sich vorzüglich dazu). Zweckmäßig und zeitsparend ist es, darauf Länge und Stärke zu notieren — die gefüllten Kuverts finden dann ihren Platz in einer Tasche aus Sämischleder oder in einer der nicht unpraktischen Vorfachbücher mit Taschen aus Zelluloid. Man lege Vorfächer, Haken an Gut usw. stets vorsichtig flach und ohne Schleife und Knicke ein — denn trockenes Gut ist spröde und bricht, wenn man es knickt. Ein Vorfach oder Haken an Gut sollen vor Ingebrauchnahme gründlich gewässert werden, wozu eigene Büchsen aus Aluminium dienen, welche Gummischwamm- oder Filzeinlagen enthalten, zwischen denen die einzelnen Vorfächer usw.

eingelegt werden, was wenigstens eine Stunde vor Beginn des
Angelns geschehen soll. Ein gut gewässertes Vorfach streckt sich auf
einfachen Zug gerade, während ein schlecht oder halbgewässertes
die ominöse Spiralform zeigt. Es wird vielfach empfohlen, solche
Vorfächer mit Hilfe eines Stückchens weichen, unvulkanisierten
Kautschuks gerade zu streifen. Das gelingt wohl, aber auf Kosten
der Lebensdauer des Guts — so behandeltes Gut wird nämlich
in unglaublich kurzer Zeit rauh und fransend, besonders das „ge=
zogene" — ich kann jedem nur dringend den Gebrauch dieser
Methode abraten.

Es ist unter allen Bedingungen ratsam, das Strecken zwischen
den Händen, das mit einem sanften, nicht zu starken Zug zu er=
folgen hat, mit der Prüfung auf die Haltbarkeit, besonders der Kno=
ten zu verbinden. Man wird so oft eine fehlerhafte Stelle, meist
ist es ohnedies der Knoten oder das ihm unmittelbar anliegende
Ende finden, und durch eine kleine Reparatur zeitgerecht dem Ver=
lust eines Vorfaches oder gar eines guten Fisches zuvorkommen.

Gut, welches schon wiederholt im Gebrauch gestanden ist, ist
äußerst dankbar für eine kleine mühelose Behandlung: das Polieren,
welches im trockenen Zustande mit Hilfe von Zigarettenpapier
vorgenommen wird — das ausgespannte Vorfach wird damit sanft
abgerieben — und seine Lebensdauer wird dadurch bedeutend
erhalten. Besonders die gezogenen Gutsorten sind für eine solche
Behandlung sehr dankbar!

Mitunter wird Gut auch gesponnen oder geflochten, um seine
Tragfähigkeit zu erhöhen — das ist ganz gut und zweckmäßig, be=
sonders wenn man in nicht zu hellem Wasser auf schwere Fische
angelt und das teure Lachsgut nicht kaufen kann oder will — aber
man darf nicht vergessen: die Haupttugend des Guts ist seine Durch=
sichtigkeit und daher Unsichtlichkeit, welche gute Eigenschaft ver=
lorengeht, wenn man Gut in größerem Ausmaße als höchstens
drei Fäden zusammenspinnt — ganz abgesehen davon, daß dann
die Knoten immer unförmiger werden, wenn man größere Längen
herstellen will.

Meiner Ansicht und Erfahrung nach sind 4=, 6= oder 9fach
gedrehte Gutvorfäden ein Unding — und wem dreifaches Gut
nicht stark genug ist, der greife doch lieber zu den im folgenden be=
schriebenen Drahtsorten.

Wie schon erwähnt — die mit der Hand oder einer Maschine
gedrehten Gutlängen geben beim Verbinden ziemlich dicke, sicht=
bare Knoten, wenn anders man die Enden der Längen nicht ver=
splissen will oder kann. Wenn dieses Versplissen aber nicht sehr
sorgfältig gemacht wird, beschädigt man die Fäden und vermindert
ihre Haltbarkeit. Es ist daher empfehlenswerter, ein längeres Vor=
fach aus einfachen Längen zu knüpfen und dann so zu drehen,
daß die einzelnen Knoten sich ohne aneinanderzukommen über die
ganze Länge verteilen.

Während einer Pause im Angeln hängt man das Vorfach stets ins Wasser, damit es nicht an der Luft, womöglich noch im Sonnenbrande austrockne, sonst riskiert man beim Weiterangeln einen Bruch an einem Knoten, andererseits aber vergesse man ja nicht, nach Beendigung des Fischens die Vorfächer usw. sofort aus der Wässerungsbüchse herauszunehmen, sonst verfaulen sie zu leicht.

Das „Silkcastgut", auch Japangut oder Poilersatz genannt (Gutsubstitute), eignet sich sehr gut für verschiedene Zwecke der Grundangelei. Es wird in allen Stärken vom dicksten Lachsgut bis zum feinsten Resinafaden erzeugt und ist in Längen von 5 und 40 Yards im Handel, gefärbt oder naturfärbig. Ursprünglich nur in Japan erzeugt, wird es aber heute in gleicher oder vielleicht noch besserer Qualität auch schon in Europa hergestellt und hat wegen einiger unleugbarer Vorzüge viele Freunde gewonnen. Eine seiner besten Eigenschaften ist die, daß es keine Knoten hat, sich gut streckt, nicht rollt und verdreht, hervorragend zug- und knotenfest ist.

Dagegen wird es im weichen Zustande schlaff und in sehr klarem Wasser ist es unendlich viel sichtbarer als Gut; dafür ist es aber wiederum dem Verderben durch Luft, Licht und Feuchtigkeit viel weniger ausgesetzt als jenes, und endlich mehr als die Hälfte billiger.

Wenn es von guter Qualität ist, kann es für den Gebrauch des Grundanglers, der nicht so sehr wie der Fliegenfischer auf die gewisse Steifheit des Vorfaches, die eben nur das Gut besitzt, angewiesen ist, mit gutem Gewissen empfohlen werden. In gewissen Gegenden, wie z. B. am Luganersee, wird es sogar von den Einheimischen mit bestem Erfolg als ganze Angelschnur verwendet.

Leider ist Silkcastgut nicht immer von egaler Qualität, was besonders von dem japanischen Originalprodukt zu behaupten ist und worauf der Angler zu achten hat. Es empfiehlt sich vor Gebrauch, jene neue Länge sorgfältig durch Zug zu erproben, sonst kann man unangenehme Erfahrungen machen.

Es läßt sich ebenso leicht knoten wie Gut, doch haben die einfachen Knoten die Neigung zum Ausschlüpfen bzw. Gleiten und es empfehlen sich daher überall doppelte Knoten.

Trotz der mancherlei guten Eigenschaften wird es das Gut nie verdrängen, bestimmt nicht dort, wo es sich um äußerst mögliche Unsichtbarkeit handelt — aber zu manchen Zwecken wird es doch öfter imstande sein, das immerhin teure Gut wenigstens teilweise zu ersetzen. Auch Silkcast muß vor dem Knoten gründlich gewässert werden, ebenso vor dem Angeln.

Für das Fischen mit dem schweren Bodenblei, namentlich in tiefen oder sehr scharf strömenden Wassern, ferner zur Paternosterangel können wir mit Vorteil ein Vorfach aus Messingdraht verwenden, in der Stärke von 0,2—0,8 mm.

Dieses Material wird in keinem Buche erwähnt, und doch leistet es für unsere Zwecke hervorragende Dienste. Bekannt ist es, daß die Berufsfischer am Comofee eine mehrere hundert Meter lange Leine aus feinem Kupfer= bzw. Meffingdraht an einem kunftvollen Haspel für ihre Schleppfischerei verwenden — weniger bekannt dürfte es fein, daß man in und um Prag die Grundangelei faft ausschließlich mit einer ganz aus Draht beftehenden Angelschnur betreibt und dann nur Gerten ohne Rolle benützt.

Der Meffingdraht ift auch bei größter Feinheit von ungewöhn= licher Tragkraft und Dehnbarkeit, finkt infolge feines fpezifischen Gewichtes viel schneller als jedes andere Material mit einer viel leichteren Bleibeschwerung und bietet dem Waffer viel weniger Widerstand, zudem ift er im Waffer faft unfichtlich. Wenn man eine Gerte mit Rolle benützt, wird ein Drahtvorfach von $1\frac{1}{2}$—$2\frac{1}{2}$ m Länge genügen. Am oberen und unteren Ende dreht man eine einfache Schleife an, in die obere bindet man die Roll= schnur ein — in die untere das Gut, das den Haken trägt —, oder der unteren Schleife klemmt man ein Schrot= korn an, auf dem die Bleikugel auffitzt (Abb. 26).

Das Ganze kann man am Waffer felbft in einigen Augenblicken herstellen, nur muß man den durch das Auf= rollen welligen Draht vorher durch leichten Zug ftrecken. Nach dem Drill eines fehr schweren Fisches oder nach

einem schweren Hänger und nach wiederholten Gerade= ftrecken wird der Draht ftarr, — in diefem Falle werfe man ihn einfach weg, erfetze ihn durch neuen — er ift fo lächerlich billig, daß es Unverftand wäre, an ihm zu fparen.

In neuefter Zeit wird ftatt des Meffingdrahtes feiner, ge= fponnener Stahldraht verwendet in der Stärke 0,12—0,15 mm; doppelt genommen gibt er ein vorzügliches Material für Vorfächer zur Grundfischerei, da das Spinnen fo einfach leicht ift, kann man fich diefe Vorfächer felbft drehen und fich ein fehr billiges Gerät herstellen, welches außer enormer Tragkraft noch den Vorteil großer Unfichtlichkeit befitzt, befonders wenn man den an fich blanken Stahl braun oder schwarz beizt, was mit Hilfe der von den Büchfen= machern verwendeten Beize leicht durchzuführen ift. Einen ge= wiffen Nachteil haben allerdings diefe Stahlvorfäden, und zwar den, daß fie verhältnismäßig ftarr find und leicht zum Welligwerden neigen, weshalb man fie oft auswechseln muß.

In manchen Fällen ift es aber fehr erwünscht, ein Drahtvorfach von großer Länge zu haben, das fich auch auf die Rolle winden läßt — diefer Fall tritt ein, wenn man vom Ufer her weite Würfe in tiefes, ftrömendes Waffer zu machen hat. Hat man nur ein kurzes Drahtvorfach, dann wird die ftärkere Rollenschnur vom Waffer infolge des großen Widerstandes gegen das Ufer geschwemmt, — außer man verwendet fehr lange und dementsprechend schwere Gerten, was nicht jedermanns Sache ift.

Nun find in der allerletzten Zeit Drahtvorfächer auf den Markt gekommen, welche fich durch eine schnurartige Weichheit auszeichnen, fo daß man eine folche Drahtschnur direkt auf die Rolle aufwinden

kann, was bisher weder der Messingdraht noch der usuelle Stahldraht erlaubte. —

Diese Drahtschnüre, welche unter dem Namen „Racinea oder
Soie d'acier Phenix" gehandelt werden, ist wirklich eine restlose Er-
füllung des Wunsches mancher Grundangler, eine Ansicht, welche
von Dr. Köster auch im „Angelsport" vertreten wurde und der man
ruhig beipflichten kann. Bei äußerster Feinheit trägt die dünnste
Sorte Nr. I noch ein totes Gewicht von 7 kg, welches sonst nur
das allerdickste Lachsgut trägt.

Bei der Verwendung von Draht, speziell Stahldraht, hat man
bisher zum Befestigen von Haken und Wirbern, von Ösen usw. diese
Verbindungen meist gelötet, ich bin nach den vielen bösen Er-
fahrungen, welche ich mit dem Löten gemacht habe, von letzterer
Prozedur ganz abgekommen und drehe nunmehr alle Haken und
Ösen ein.

Die hiezu nötigen Handgriffe werden in dem Kapitel „Praktische Winke" beschrieben werden.

Das Floß

auch Schwimmer, Pose oder Flottchen genannt, ist nach Ansicht
der meisten Autoren ein mehr weniger notwendiges Übel, das
in vielen Fällen geeignet ist, den zu fangenden Fisch zu vergrämen
und daher, wo es angeht, fortgelassen werden soll.

Ganz richtig — und doch — es hat seinen eigenen Reiz, gerade
dieses angefeindete Ding auf dem Wasser treiben, kreisen, tanzen,
erzittern, zucken und endlich untergehen zu sehen — es beinhaltet
die erste Impression, die wir als Kinder schon vom Angeln bekamen und die sich uns unauslöslich in die Seele gegraben hat.
Einer der neuesten englischen Autoren schreibt daher ganz mit
Recht den Satz nieder: „Nehmt mir mein kleines, grünes Floß
mit dem roten Kopf weg — und ihr habt mir alles genommen,
was mich am Angeln fasziniert."

Auch ich bin ein Freund und Liebhaber des Floßes, nur nicht
jener irrsinnig mit Farben beschmierten Klötze aus Kork und Kiel,
die man die Schaufenster der meisten Gerätehandlungen erfüllen
sieht. Auf den Anfänger üben sie aber meist eine suggestive Wirkung aus, und fast kann man wetten, wenn er von seinem ersten
Einkauf zurückkehrt, trägt er mindestens drei davon heim, ohne
zu ahnen, wieviel Mißerfolg und Ärger sie ihm bringen werden.

Die beste Färbung eines Floßes ist die reine Naturfarbe des
Korkes — sein Kopf mag je nachdem rot oder für schlechte Beleuchtung weiß gestrichen sein. Will jemand ein farbiges Floß,
dann ist es empfehlenswert, die Wasserseite entweder schwarz oder
schilffärbig oder grau gestrichen zu wählen. Die Befestigung an
der Schnur erfolgt entweder in der Art, daß diese durch das ganze
Floß und den Kiel durchgezogen und dann in der gewünschten oder
ermittelten Tiefenstellung durch einen eingeschobenen Kiel oder

durch einen Zelluloidkeil festgelegt wird, oder aber so, daß man die Leine zuerst durch den Kielring — in neuerer Zeit durch den widerstandsfähigeren Zelluloidring und dann durch den Ring an der Spitze des Floßes führt — der Ring wird an der gewünschten Stelle auf den Kiel am Kopfende fest aufgeschoben. Die Leine läuft dann außen entlang des Floßes. Gut ist auch eine Befestigung derart, daß der Kiel am Kopfende einen federnden Drahtring trägt, in welchen die Leine eingeklemmt wird. Diese Floße haben den Vorteil, beim Drill nicht zu stören, wenn große Tiefen eingestellt sind, weil sie in dem Moment, da sie an den Endring der Gerte anstoßen, von diesem von der Schnur abgestreift werden und dann an dieser herabrutschen, so daß die Leine dann beliebig kurz ein= gerollt werden kann (Abb. 27).

Um ein Floß zu wechseln, ist es am einfachsten, den Knoten der Rollenschnur am Kopfende des Vorfaches abzuschneiden und nach

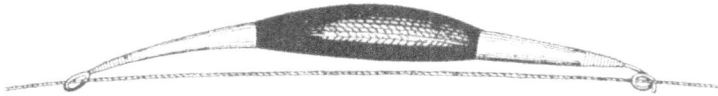

Abb. 27.

dem Wechsel neu zu binden. Der kleine Zeitverlust dürfte wohl kaum das Vergnügen eines langen Fischtages beeinträchtigen.

Es gibt auch Floße, welche mit Hilfe von Spiralen von außen an die Schnur befestigt und abgenommen werden können (Abb. 28), ich bin kein Freund von ihnen, erstens haben die Spiralen wenn ein Fisch das Floß unter Gras zieht, die Neigung, sich dort zu ver= hängen, zweitens scheuert sich die Leine an ihnen, was unter Um= ständen zum Reißen an dieser Stelle Anlaß geben kann.

Was ich vorhin von den Haken sagte, gilt auch vom Floß. Auch das Floß wähle man so klein und unscheinbar wie möglich — sogar zum Angeln auf Hechte mit lebendem Köder! „Je feiner das ganze Angelzeug, je klarer das Wasser und je scheuer der Fisch, desto kleiner das Floß“, muß als unumstößliche Regel gelten:

Ich gebe im folgenden die Abbildung der besten Floßformen, (Abb. 29) die im Handel sind, wieder — in der zweiten Reihe eine Serie von mir selbst gemachter Floße, die allen Bedürfnissen feinen Angelns genügen. (Abb. 30.)

Der ganz gewöhnliche Gänsekiel in verschiedenen Größen und Stärken von 4—8 cm Länge tut es aber auch, ist mühelos zu beschaffen und herzustellen und ist vor allem nächst der einfachen Stachelschweinpose der unsichtlichste.

Gewiß, für besondere Zwecke braucht man ein stärkeres Floß, das leugne ich nicht, dann wählt man eines der gleitenden Floße,

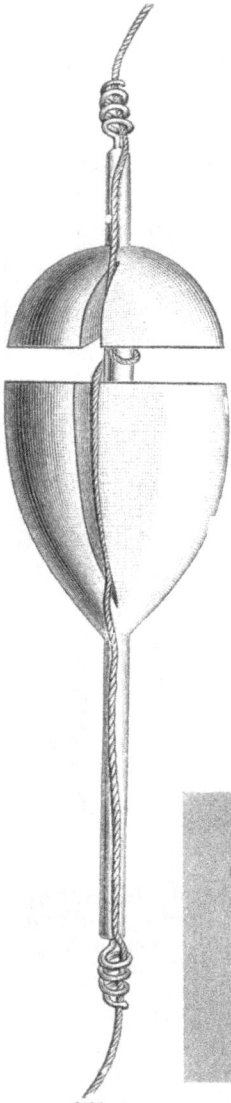

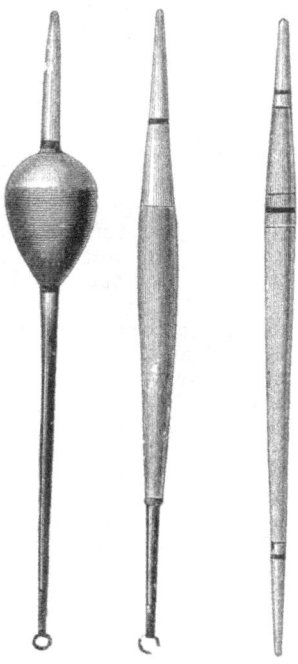

Abb. 29.

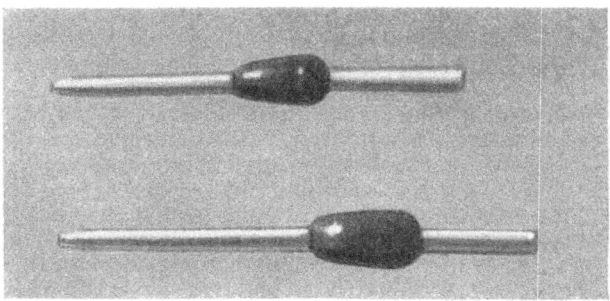

Abb. 28.

Abb. 30.

die aber auch nicht größer zu sein brauchen als das in Abb. 31 (Nottinghamfloß) abgebildete.

Um das Floß unsichtlich zu machen, hat man auch solche aus Glas gemacht, ich kann mich für dieses Material nicht erwärmen, schon wegen seiner zu großen Zerbrechlichkeit — dafür sind die Flöße aus Zelluloid recht praktisch. Sie sind leicht, ziemlich widerstandsfähig und besonders jene aus transparentem Zelluloid recht unsichtlich. Ich verwende sie gerne im klaren Wasser, besonders zum Angeln auf scheue Fische. Man bekommt sie in allen Größen, nur sind sie etwas teuer. Abb. 32 zeigt derartige Flöße.

Jedes Floß sei so schlank und spitz zulaufend wie möglich, die dicken bzw. eiförmigen Flöße bieten dem beißenden Fische zuviel Widerstand, und scheue Fische werden oft durch so ein Floß vom Erfassen des Köders abgehalten. Man darf nicht vergessen, daß es die einzige Bestimmung des Schwimmers ist, den Köder in einer bestimmten Wassertiefe schwebend zu erhalten und den leisesten Biß des Fisches durch Tauchen anzuzeigen — und tauchen, d. h. auf das leiseste Erfassen des Köders deutlich reagieren, kann eben nur ein feines, leichtes, schlankes Floß, das fast gar keine Wasserverdrängung hat.

Um das Floß noch empfindlicher zu machen, verwendet man soviel Beschwerungen — Senker —, welche das Floß ⅔ bis ⅘ seiner Länge tauchen machen, so daß es senkrecht im Wasser steht. In scharf strömendem Wasser oder in Wirbeln wird man das Floß nur ⅔ tauchen lassen, der besseren Sichtbarkeit halber, dagegen ⅘ in stillem oder stehendem Wasser — außer bei starkem Wind bzw. Wellenschlag.

In allen Büchern findet man den Lehrsatz, daß die Gertenspitze möglichst senkrecht über der Spitze des Schwimmers stehen soll, um einen korrekten Anhieb zu ermöglichen, das ist schön und gut, wenn man in Gertenlänge beim Ufer angelt — wie ist dies aber, wenn ich über einen Wall von Wasserpflanzen hinaus einen Weitwurf machen muß —, wo bleibt da die Senkrechte? Oder wenn ich das Floß 10, 15, 20 m weit hinausrinnen zu lassen ge-

Abb. 31.

Abb. 32.

zwungen bin, um den Stand der Fische zu erreichen, denen ich selbst möglichst unsichtbar bleiben will? Ob ich will oder nicht will — die Schnur unter Wasser und die Rollenschnur bilden einen mehr oder weniger großen stumpfen Winkel mit dem Floße als Scheitel (Abb. 33). Wenn ich nun in einer solchen Situation einen Fisch anhauen muß, so trifft der Anhieb erst das Floß, dann erst das Fischmaul, und der Anhieb verliert an Kraft oder geht fehl. Der Einfluß des schäd- lichen Winkels wird um so größer, je länger und voluminöser das Floß ist und je mehr Schnur zwischen Rutenspitze und

Abb. 33.

ihm liegt — bzw. je schwerer die Schnur wiegt, sei es, daß sie durch Imprägnierung oder durch ihre Stärke oder durch Ansaugen mit Wasser oder durch beide letztere Umstände förmlich als Bremse wirkt.

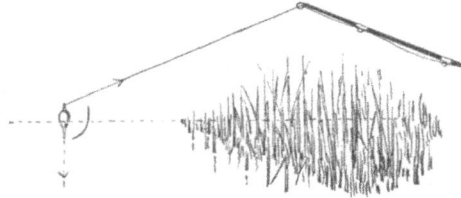

Je kürzer das Floß und je schlanker, desto mehr wird die Wir- kung des schädlichen Winkels abgeschwächt, durch korrekte Streckung der Schnur zur Geraden nahezu aufgehoben, besonders dann, wenn die Leine an und für sich leicht und fein und vor allem durch ge- eignete Fettung schwimmend erhalten ist.

Das ist ein Grund mehr, jedem, aber dem Anfänger besonders, die Verwendung feiner, leichter und schlanker Floße nahezulegen.

Ich habe im Kriege bei den ostgalizischen Anglern eine Floß- form kennengelernt, welche ich als galizisches Floß hier zur Abbil- dung bringe; dieses stellt eigentlich den Idealtypus eines Floßes vor, da es derart die Schnur eingeschaltet wird, daß diese vom Haken bis zur Gertenspitze nahezu eine ungebrochene Linie bildet. Seine spezielle Verwendung werde ich später beschreiben. Wie die Abbildung zeigt, läuft die Schnur nur durch die äußerste Spitze, wo sie durch ein Kielkäppchen bzw. im Ring festgeklemmt wird. Beim Original wird die Schnur einfach durch eine Schleife angelegt, was mir nicht zusagt, da die Schnur zu leicht abgeprellt werden kann.

Das Floß ist aus leichtem Holze gemacht — kann aber selbst- redend auch aus Kork hergestellt werden, mit einer Spitze aus Holz oder Stachelschweinborste. Mit einem Klemmring versehen, kann es auch im Bedarfsfalle als gleitendes Floß verwendet werden. Ein Leser des „Angelsport" brachte einen bemerkenswerten Vor- schlag, wie man ein beliebiges Floß in gleichem Anwendungssinne verwenden könne, indem man an seine untere Spitze einen Gut- faden anwindet und dessen freies Ende dann in der gewünschten Höhe an die Schnur anknüpft (Abb. 34). Ich meine, man kann sich auch noch das Anwinden des Guts ersparen, wenn man einfach den

Schnurlaufring des Floßes mit einer Zange flach drückt und in den so entstandenen Schlitz den Gutfaden einknüpft.

Die „gleitenden Floße" ermöglichen Einstellungen, welche länger sind als die Angelrute, also in Tiefen von 4—5 m und darüber, — die Feststellung erfolgt bei ihnen durch einen Gummifaden, der mit einer Halbschleife in die Schnur verknüpft ist und mit diesem beim Wurf durch die Ringe läuft —, natürlich müssen diese weit genug sein, um den Gummifaden mit durchzulassen (Abb. 35). Beim Auswerfen liegt das Floß auf dem Senker und rutscht dann, sowie der Köder sinkt, an der Schnur bis zum Gummifaden herauf. Beim Drill bzw. Einrollen der Schnur rutscht es wieder bis zum Senker herab und gestattet so die Verkürzung der Schnur bis zum Knoten am Vorfach. Durch ihr Gewicht und ihre günstige Lage gestatten diese Floße einen sehr weiten Wurf von der Rolle sowohl im Seitenwurf wie im Überkopfwurfstil.

Ihre hauptsächlichste Anwendung finden sie beim Angeln in tiefen Gewässern und Seen sowie beim Fange von Raubfischen mit lebendem Köder sowie dort, wo man weite Wurfe zu machen gezwungen ist, aber nicht zuviel Blei anbringen will.

Abb. 34.

Senker und Wirbel.

Um den Köder in die gewünschte Tiefe zu bringen bzw. ihn am Grunde oder in die Nähe desselben trotz der Strömung festzuhalten, oder um bei Anwendung eines Floßes dieses zum Aufstellen und zur gewünschten Tauchtiefe zu bringen, verwenden wir sog. Senker, das ist Beschwerungen aus Blei in verschiedenen Formen und Gewichten.

Der gewöhnlichste Senker ist das Schrotkorn aller Größen von 2 mm Durchmesser aufwärts, gespalten und

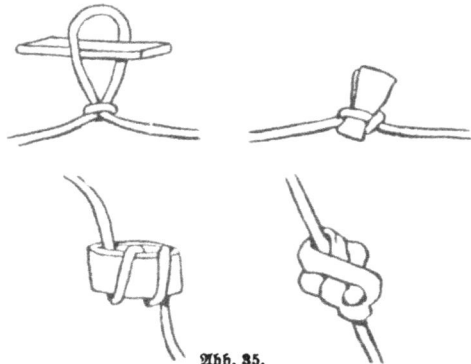

Abb. 35.

an das Vorfach geklemmt. Nicht ganz mit Unrecht wird aber behauptet, daß durch das Anklemmen das Gut, besonders das Feine beschädigt wird. Das von manchen empfohlene Unterlegen mit Papier soll das verhindern, ist aber nur bei recht großen Schroten an=

Abb. 36.

wendbar und hat den Nachteil, daß das Papier die Nässe nicht abgibt und das Gut an dieser Stelle verfault. Besser sind schon die Senker, welche aus einem gestanzten Stück Bleiblech mit einem Loch in der Mitte hergestellt sind. Über einen Knick im größten Durchmesser lassen sie sich flach zusammenpressen, — das Loch gibt Raum für einen Knoten im Vorfach, der das Rutschen des Bleis verhindert. Diese Bleie lassen sich leicht wechseln, sind aber verhältnismäßig teuer, wenn anders man sich dieselben nicht selbst herstellen will (Abb. 36).

Man kann sich solche Flachbleie sehr gut selbst mühelos herstellen: Schrotkörner (man verwende nur solche aus Weichblei) werden mit Hilfe eines glatten Hammers auf glatter Unterlage zu einer flachen Scheibe vom Korndurchmesser breitgeschlagen. Sodann leimt man mit dicker Schellacklösung ein Stückchen dünnster

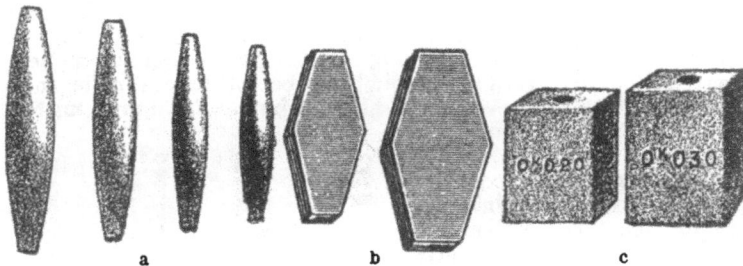

a   b   c

Abb. 37.

Kautschukplatte (sog. Cofferdam, wie ihn die Zahnärzte benützen, in Dentaldepots käuflich) unter Druckbelastung auf, schneide es dann randgleich zu, biegt die Platte über einer Messerscheide in der Mitte ein — selbstredend mit dem Gummi nach innen. Größere Bleie als 5—6 mm im Durchmesser verwendet man meistens durchbohrt. Die Bohrung sei weit genug, um über die Knoten des Vorfaches glatt laufen zu können — die Kanten der Bohrlöcher runde man ab, damit sie das Gut nicht aufreiben.

5*

Außer Rundkugeln verwendet man noch Oliven und flache — teils prismatische wie ovale Bleie, letztere meist im größeren Formate (Abb. 37).

Zur Paternosterfischerei verwendet man ein besonders geformtes, birnförmiges Blei (Abb. 38), doch tut im Bedarfsfalle eine Kugel oder Olive, am Ende des Vorfaches eingebunden, die gleichen Dienste.

In manchen Wässern, besonders an der Donau, verwendet man zur schweren Grundangelei die sog. Barbenwage in Verbindung mit sehr schweren pyramidenförmigen Senkern.

Ich persönlich ziehe im allgemeinen und wo es angängich ist, das kugelförmige Blei den Oliven und den flachen Bodenbleien vor, weil die Kugel weniger geneigt ist, sich an Steinen usw. zu verhängen oder zu verklemmen und in der Strömung immer ein bißchen hin- und hergerollt wird — welche Bewegung dem Köder mitgeteilt wird, was ich nicht als Nachteil betrachte. Immerhin aber gibt es Gewässer, deren Boden so fest und dabei glatt ist, daß die Kugel den Köder nicht am gewünschten Platze erhält, sondern wieder zum Ufer zurückgerollt wird — ein solches Wasser ist z. B. die Spree, dort kommt ein flaches, kantiges Blei von entsprechendem Gewicht zu seiner Geltung.

Abb. 38.

Ein guter Senker ist auch der Bleidraht, den man in beliebiger Länge entlang einer Nadel, eines Stückchens Drahtes u. dgl., in Spiralen um das Vorfach oder die Schnur wickeln kann. Man bekommt ihn auch schon fertig in Spiralen gedreht zu kaufen und hat dann bloß nötig, die Schnur in die Zwischenräume zu winden und das untere Ende anzukneifen, um das Heruntergleiten zu verhindern (Abb. 39). Er ist recht unsichtlich, aber das unter ihm liegende Material fault oder verstockt leicht, so daß man ihn immer wieder abwickeln soll, wenn man seiner nicht mehr bedarf.

Die Größe und das Gewicht des Senkers sind abhängig von der Größe des Flosses bzw. von der Stärke der Strömung und der des Angelzeuges überhaupt. Man trachtet mit dem kleinst möglichsten Senker auszukommen, dennim klaren Wasser wirkt er mitunter beunruhigend. — Es ist in vielen Fällen vorteilhafter, 2 oder 3, selbst mehrere kleine Senker anzubringen, als bloß ein einziges, großes, sichtbares Blei. Erstere sind immer weniger auffallend.

Abb. 39.

Bei vielen Anglern, besonders bei den Anfängern, herrscht viel Unklarheit darüber, wo sie den Senker am Vorfach anbringen sollen, und ich erachte es für nützlich, darüber etwas zu sagen.

Bei Benützung des Bodenbleis soll dieses vom Köder nicht weiter entfernt sein als 35 cm, wenn das Wasser angetrübt ist und die Strömung stark ist. Ist dagegen das Wasser hell und sichtig, dann geht man mit dem Senker hinauf, 50, 75—100 cm vom Haken weg — je nachdem, je voluminöser das Blei ist, desto weiter hinauf setze man es. Prinzip sei auch hier, gerade nur soviel Blei, daß der Köder am Grunde bleibe! Sonst spürt man den Biß des Fisches nicht, wenn man ohne Floß angelt. Fischt man mit dem fest-liegenden Floß unter gleichen Verhältnissen, darf der Senker etwas höher hinauf kommen, aber auch nicht höher als 50 cm über dem Köder im trüberen und 1 m im helleren Wasser. Beim Angeln mit dem Floß soll man den Senker möglichst nahe zum Köder bringen — viele Fische haben die Gewohnheit, beim Beißen den Köder zu heben; ist der Senker zu hoch oben, so zeigt das Floß nicht die geringste Bewegung. Ich ziehe es bei dieser Art Fischerei vor, 2 oder mehrere kleine Senker zu benützen. Einen unmittelbar, d. h. wenige Zentimeter über dem Haken, den zweiten oder die übrigen 30—40 cm darüber. Hebt der Fisch den unteren Senker, so geht das Floß aus dem Wasser und zeigt so den Biß an. Verwendet man mehrere Schrote oder Senker, so bringe man dieselben in größeren Abständen voneinander an, 5—10 und mehr cm — das wirkt unsichtlich und kommt dem Wurfe besser zu statten, als wenn die Senker auf dicht nebeneinander gestellt sind, wie man es oft sieht. Einer Art Senker muß ich aber noch Erwähnung tun, welche von einem englischen Angler erfunden und von ihm „Fare well" - „Lebewohl"-Senker getauft wurden — eine Idee, geboren und verwirklicht unter dem Zwange der Situation.

Mancher hat wohl schon die Notwendigkeit empfunden, in stillem hellem Wasser seinen Fischen, welche am Grunde ihre Nah-rung suchen, den Köder anzubieten — ohne es tun zu können, weil er kein Blei anwenden konnte, das die Fische beunruhigt hätte — an-derseits mit der unbeschwerten Schnur keinen Weitwurf machen konnte. Solche Situationen ergeben sich besonders an Seen oder stillen Altwässern.

Der Erfinder half sich in diesem Fall damit, daß er Schlamm oder Sand in ein Läppchen band und dieses Bündelchen mit einem feinen Faden am Vorfach befestigte, so daß er nach dem Sinken diesen durch einen kurzen Ruck von seiner Verbindung lösen konnte. In der Folge verwendete er statt des Läppchens Fließpapier, wel-ches sich in Wasser in kürzester Zeit restlos auflöst. Ich habe dieses Verfahren erprobt und kann es jedem, der sich in der gleichen Lage befindet, wärmstens empfehlen.

Wirbel oder Umläufe werden im allgemeinen beim Grund-angeln nur in sehr beschränktem Maße verwendet, hauptsächlich beim Fischen in der Nacht auf Aale, Quappen, wenn es sich darum handelt, Haken bezw. Vor- und Zwischenfächer rasch und sicher auszuwechseln, sowie zum Angeln auf Raubfische. Wirbel werden aus Messing und Stahl erzeugt. Die letzteren kommen immer mehr in Gebrauch, da der

viel widerstandsfähigere Stahl es gestattet, bei einer vervielfachten
Haltbarkeit die Dimensionen der Wirbeln so klein als möglich zu halten.
Trägt doch ein kleinster Stahlwirbel Nr. 10 ein Gewicht von ca. 15 bis
20 Pfund, allerdings — und das muß betont werden — nur wenn
er von bester Qualität ist. Man kaufe daher nur diese und lasse
sich durch die scheinbare Ersparnis einiger Pfennige am Dutzend nicht
verleiten, Ausschußware zu erstehen, welche vielfach im Handel ist.

Auch Wirbel wähle man so klein und unsichtlich wie nur
möglich, sehe aber darauf, daß sie leicht rotieren, nicht verrosten
und ein rasches und sicheres Ein= und Aushängen der zu wech=
selnden Teile gestatten. Die Größen Nr. 10—6 genügen meistens.

Die nebenstehenden Abbildungen geben
die besten Wirbelsorten und Größen
wieder:

Schlangenwirbel, Labyrinthwirbel, Na=
delwirbel (Abb. 40 u. 41), Skala 10, 9, 8, 7, 6.

Wirbel aus Messing haben den Vorteil,
nicht zu rosten — mit
Hilfe einer Metallbeize
kann man sie dunkel
färben, aber, wie schon
erwähnt, ist der Stahl=
wirbel vorzuziehen.

Stahlwirbel neigen
trotz der Bronzierung
zum Rosten, wenn man
sie nicht immer sorgfältig

Abb. 40.

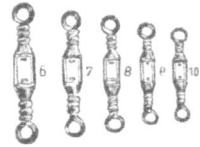

Abb. 41.

trocknet und mit Ballistol behandelt. Wenn sie nicht gut gehärtet
sind, brechen sie gerne oder biegen sich auf. Es ist ein Gebot der
Klugheit und Vorsicht, vor dem Angeln den Wirbel ebenso genau
zu revidieren und zu prüfen wie Vorfach und Leine, besonders
wenn er schon sehr lange im Gebrauche stand.

Köder.

Während sich der Flugfischer ganz und der Spinnangler nahezu
vollständig vom Gebrauche natürlicher Köder emanzipiert haben,
ist der Grundangler ausschließlich auf diesen angewiesen, gleichviel,
ob derselbe vegetabilischer oder animalischer Natur ist. Von der
Beschaffenheit seines Köders und der Art der Darbietung hängt in
den meisten Fällen der Erfolg ab.

Der Flug= und der Spinnangler suchen ihren Fisch in seinen
Ständen in raschem Wechsel des Platzes; das tut zwar der Grund=
angler mehr oder weniger auch, aber im Gegensatze zu den beiden
anderen verläßt er seinen Standplatz nicht so rasch und oft, sondern
er versucht in der Mehrzahl der Fälle seine Beuteobjekte an einen
Platz heranzuziehen, an diesen selbst und an einen bestimmten Köder
zu gewöhnen und dann letzteren zum Angeln zu verwenden. — Kurz

gesagt, er füttert seine Fische zu den von ihm gewählten und ihm
günstig erscheinenden Stellen hin. Seine Köder sind teils lebende,
teils nicht lebende, d. h. teils vegetabilischer, teils animalischer Natur.

Von den lebenden Ködern sind es vor allem die verschiedenen
Wurmgattungen, die beim Grundangeln jeglicher Form weitgehende
Verwendung finden.

Der Tauwurm ist von den heimischen Würmern der größte.
Er kommt überall vor — in Feldern, Wiesen, Garten und Moor-
land —, je fetter und düngerreicher der Boden, desto besser gedeiht
er. Am Abend und nachts nach einem starken Regen oder an Abenden
und Nächten mit starken Taubildungen kann man ihn oft zu Hun-
derten mit Hilfe einer Laterne auflesen. Man kann ihn aber auch
durch Graben in fetter Erde, Komposthaufen u. dgl. erbeuten —
im Winter zieht er sich in die Tiefe zurück.

Eine besondere Art des Tauwurms ist jene, welche die Engländer mit „Pinktail" bezeichnen, er ist 6—10 cm lang, hat einen
blauschwarzen Kopf, der Schwanzteil ist rötlich bis dunkelfleischrot.
Er hat keine Knoten, lebt auch dort, wo der große Tauwurm zu
finden ist, und ist ein vorzüglicher Köder, da er sehr lebendig ist,
besonders im Sommer und für helles Wasser, während der große
Tauwurm, namentlich im Winter und bei trübem Wasser, seine
Anziehungskraft bewährt.

Der „Rotwurm", der in verrottetem Dünger unter faulendem
Holze und Laub zu finden ist und deshalb auch in vielen Gegenden
„Dungwurm" oder „Mistwurm" heißt, sind hervorragende Köder
für den Sommer und klares Wasser. Der Goldschwanz ist von roter
Farbe, gelb geringelt, seine Farben sind manchmal vermischt, manchmal recht ausgesprochen und leuchtend. Er sondert einen übel-
riechenden, gelben Saft ab, wenn man ihn anfaßt. Beide sind ein
ausgesprochener Köder für das klare Wasser und werden von allen
Fischen gerne genommen. Es gibt auch noch eine Art Würmer,
welche gemeinhin „Regenwurm" genannt werden, welche man
vielfach nach einem starken Regen auf Straßen und Wegen findet
— aber auch graben kann — oder in den Schollen findet, wenn man
hinter einem Ackersmann hergeht. Diese Würmer sind blaß, fleisch-
farben oder weißlichlila, mit einem dunklen Knopf. Sie haben weder
das Leben noch die Zähigkeit der vorgenannten Arten — und werden
von vielen Anglern als unbrauchbar verworfen — andererseits
fängt man an ihnen in manchen Gegenden gerne und reichlich Brach-
sen und Barsche, weshalb ich sie nach meinen eigenen Erfahrungen
nicht unbedingt ablehne. Zu mindestens sind sie von allen am leichtesten zu beschaffen und dort von Vorteil, wo man größere Mengen
zum Auffüttern benötigt. Frisch gegrabene oder aufgelesene Würmer
sind zum Angeln nicht gut zu brauchen, sie sind meist voll Erde
und weich bzw. brüchig.

Um sie zu säubern und zähe zu machen, tue man sie eine Zeit,
wenigstens 3—4 Tage oder doch vor dem Gebrauche vorher in
einen Leinwandbeutel, der mit feuchtem Moos gefüllt ist. Das Moos

darf nicht triefend naß sein, sondern nur feucht und auf einen Beutel der durchschnittlichen Größe von 25×40 cm darf man nicht mehr als 100 große und maximal 200 mittlere oder kleine Würmer geben, sonst gehen sie zugrunde. Den Beutel mit den Würmern bewahre man an einem kühlen Orte auf, namentlich im Sommer. Sonnenglut, ebenso wie die trockene Wärme der menschlichen Hand bedeuten für die Würmer rasches Sterben. Sie „verbrühen". Dort, wo man Würmer nicht nach Belieben kaufen kann, muß man sich einen Vorrat anlegen, besonders für die Winterfischerei. Zu diesem Zwecke nimmt man eine gut in den Fugen schließende Kiste, gräbt diese in die Erde, eventuell stellt man sie auch nur in den Keller, füllt untenhin einige Hand hoch Gartenerde und darüber Moos, welches man feucht halten und ab und zu erneuern muß. Ebenso wie im Wurmbeutel darf das Moos der Kiste gleichfalls nur feucht, nicht naß sein, sonst gehen die Würmer ein. Kranke und verendende Würmer kriechen in das Moos und werden beim Wechsel desselben mit entfernt. Von manchen wird geraten, der Erde einige faulende Zwiebel zuzusetzen, was den Würmern angeblich eine Witterung verleihen soll, die sie für die Fische besonders begehrenswert macht. Daß man die Kiste vor Sonnenbrand bzw. Frost schützen muß, brauche ich wohl nicht besonders zu betonen.

Die Fleischmaden sind ein ebenso wichtiger, wenn nicht wertvollerer und wirksamerer Köder für viele Fischarten als die Würmer, nur ist ihre Beschaffung nicht immer leicht, besonders in der kühlen Jahreszeit und erst im Winter. Seifensiedereien, Leim- und Spodiumerzeuger können diese begehrten Tiere liefern, hie und da auch Abdeckereien, welch letztere häufig sogar deren Zucht als Nebenbetrieb führen. Am besten ist es, sich eine Madenzucht sebst anzulegen, wenn man die Gelegenheit hat, denn es ist eine nicht ganz appetitliche und oft übelriechende Beschäftigung. Im Sommer ist die Sache ziemlich einfach. Eine Leber vom Rind oder Pferd — ein Stück verdorbenes Fleisch — eventuell ein Kaninchen o. dgl. Kleintier legt man an die Sonne, damit die großen Schmeiß- fliegen ihre Eier darauf legen. Im Notfalle kann man auch ge- stocktes Rinderblut verwenden, doch sind die von diesem gezogenen Maden auffallend dünnhäutig, deshalb nicht so gut wie solche, die auf Fleisch usw. aufgezogenen. Man legt das eierbesetzte Stück in einen großen, glasierten Topf, auf eine Schichte Kleie oder Sand und bindet ihn gut zu und stellt ihn in die Wärme — in wenig Tagen entwickeln sich die Maden und wachsen rapid. Wenn sie die richtige Größe erreicht haben, nimmt man sie aus ihrem Topfe, gibt sie, am besten in ein großes sog. Gurkenglas, das mit trockener Kleie bis $2/3$ gefüllt ist, bindet es gut zu und stellt dieses in einen kühlen Raum, Keller u. dgl. Dies ist sehr wichtig, denn in der Wärme verpuppen sich die Maden sofort — auch gebe man ihnen in dem Glase nur wenig Futter — alle 2—3 Tage ein Stückchen Leber, ca. 10 dg. In der Kleie reinigen sich die Maden, werden blendend weiß und bekommen eine zähe, harte Haut. In Nr. 5 des „Angel-

sport 1925" beschreibt ein Angler die Madenzucht im Winter. Ich
kann jedermann, der in der angenehmen Lage dies tun zu können,
nur dringend empfehlen, sich eine solche Wintermadenzucht anzulegen. Der Erfolg beim Angeln wird ihm die Mühe wieder ver-
gelten.

Die Made der Wespen ist vielleicht ein noch besserer Köder
als die Fleischmade, nur nicht so einfach zu beschaffen. Man muß vorher die Wespen töten, indem man das Nest mit einem Topfe bedeckt
und darunter einen sog. „Schwefeleinschlag", wie er zum Aus-
schwefeln von Fässern dient, verbrennt. Maden lassen sich für den
Winter in konzentrierter Zuckerlösung aufbewahren, selbstredend
muß man sie in derselben kochen.

Verschiedene Insekten und Fliegen, wie die große Stuben-
und Schmeißfliege, Mai- und Steinfliege, Wespen, Mai- und Juni-
käfer, Heuschrecken usw., sind bekannt gute Köder. Ebenso deren
Larven, wie z. B. die der Steinfliege und der Köcherfliege. Beide
findet man mitunter in Massen in Gewässern mit steinigen und teilweise sandigem Grunde.

Frösche sind ausgezeichnete Köder, sowohl lebend wie tot,
für Forellen, Aitel und Hechte. Für die letzteren größere als für
die ersteren.

Köderfische. Als solche kommen in Betracht: Pfrillen, Mühlkoppen, Grundlinge, Bartgrundeln, kleine Plötzen, Aitel, Hasel
und Neunaugen. Die Anköderungsweise derselben, besonders aber
der Neunaugen, wird in den betreffenden Kapiteln des näheren
geschildert werden. Das Neunauge ist eines der wirksamsten lebenden
Köder zum Fange vieler Fischgattungen und wird namentlich von
großen Exemplaren, vom Huchen und Waller abwärts gierig genommen — leider ist es nicht überall zu haben und läßt sich schlecht
oder, besser gesagt, gar nicht in einer Weise, die es gebrauchsfähig
bzw. elastisch erhält, konservieren. Dagegen lassen sich Neunaugen
sehr gut lebend erhalten in einer Kiste, in der Sand und Wasserpflanzen sind und welche durch einen Zulauf ständig unter frischem
Wasser gehalten werden kann. Für den Transport tue man in die
Köderwanne Sand und Graßstöcke und nur wenig Wasser.

Außer den vorgenannten lebenden Ködern gibt es eine Menge
lebloser, teils animalischer, teils vegetabilischer Art.

Da diese in großen Mengen bereitgestellt werden können, dienen
sie meist auch dem im früheren Kapitel erwähnten „Anfüttern".
Von den animalischen Ködern ist es vor allem Rinderblut, das
von jedem Fleischer in beliebiger Menge geliefert wird. Man verwendet zum Anködern das hellrote, arterielle — volkstümlich
als „Herzblut" bezeichnete, selbstredend in gestocktem Zustande.
Frisches Blut und das dunkle bis schwärzliche Blut der Venen ist
nur als Grundköder zu brauchen, da es ja weich ist und schlecht
am Haken hält. Zum Angeln muß es zähe sein, dies erreicht man,
indem man es in trockenen, klaren Sand an einem kühlen Orte
einige Tage eingräbt. Durch diese Behandlung wird dem Blut-

tuchen die gesamte Feuchtigkeit entzogen und er bekommt eine kautschukartige zähe Konsistenz, wodurch er sehr gut am Haken haftet. Er wird in größere oder kleinere Würfel geschnitten, angeködert. Zu seinem Transport verwende man eine Blechbüchse mit Löchern im Deckel und lege die einzelnen Stücke darein in Sand.

Wenn man Blut als Grundköder benützt, sei man vorsichtig und tue des Guten nicht zuviel, die Fische überfressen sich daran und beißen dann schlecht. Seine beste Verwendungszeit ist der Sommer und klares Wasser. Es wird aber auch im Winter gut genommen.

Talggrieben sind gut für die Fischerei im Spätherbst und Winter — man kocht sie vorsichtig, damit sie nicht anbrennen zu einer kompakten weißen Masse.

Zum Angeln auf Aiteln und Barben in der späteren Jahreszeit ist der Darm von der Gans ein hervorragender, aber nicht allgemein bekannter Köder. Er ist sowohl frisch wie auch im trockenen Salz konserviert zu brauchen.

Zahlreich ist die Auswahl der vegetabilischen Köder:

Hanf und Weizenkörner sind als solche berühmt, besonders für die Plötzenfischerei. Beide werden mit kaltem Wasser erst durch einige Stunden ansaugen gelassen und dann neben dem Feuer (durch einige Zeit je nach der Menge) gedämpft. Man muß immer wieder Wasser zugießen, damit die Körner davon bedeckt seien und nicht anbrennen. Beim Weizenkorn darf die Schale nicht platzen, beim Hanfkorn darf sich die Schale nur soweit öffnen, daß der innen liegende weiße Kern ein wenig hervorquillt. Der Hanf ist ein direkt mörderischer Köder für Plötzen in Gewässern, deren Boden viel Graswuchs hat, auf dem eine winzige Wasserschnecke lebt, welcher das gedämpfte Hanfkorn täuschend ähnlich sieht. Auch mit diesem Stoffe sei man nicht zu freigebig, wenn man ihn zum Auffüttern benützt. Zur Herstellung kleinerer Quantitäten eignet sich hervorragend eine Thermosflasche, mit Hilfe derer man seinen Köder über Nacht in tabelloser Beschaffenheit herstellen kann. Man fülle $2/3$ der Flasche mit den womöglich vorgeweichten Körnern, bedecke sie mit kochendem Wasser und verschließe sie. Es ist nicht ratsam, mehr als $2/3$ Körner, eher weniger zu nehmen, da die quellenden Samen leicht die Flasche zersprengen können.

Reis, so gekocht, daß die Körner einzeln bleiben (Anleitung in jedem Kochbuche) ist gut für Plötzen.

Erbsen sind ein bekannt guter Köder, jedoch schwer richtig zu bereiten — es empfiehlt sich, dieselbe als Konserve fertig zu kaufen.

Eine große Bedeutung in der Grundangelei haben die Teige und Pasten. Der einfachst zu bereitende Teig ist der aus Semmel bzw. Weißbrot (Wecken). Man schneidet aus der Mitte eines Weckens einen 2 Querfinger breiten Streifen aus und entfernt sorgfältig die Rinde rundherum — es ist vorteilhaft, wenn die Wecken altbacken, d. h. einen Tag alt sind. Den entrindeten Streifen schlägt man in ein reines Stück Leinwand, weicht ihn darin gut ein und knetet ihn in dem Leinen gut durch. Wichtig ist, daß sowohl bei diesem wie beim Bereiten und Gebrauche eines anderen Teiges die Hände frei von Tabakgeruch sind.

Dieser Teig ist sehr zähe und hält gut am Haken.

Man kann ihn auch mit Käse mischen, indem man geriebenen alten Käse (Emmentaler o. ä.) dazu knetet. Dieser Teig ist besonders zähe, man darf aber nicht allzuviel Käse zusetzen, sonst schlägt kaum der Haken durch.

Kartoffelteig stellt man her, indem man 2—3 kleinfaustgroße Kartoffel geschält mit kaltem Wasser zustellt und zum Sieden bringt. Wenn sie weich sind, gießt man das Wasser rasch ab und verrührt die heißen Kartoffel zusammen mit Weizenmehl zu einem steifen Teig; man rührt solange löffelweise das Mehl zu, bis der Teig nicht mehr an den Händen haftet.

Polenta — nach dem Rezept von Hans Fischer im „Angelsport". Auf ein Pfund (500 g) Maismehl, besser gesagt Maisgrieß, nimmt man ¼ Pfund (125 g) Weißmehl und vermischt beides gehörig miteinander. Dann bringt man soviel Wasser zum Sieden, daß beim Hereinschütten der Masse sofort ein dicker, fester Brei entsteht. Der Polenta wird ungefähr ein Eßlöffel Zucker zugesetzt und dann läßt man sie unter fortgesetztem Rühren und Verstampfen 5—10 Minuten kochen. Sie muß so fest sein, daß sie sich zu einer kompakten Masse ballen läßt, welche man nach dem Erkalten tüchtig knetet. Dann sitzt sie richtig am Haken, der birnförmig damit umkleidet wird.

Wichtig für den Grundangler ist die Kenntnis der Bereitung und Anwendung sog. Pulverköders, zum Zwecke des raschen Anlockens von Fischen in sichtigem, strömendem Wasser:

Man nimmt einen ganz trockenen Weißbrotwecken, entrindet ihn sorgfältig und verschneidet ihn auf Stücke, die man im Ofenrohr völlig trocknet — sie dürfen sich aber nicht verfärben! Diese getrockneten Brocken zerstört man im Mörser zu Pulver. Im Gebrauche tut man sie in ein Tuch und weicht sie so ein, formt im Tuche durch Kneten und Auspressen eine Kugel, die man entweder, allein oder am Vorfach angedrückt, mitsamt dem Köder einwirft — die Strömung löst sie auf, und die aufgelösten Teilchen schwimmen, einer Wolke gleich, den lauernden Fischen zu —, welche sich, Futter vermutend, rasch darauf stürzen, aber nichts kompaktes Freßbares finden, wohl aber beim Fortsetzen des Suchens den mit- oder nachschwimmenden Köder entdecken und vertraut nehmen. Eventl. kann man auch einige Maden mit einkneten. Ich will es gleich an dieser Stelle nochmals betonen, was ich schon vorher bei einzelnen Köderarten betont habe: In der Anwendung von Grundkörnern muß ein weises Maß gehalten werden, namentlich dann, wenn man in den nächsten Stunden nach dem Auswerfen schon angeln will. Nur dann, wenn man eine Stelle für spätere Zeit vorbereitet oder vergrämte und scheue Fische wieder an eine be-

angelte Stelle gewöhnen will, darf man Grundköder in reichlicher
Menge auswerfen, sogar durch längere Zeit — darf dies aber selbst=
redend einen oder einige Tage vor dem Angeln nicht mehr tun, denn
satte Fische haben kein Bedürfnis, den Köder an der Angel zu nehmen.

4. Praktische Winke.

So unglaublich es scheinen mag — es ist aber Tatsache, daß es
eine beträchtliche Menge Angler gibt, die nicht imstande sind, einen
Angelhaken anzubinden — ein gerissenes oder defektes Vorfach
neu zu knoten — von einer größeren Reparatur gar nicht zu reden. —
Diese Bedauernswerten sind einfach verloren, wenn sie nicht am
Gängelband ihres Lieferanten hängen. Und gerade der Angler sollte
sich bemühen, sich in diesen wichtigen kleinen Dingen, deren Un=
kenntnis oftmals peinliche Situationen oder Störungen schafft, von
aller Welt unabhängig zu sein, und sich alle jenen kleinen Kunst=
fertigkeiten zu eigen machen, die ihn instand setzen, daheim und
draußen Herr seiner Geräte zu bleiben und ihm manchen Ärger,
manchen Mißerfolg und öfters manche Auslagen ersparen.

Ich gestehe, ich bin kein Freund fertig gekaufter, angebundener
Angelhaken. Erstens sind sie nicht gerade billig, zweitens ist die Bin=
dung nicht immer verläßlich, und ob das Gut es ist, kann niemand
sagen. Darum ziehe ich es vor, meine Haken selbst anzubinden und
weiß dann, was ich habe. Zum Anbinden eines Hakens braucht man
eine gute Anwindeseide, für die kleinen und kleinsten eine feine
— für die größeren eine stärkere. Für die ersteren eignet sich be=
sonders jene, welche zum Fliegenbinden verwendet wird und unter
dem Namen Pearsalls Gossamer fly silk in allen Farben im Handel
ist. Für unsere Zwecke genügt eine rote und eine weiße. Für stär=
kere Haken und Gutfäden verwendet man eine erstklassige Nähseide
der Stärke 50—70, welche auch zum Anbinden von Gertenringen
oder zur Reparatur gebrochener Spitzen usw. dienlich ist.

Sodann ein gutes Wachs, um den Faden festhaltend zu machen
und ein Abgleiten zu verhindern. Am besten ist ein flüssiges Wachs,
das auch beim Binden von Fliegen verwendet werden kann; das
Rezept ist von Mc. Clellaub, aus seinem Buche über das Binden
von Kunstfliegen.

Jeder Apotheker oder Drogist stellt es auf Verlangen nach fol=
gendem Rezept her: Im Wasserbade werden reinstes, weißes Harz
(Resina alba) mit nahezu gleichen Teilen Terpentin ö l zusammen=
geschmolzen. Die Masse muß eine gelatinöse Konsistenz haben,
weshalb man etwas weniger Terpentinöl nehmen muß. Die fertige
Masse wird in Zinntuben mit Schraubverschluß gegossen und ist
sofort gebrauchsfähig. Die Versorgung in Tuben ist äußerst sauber
und schützt das Präparat vor Verstaubung und Austrocknung, ist auch
äußerst praktisch für das Mitnehmen und den Transport. Sein
größter Vorzug ist, daß die Farbe der Seide nicht verändert wird,
wohl aber bekommt diese eine gewisse Transparenz.

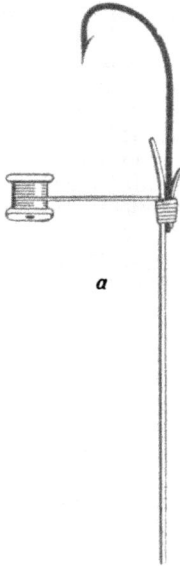

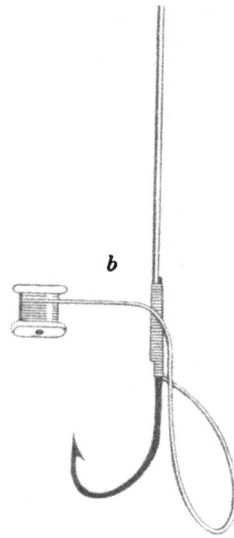

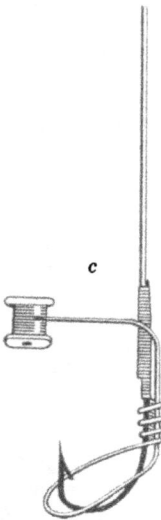

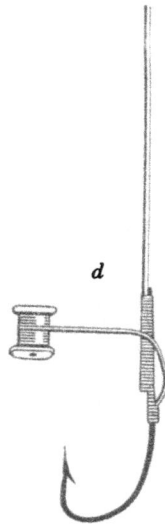

Abb. 42.

Zum Wachsen des Fadens nimmt man eine Spur auf die Kuppe des Zeigefingers und zieht den Faden wiederholt zwischen diesen und der Daumenkuppe durch, bis er gleichmäßig getränkt ist.

Nun nimmt man den Gutfaden und quetscht sein unterstes Ende je nach der Hakengröße 2—3 mm bis zu 1 cm zwischen den Zähnen flach und legt es derart an den Haken, daß es an der Unterseite des Schenkels anliegt. Haken und Gutfaden werden vom Zeigefinger und Daumen der linken Hand gehalten, so daß die Spitze des Hakenschenkels nach rechts zeigt (bei Linkshändern mit der rechten Hand, dann zeigt der Haken nach links). Nun beginnt man von dem freien Ende des Schenkels her zu wickeln, gleichmäßig fest eine Windung neben die andere legend. Man faßt den Hakenschenkel soweit oben, daß nur 2—3 mm heraussehen, was das Anlegen der ersten Windungen sehr erleichtert.

Die ersten Windungen über das Ende des Fadens gelegt, das auch mit Gut und Haken zusammen erfaßt wird. Nach 10—12 Windungen wird dieses Ende abgeschnitten und das Anwinden fortgesetzt bis etwa auf $3/5$ des Schenkels, auf alle Fälle aber 4—6 Windungen über das letzte Ende des Gutfadens. Hier schließt man jetzt, entweder mit dem sogenannten halben Knoten, der 3—5mal nebeneinander gemacht wird, oder mit dem verborgenen Knoten. Der halbe Knoten entsteht, indem man das freie Ende des Fadens durch die Windung durchzieht. (Abb. 42a).

Der verborgene Knoten wird auf verschiedene Art gemacht. In unserem Falle bilden wir eine große Schleife mit dem Bauch nach unten. Jetzt aber nimmt die rechte Hand den Haken und hält ihn so zwischen Daumen und Zeigefinger, daß der Hakenbogen nach links sieht, die Fingerspitzen fassen an der letzten Windung und fassen das freie Ende des Fadens mit (Figur). Die linke Hand faßt den von der Windung abgehenden Teil des Bauches der Schleife und macht drei bis vier Windungen — selbstredend aber in der Richtung der vorhergehenden und demzufolge infolge des Handwechsels verkehrt, d. h. jetzt gegen den Körper. (Abb. 42b).

Nachdem diese Windungen gemacht sind, werden sie von der linken Hand mit Daumen und Zeigefinger gefaßt und fortgehalten — die Rechte zieht das Fadenende straff durch — der Knoten ist fertig. Das überstehende Fadenende wird glatt abgeschnitten und die Bindung lackiert. (Abb. 42c, d).

Ein guter Lack muß rasch trocknen und fest haften, darf auch vom Wasser nicht angegriffen werden. Die herkömmlichere Schellacklösung besitzt diese Eigenschaften nur im beschränkten Maße. Vor allem trocknet sie sehr langsam und neigt dazu, von der Unterlage zu springen.

Der beste Lack für diese Zwecke ist der, unter dem Namen „Cellire Varnish" von Percy Wadham erzeugte Zelluloidfirnis — der u. a. den Vorzug hat, die Bindungen mit zu durchtränken, was außerordentlich zur Haltbarkeit der Haken beiträgt. Dieser Lack ist außerdem in allen Farben zu haben und eignet sich auch sehr gut zum Lackieren von Angelruten. Er trocknet binnen 15—20 Minuten glashart.

Der Lack wird mit einem Pinsel ein-, zwei- bis dreimal auf die Bindung aufgetragen, natürlich muß die vorausgehende Lackierung gut trocken sein. Zelluloidlack soll nur in trockenen warmen Räumen angewendet werden, sonst verliert er seine schöne glasartige Helligkeit und trocknet schlecht, dabei nimmt er eine milchige Trübung an.

Er ist feuergefährlich, deshalb soll er nicht bei offenem Lichte verarbeitet werden.

Ich kann den Abschnitt über das Anbinden der Haken nicht schließen ohne auf einen Umstand aufmerksam zu machen, den ich in keinem Buche bisher erwähnt fand. Man macht öfter die Wahrnehmung, daß bei an feineres Gut gewundenen Haken ersteres knapp über dem Schenkel abbricht, namentlich dann, wenn dort irgendein Schrotkorn angeklemmt war, oft aber auch ohne daß dies der Fall war. Diesem Übelstande begegnet man u. a. radikal, indem man das Gut an dieser Stelle verstärkt, d. h. man legt das anzuwindende Ende doppelt an den Haken, derart, daß das kurze Ende (etwa 3—5 mm je nach Größe des Hakens) über die Spitze des Schenkels hinausstehe und beginnt dort, wo es endet, die Windung über beide Gutstücke. Damit erreicht man eine effektive Verstärkung und zugleich einen elastischen Übergang vom Haken zum Gut (Abb. 43).

Die immer mehr und mehr in Verwendung kommenden Ringhaken werden mit Hilfe von Knoten, teils direkt ans Vorfach, teils mit Hilfe eines Zwischenstückes eingebunden. Von den vielen benützten Knotenformen will ich nur die zwei verläßlichsten und einfachsten beschreiben, weil diese wirklich für alle Fälle ausreichen. Für kleinere Haken, sagen wir bis Nr. 10, welche an teils sehr feine, teils, wie letztere Nummer, an immerhin noch dünnes Gut oder Silkcast gebunden werden, empfehle ich den sogenannten „Turle"-Knoten auch „Henker"- oder Schinderknoten genannt, dessen Entstehen die umstehenden Figuren illustrieren. Er ist nach meinem Dafürachten am leichtesten von allen korrekt zu erlernen und anzulegen und unbedingt verläßlich (Abb. 44).

Für große Haken und starkes Gut hat sich mir der „Schleifenknoten" am besten bewährt, dessen Bindung ich nebenstehend wiedergebe — nur empfehle ich unter allen Bedingungen den Knoten doppelt zu machen, denn der einfache kann doch gleiten (Abb. 45).

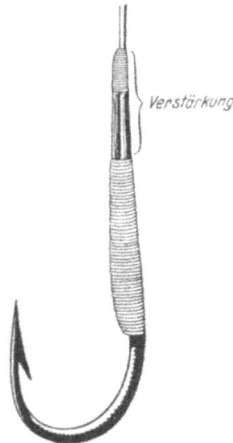

Verstärkung

Abb. 43.

Diese Befestigung der Ringhaken mit Knoten ist unbedingt zu-
verläffig und fauber, vor allem viel ficherer als die oft zu fehende
Manier, den Haken an das Gut zu binden, wobei letzteres durch den
Ring gezogen ist — ich halte dies für eine Überflüffigkeit und Zeit-

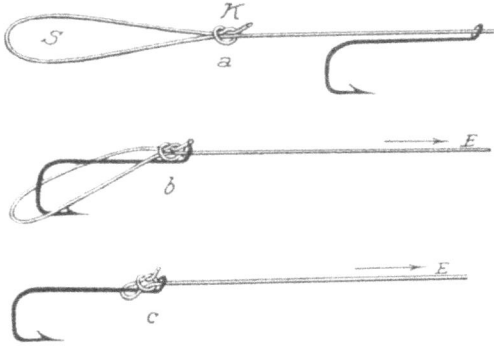

Abb. 44.

verfchwendung, weil einmal dadurch der Vorteil des Ringhakens
illuforifch wird — andererfeits halte ich eine derartige Bindung
für fchäblich, weil das Gut am Ring fcheuert und leicht befchädigt
bzw. abgefprengt wird.

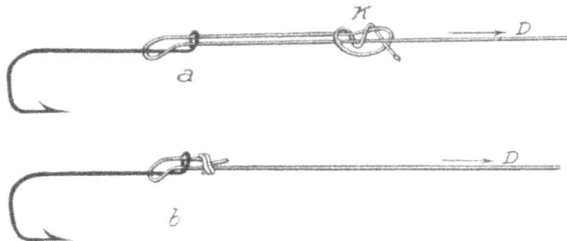

Abb. 45.

Man darf nur bei der Verwendung eingeknüpfter Ringhaken
nicht vergeffen, den Haken des öfteren einzubinden, wenigftens
vor jedem Angeln, möglichft aber auch nach einem ftärkeren Hänger
oder Drill, und befonders dann, wenn man feine und feinfte Gut-

fäden verwendet. Bei Beachtung dieser Vorsicht wird man selten oder nie den Verlust eines Hakens oder Fisches durch Bruch oder Riß am Knoten zu beklagen haben.

Eine gebrochene Spitze repariert man folgendermaßen:

Die beiden Teile werden auf 5—8 cm je nach der Dicke und der Stelle des Bruches mit dem Hobel abgeschrägt, damit sie schön an- einanderliegen, kein Teil über den anderen vorstehe und die Eben- mäßigkeit der Form gewahrt bleibe. Sodann werden die Teile mit wasserdichtem Leim geleimt, und zwar unter Druck (im Schraub- stock). Als guter Leim wird „Issolin" gerühmt. Ich gebe das Rezept zu einem sehr guten Leim, den ich wiederholt erprobte; er hat die hervorragende Eigenschaft elastisch zu sein, was für diesen Zweck von großem Werte ist: Man löse ein Blatt Gelatine in soviel heißem Wasser als dazu gerade nötig ist, füge hinzu 150 g heißes Wasser, 20 g Amylum (Weizenstärke) und 10 g gelösten Leim. Koche das Ganze auf, verrühre es innig und trage es h e i ß a u f. Der Leim muß jedesmal frisch zubereitet werden. Nachdem die Beleimung gut getrocknet ist, durchschnittlich nach 24 Stunden, entferne man über-

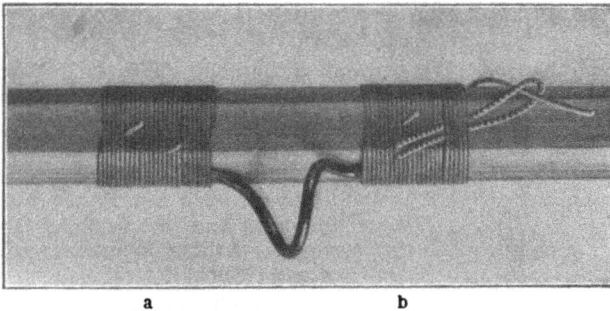

a   b

Der verborgene Knoten zum Abschluß von Bindungen an Ruten.

Abb. 46.

quellende Leimpartikel mit Kratzeisen und Glaspapier und binde die Bruchstelle mit gewachster Seide ein. Die Windungen sollen ½ bis 1 cm ober= und unterhalb der Vereinigung reichen. Man be- ginnt wie beim Angelhaken mit dem Winden über das eigene eine Ende des Fadens, das nach 10—12 Windungen abgeschnitten wird; lege die Windungen recht fest und sorgfältig eine neben die andere und schließe mit dem verborgenen Knoten. Dieser wird hier, sowie beim Anwinden von Gertenringen folgendermaßen gemacht: Von dem gewachsten Faden legt man nur ein Stück von etwa 20 cm Länge zurecht, das man zu einer Schleife zusammenlegt. Wenn man so weit ist, die Bindung zu schließen, legt man die Schleife mit dem Ohr nach links auf die Windungen, führt den Faden noch in 5—8

Winter, Grundangeln.   **6**

Touren über die Schleife, fädelt ihn dann durch das Ohr und zieht nun am freien Ende der Schleife das Ohr samt dem Windefaden durch die letzten Windungen, zieht fest, und schneidet den Faden zum Austritte glatt ab (Abb. 46). Diese fertige Bindung wird dann mit 2—3 Schichten Lack gedeckt.

Ein sehr wichtiges Kapitel im Leben des Anglers sind die Knoten, die teils zur Verbindung der Schnur mit dem Vorfach bzw. einem Wirbel, teils zum Knüpfen der Vorfächer, teils zum Anmachen der Angelhaken mit Ohr dienen. Das Vorfach und die Schnur werden am besten und unauffälligsten durch den sog. Flaggenstich verbunden (Abb. 47). Für das Angeln in der Nacht empfiehlt sich der in England unter dem Namen „Tillerhitch" bekannte Schleifenknoten — er ist zwar plump, aber mit einem Ruck aufzuziehen. (Abb. 48).

Abb. 47.

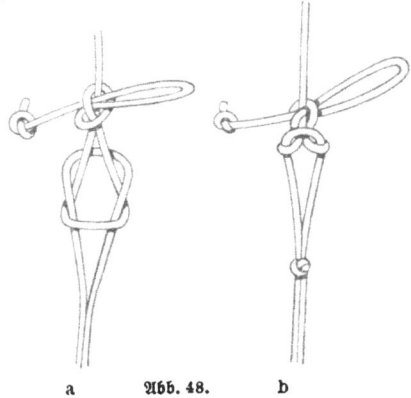
a   Abb. 48.   b

Zum Anbinden von steifen Drahtvorfächern oder von Wirbeln an die Rollschnur kann der Herkules (Dreadnought-) Knoten bestens empfohlen werden (Abb. 49).

Eine altbekannte und gute Verbindung mit obigen oder anderen Vorfächern bzw. Wirbeln bildet die Einhängeschleife, nur gebrauche man die Vorsicht, sie nach jedem Angeln abzuschneiden, jedesmal neu zu binden, da sie sich gerne durchscheuert.(Abb.50).

Die Bindung des „Blood-Knot", den ich in keinem deutschen Buche abgebildet fand und für den ich auch keinen deutschen Namen weiß, ist aus der Figur leicht ersichtlich — wenn die Enden durchgesteckt sind, zieht man an dem langen Teile straff an — sollte der eine oder andere Teil offene Ringe zeigen, zieht man an dem kurzen Ende

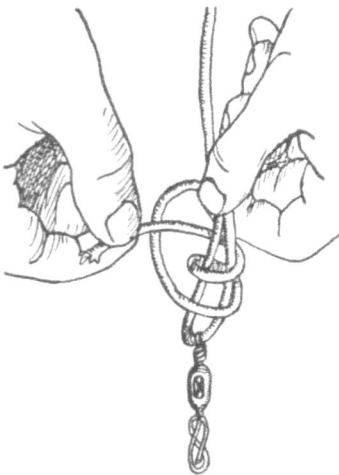
Abb. 49.

dieselben glatt. Der fertige Knoten ist glatt und zeigt 6—8 parallele Ringe. Die vorstehenden Seitenenden werden kurz abgeschnitten (Abb. 51).

Der doppelte Fischerknoten ist unbedingt verläßlich; nur wird er meistens falsch gezeichnet und falsch beschrieben. (Abb. 52). Wenn er richtig gemacht ist, so zeigt er vier parallele Ringe, andernfalls zwei schief aufeinandersitzende Höcker. Seine korrekte Schürzung geschieht nachstehend: Man legt die zu verknüpfenden Enden je ein Zoll aneinander, nun macht man mit dem einen Ende 2 parallele Schleifen über das andere Stück, wobei man die Schleifen mit Daumen und Zeigefinger der anderen Hand fest nebeneinanderhält — geht mit dem freien Ende von unten und rückwärts durch beide Schlingen und zieht mäßig fest. Die haltenden Finger geben erst den fertig zugezogenen Knoten frei, wodurch sich die Ringe schön parallel aneinanderlegen. Dasselbe geschieht auf der anderen Seite. Sodann legt man die Gutfäden wieder für ca. 1/2 Stunde ins Wasser und zieht dann erst die einzelnen Knoten an den kurzen Enden fest, sodann erst die Knoten selbst durch Anziehen der beiden Fäden aneinander, worauf man die Reste der kurzen Enden dicht am Knoten abschneidet. Das nochmalige Wässern vor

Abb. 50.

a   b

a
Falsch

b
Richtig

c

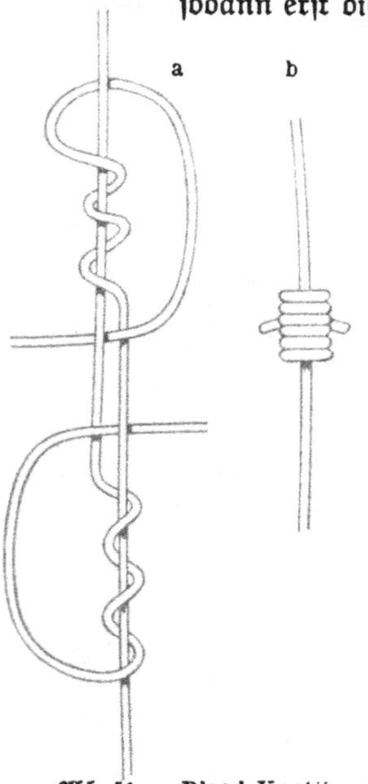

Abb. 51. „Blood-Knot".   Abb. 52. Doppelter Fischerknoten.

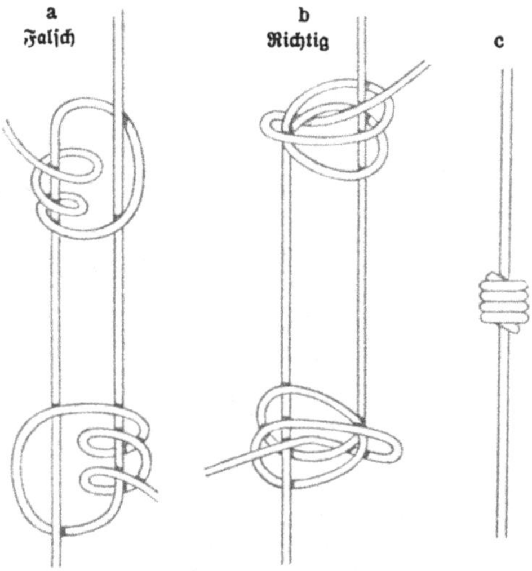

dem Festziehen der Knoten ist sehr wichtig! Denn beim Knüpfen trocknet der Gutfaden ab, und wenn man ihn jetzt fest knotet ohne noch-

6*

mals zu wässern, wird er an der Knotungsstelle leicht flach. Das flache
Gut ist immer ein Locus minoris resistentiae. Sehr starke Gutvor=
fächer, wie man sie z. B. zur Paternosterangelei auf Hechte benötigt,
versieht man mit Pufferknoten — d. h. bevor man den Fischerknoten
zuzieht, umwindet man zwischen den Knoten das doppelt liegende Gut
mit einigen Touren feiner weißer gewachster Seide oder noch besser
feinstem gut gewässerten Gut, was den Knoten ungemein tragfähig
macht und besonders vor dem Bruche beim starken Anhieb usw. schützt.

Gut bekommt man, wie schon erwähnt, gefärbt zu kaufen —
meist blaugrau oder grün. Hie und da ist es nützlich, ein braun ge=
färbtes zu benützen. Wenn man Gutfäden in die Blätter von Tee,
die aber nicht durch allzuoftes Aufgießen ausgelaugt worden sind,
nach dem Teekochen einlegt, und über Nacht stehen läßt, erhält man
eine prächtige rotbraune Färbung.

Die in neuerer Zeit stark in Aufnahme kommende Benützung
des gesponnenen Stahldrahtes, sei es als Vor= oder Zwischenfach,
sei es als Träger des Hakens selber, bedingen eine eigene Verbin=
dungsweise. Bis vor kurzem war die gegebene Methode das Löten.
Zugegeben, daß dieser Vorgang verhältnismäßig rasch und sauber
ist, so hat es noch andere schwerwiegende Nachteile. Vor allem wird
durch das Löten in die sonst elastische Materie eine starre Stelle
hineingebracht, an welcher es nur zu leicht zum Bruche kommt —
und tatsächlich ist es nicht nur mir, sondern vielen anderen Anglern
wiederholt passiert, daß Haken und ganze Vorfächer verloren gingen,
weil an der Lötstelle ein Bruch erfolgte.

Außerdem muß man noch berücksichtigen, daß besonders Stahl
äußerst empfindlich ist gegen Verbrennen, ja daß selbst eine Über=
hitzung die Struktur des Stahles verändert.

Ich bin daher in den letzten Jahren vom Löten ganz abge=
kommen und verwende nur mehr eingedrehte Schleifen zur Verbin=
dung mit Haken und Wirbeln, und habe tatsächlich seit dieser Zeit
keinen Bruch mehr zu beklagen, wohl aber den Vorteil, jederzeit auch
am Wasser in wenig Minuten eine defekte oder wenig zuverlässig
erscheinende Verbindung wieder frisch herzustellen. Das Verfahren
ist sehr einfach. Man formt die Schleife, in dem man ein ca. 3—4 cm
langes Stück rechtwinkelig abbiegt, dann spannt man die gebildete
Schleife in das Schraubstöckchen, faßt mit der Zange das freie Ende
und dreht nun den Stiel des Schraubstöckchens um seine Längsachse,
dadurch entstehen die Windungen des kurzen Endes um das lange,
welches man mit Hilfe der Zange parallel eine neben die andere
legt. Nach einigen Windungen muß man bis zum Ende der fertigen
Windung frisch einspannen und so fort, bis zum Ende der Anwin=
dung. Etwa abstehende Enden schneidet man dann mit der Schere
glatt ab — und bedeckt die Anwindung und ein Stückchen darüber
mit Zelluloidlack, wodurch ein sicherer Rostschutz erzielt wird.

Haken werden in derselben Weise angewunden, nur wird vorher
der Draht in Form einer Schleife an den Schenkel gelegt, wie die
nebenstehende Figur zeigt.

Abb. 53: fertige Schleife, fertig angewundener Haken.

Landungsnetze, wenn sie nicht von Haus aus aus imprägnierten Materialien gemacht sind, tränkt man in Leinölfirnis (Double boiled oil) und läßt sie nachher in der Luft, womöglich in der Sonne trock=
nen. Sie werden dadurch steif und weniger empfänglich, vom Haken im Gewebe erfaßt zu werden, und wasserdicht.

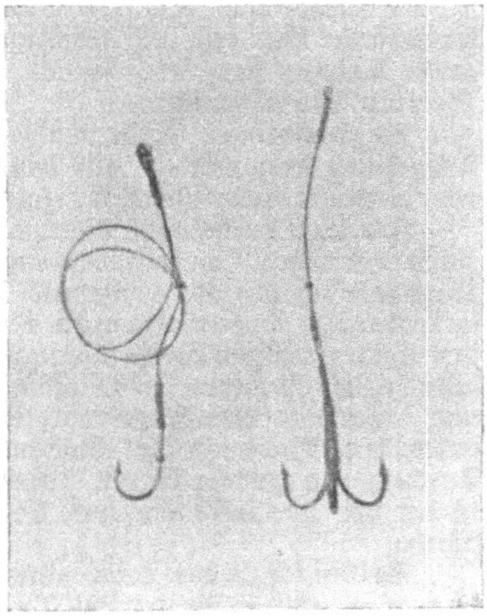

Wie ich vorher schon er=
wähnte, bekommt man den Zelluloidlack von Wadham in allen Farben zu kaufen.

Schwimmer schneidet man sich aus Gänsekielen verschie=
dener Länge und Dicke. Um die Floße herzustellen, wie ich sie gebrauche, durchbohrt man einen entsprechend großen Kork — man benütze nur die besten poren= und rissefreien Medi=
zinalkorke — entweder mit dem Korkschneider oder mittels eines glühenden großen Nagels u. dgl. und passe ihn auf den Kiel der gewünschten Länge auf — ohne Gewalt; ist das Loch im Kork zu eng, erweitert man es

Abb. 53.

mit Hilfe der Rundfeile. Dem Kork gibt man nun die gewünschte Form mit einem scharfen Messer und seine vollständige Glätte mit Hilfe von feinem Sandpapier. Zu beachten ist, daß die obere Fläche des Korkes und der Rand des Kieles in einer Ebene liegen, und der durchzusteckende Teil des Federschaftes darüber 2—2½ cm heraus=
steht, unten aber mit dem Ende des Kieles scharf abschneidet; steht es vor, so verliert das Floß seine enorme Empfindlichkeit. Es muß auch so dick sein, daß es den Kiel nach unten luft= und wasserdicht abschließt.

Den Kork leimt man mit dem Zelluloidlack an den Kiel — will man ihn färben, so taucht man seinen Kopf einfach ein Stückchen in den farbigen Lack, nachdem man vorher den Körper mit dem Trans=
parenten in 2—3 Anstrichen bedeckt hat.

Ich ziehe es vor, nur den naturfarbigen Korkkörper zu benützen und mit dem transparenten Lacküberzuge zu versehen.

5. Kleidung und Gebrauchsgegenstände.

Den Vogel kennt man an den Federn — den Angler nicht immer an seinem Kleid, manche gibt es, die in einer gewollten Armseligkeit einherkommen, als wollen sie das Mitleid der Menschen für den

armen Angelsport beschwören — Gott bewahre mich, daß ich einer
falschen Eleganz das Wort rede, aber man soll eben nicht nach extre=
men Polen gravitieren, und auch auf das Urteil seiner Umgebung
etwas Rücksicht nehmen, das trägt sowohl zur Hebung des Ansehens
unserer selbst als auch unseres geliebten Sportes bei. Ob man mehr
für die Joppe oder einen Rock schwärmt, bleibt an sich gleich — die
Hauptsache ist, daß die Kleidung bequem ist, möglichst viel und
große Taschen hat, innen sowohl wie außen, und den Mann vor des
Wetters Unbill schützt.

Anglerkleidung sei in der Farbe unauffällig und möglichst der
Umgebung angepaßt — also braun, grau, grünlich, oder gelblich —
oder auch ein Gemische dieser Farben.

Ich lege besonderen Wert auf Armfreiheit, weshalb ich meine
Röcke mit tiefen Quetschfalten am Rücken anfertigen lasse, noch mehr
Wert lege ich auf die Größe und Tiefe der Taschen. Die heutzutage
so modernen Außentaschen an der Brust liebe ich nicht, dagegen an
den Seiten müssen die Taschen groß und geräumig sein. Dafür aber
lasse ich im Inneren des Rockes zwei tiefe Brusttaschen anbringen
und außerdem rechts und links je eine Seitentasche von mindestens
doppeltem Ausmaße der Außentaschen. Wichtig ist, daß alle diese
Taschen mit zuknöpfbaren Überfallklappen zu schließen sind, das
schützt vor Herausfallen und Verlust der darin versorgten Gegen=
stände.

So bin ich in der Lage, eine Menge Sachen griffbereit bei mir
zu tragen, ohne während des Angelns immer im Rucksack kramen zu
müssen, den ich zudem jedesmal abhängen und wieder aufnehmen
muß.

Auch die Weste habe große und tiefe Taschen. Diese und die
Innentaschen des Rockes liebe ich mit Leder gefüttert, ebenso die
Hosentaschen. Im Hochsommer kann man ja ruhig ein Kleid aus
Jagdleinen tragen, dagegen im Frühjahr und Herbst ist die richtige
Bekleidung von großer Bedeutung, oft sind die Mittagsstunden
sonnig und warm, — der Morgen und Abend dagegen empfindlich
kühl. Da ist es besser, ein leichteres Oberkleid zu haben und dafür eine
wärmende Unterkleidung, die man leicht ablegen kann — und das ist
Leder. Entweder eine der jetzt so beliebten Autofahrwesten aus
Nappa oder Wildleder mit Ärmeln, oder was ich vorziehe, eine Weste
aus Sämischleder, bis zum Halse geschlossen, mit feinem Flanell
gefüttert und Ärmeln aus abgesteppter Seide, das ist leicht, porös
und hält doch warm, schützt vollständig gegen Wind und Kann, wenn
nicht gebraucht, leicht im Rucksack befördert werden. Ebenso halte
ich eine Unterhose aus Sämischleder in kaltem windigen Wetter für
eine Wohltat.

Im Winter ziehe ich eine Lederweste mit gefütterten Ärmeln
und einen langen Lederrock allem anderen vor.

Ich bin kein Freund der Lodenkleidung, die dick und schwer ist,
und die Bewegung hemmt, am wenigsten aber schwärme ich für
Lodenmäntel oder Pelerinen, die an sich nicht leicht, geradezu

unangenehm schwer werden, wenn sie naß sind. Trägt man Leder=
zeug, ist man ohnedies wasserdicht, wer noch ein Übriges tun will,
trage darüber ein Ölzeug oder eine der sog. „Regenhäute“. Mäntel,
aus Gummi oder gummierten Stoffen sind zwar wasserdicht, aber
für längeres Gehen und, wenn man etwas zum Tragen hat, zu heiß,
selbst im Winter, da sie ja undurchlässig sind und die Ausdünstung
des Körpers verhindern. Höchstens zu Bootfahrten sind sie emp=
fehlenswert. Vor allem sollen sie nicht weiter als bis zu den Knien
reichen, denn sonst behindern sie die freie Bewegung. Wenn man
sich schon für ein Über= oder Schutzkleid aus Gummi entschließt, dann
wähle man eine sog. „Kutscherpelerine“ mit Kapuze, welche den
Oberkörper und den Rucksack gegen Regen oder Schnee vollständig
schützt und dabei doch nicht heiß macht. Die Hose sei bequem, be=
sonders im Schritt wie auch im Knie. Wichtig ist aus Gesundheits=
rücksichten, daß ihr Boden wenigstens doppelt sei, wenn nicht schon
ledergefüttert. Im Spätherbst und Winter ist ein Lederbeinkleid
aus dem Material wie der Rock eine große Annehmlichkeit. Eine
vorzügliche Sportkleidung, die sowohl in ihrer äußeren Erscheinung
als auch in ihrer Qualität, besonders was Wasserdichtigkeit, guten
Schnitt und lange Lebensdauer in jedem Klima anbetrifft, unüber=
troffen ist, sind die Anzüge und Mäntel von Burbery.

Da man beim Grundangeln nicht watet, genügen in der warmen
Jahreszeit hohe, wasserdichte Schnürschuhe, eventuell solche Stiefel
vollkommen, letztere, wenn man sumpfige Ufer zu begehen hat —
benagelt brauchen sie auch nicht zu sein. Eine Sohle aus Voll=
gummi, wie man sie jetzt hat, erscheint mir vorteilhafter. Mitunter
hat sich mir folgendes vorzüglich bewährt, besonders beim Angeln
in feuchtem Gelände und im Boote. Auf den leichten Wollstrumpf
einen gewöhnlichen Schnürschuh — darüber einen von den sog.
„russischen Schneeschuhen“ und über diesen eine Wickelgamasche mit
Vorfuß. — Ich bin wiederholt ganze Tage im Boot gestanden oder
gesessen, dessen Boden infolge Undichtigkeit stets einige Zentimeter
mit Wasser bedeckt war, und hatte warme und trockene Füße; das
hat noch den Vorteil, daß man z. B. in der Bahn die Überschuhe
ablegen kann, wenn sie zu warm werden sollten oder man in die
Stadt zurückkehrt, wo man sie nicht braucht. Als Kopfbedeckung ge=
nügt eine Sportkappe mit großem Schild oder ein leichter, breit=
krempiger Hut — im Winter ist eine Lederkappe oft ganz angenehm.
Gewohnheit und Abhärtung sowie individuelle Widerstandsfähig=
keit spielen bei der Wahl der Kleidung eine große Rolle — unbedingt
aber sollen empfindliche Menschen diesem Umstande Rechnung tragen
und nicht leichtsinnig ihre Gesundheit aufs Spiel setzen, wofür dann
gewöhnlich der Sport als solcher unverdienterweise verantwortlich
gemacht wird.

Zum Tragen der Geräte, Vorräte und Kleider ist bei uns der
Rucksack gang und gäbe, und ich wüßte auch nichts Besseres. Der
Anglerrucksack soll, wie der eines Bergsteigers, groß und geräumig
sein, verschiedene Innen= und Außentaschen haben, welche mit

Überfallklappen und Knöpfen zu verschließen sind, nicht aus zu schwerem Zeug hergestellt sein und breite verstellbare Tragriemen haben. Ich halte es für gut, den Boden und die Außentaschen mit Gummistoff füttern zu lassen.

Im Rucksack tragen wir das nichtbenötigte Über= oder Unter=kleid, unsere Geräte und Vorräte, eventuell auch noch den Fisch=korb. Dieser letztere ist auch mein Freund nicht mehr, er ist raumfressend, plump, schwer und starr. — Ich bin darauf ge=kommen, ihn durch eine der aus wei=chem Bast geflochtenen Einkaufstaschen, die in allen Größen überall zu haben sind, zu ersetzen.

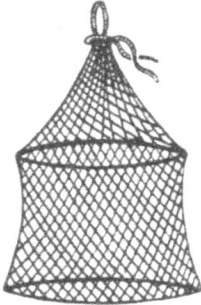

Diese sind weich, schmiegsam, porös, leicht zu waschen und außer Gebrauch ganz flach. Die größte hat noch nicht ein Drittel des Volumens eines ebenso großen Korbes und ist um vieles leichter. Einige Stücke „hydrophile Gaze" 2—3 m lang, vervollständigen den Apparat zum Trans=port der getöteten Fische, welche in dem Stoff eingeschlagen werden.

Ganz große Fische, sagen wir über 2—3 kg, haben ohnedies im Korbe kei=nen Platz und müssen separat verstaut werden. Wer seine Fische lebend erhalten will, wird unter dem Angeln sich gerne eines sog. Setznetzes bedienen (Abb. 54), eventuell eines Fischkagels oder Fischkastens (Abb. 55).

Abb. 54.

Abb. 55.

Für größere Ausflüge benütze ich gerne zwei solcher Taschen. Die eine mit wasserdichtem Stoff gefüttert zum Transport diverser Gebrauchsgegenstände und Utensilien — die andere für die Unter=bringung von Fischen. Zudem haben diese Taschen noch den Vorteil, daß man sie als Sitzunterlage ausgezeichnet verwenden kann.

Zur Ausrüstung eines ordentlichen Anglers gehört unter allen Umständen das Landungsnetz, unter Umständen auch der Gaff.

Das erstere kann größer sein als das zum Flugfischen verwendete — beim Grundangeln ist man ja meist nicht soviel in Bewegung als bei jenem. Für den Transport soll sein Bügel oder Rahmen möglichst zusammenlegbar sein, der Netzbeutel nicht zu flach und sein Handgriff nicht unter 1 m Länge. Meistens ist der Behälter für die Gertenspitze als solcher zu gebrauchen und mit dem erforderlichen Gewinde versehen (Abb. 56).

Wer vom Boote aus angelt und mit großen Fischen zu rechnen hat, der kann auch ein recht großes Netz verwenden, wenn er den Gaff nicht vorzieht, der allerdings nur meist für große Raubfische in Frage kommt. Bei der Wahl eines Gaffs sehe man darauf, daß er nicht zu eng im Bogen ist, aus gutem Stahl gearbeitet sei und lange haarscharfe Spitze habe. Gaffs mit Widerhaken sind, abgesehen davon, daß man sie herausschneiden muß und so den Fisch verunstaltet, schlecht, da man zum Eindringenlassen eines so großen Widerhakens unnötig viel Kraft benötigt und viel mehr Gefahr läuft abzugleiten, als mit der scharfen glatten Spitze.

Dagegen ist auf eine gute Sicherung der Gaffspitze Wert zu legen, — es gibt verschiedene Konstruktionen, die recht einfach und praktisch sind (Abb. 57). Der Bootangler wird in allen Fällen mit dem handlichen Teleskopgaff, welches ca. 90 cm in ausgezogenem Zustande mißt, sein Auskommen finden — wohingegen der Uferfischer in der Mehrzahl der Fälle einen Gaff oder Netzstock von über 1 m Länge wird haben müssen. Die ausziehbaren Netzstöcke sind leicht auf eine Länge von annähernd 2 m zu bringen und recht empfehlenswert, besonders dann, wenn sie nicht allzu leicht und zart gebaut sind.

Abb. 56.

Man wird gut tun, diesem Umstande bei Anschaffung dieses Gerätes Rechnung zu tragen und sich lieber einen stärker dimensionierten Teleskopstock speziell anfertigen lassen.

Zum Transport und Aufbewahren seiner verschiedenen Köder braucht der Grundangler verschiedene Beutel aus Leinen und Wachstuch sowie Büchsen aus Blech für Maden und Insekten (Abb. 58), ferner eine Grundköderbüchse (Abb. 59), welche dazu dient, den Köder an dem gewünschten Punkte auf den Grund zu bringen und an diesem Platze niederzulegen. Diese Büchse öffnet sich automatisch, sobald sie den Boden berührt oder der Zug der haltenden Schnur nachläßt.

Eine Büchse aus Aluminium zum Feuchthalten der Vorfächer und eine größere Büchse mit Fächern, ebenfalls aus Aluminium zum Aufbewahren von Reservehaken, Bleien, Floßen usw. Diese Büchsen, welche in letzter Zeit aus Zelluloid hergestellt, das

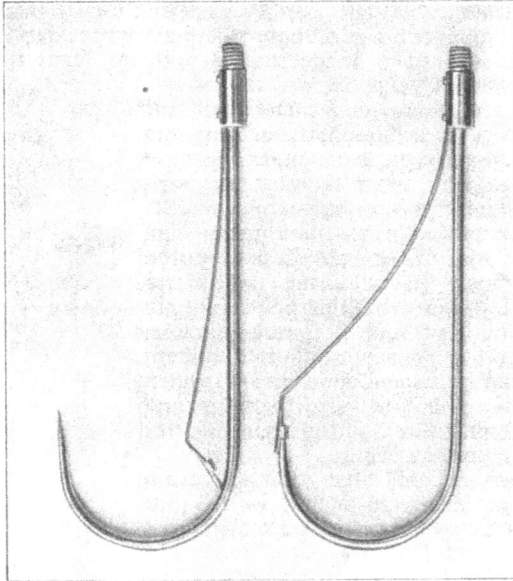

Abb. 57.

ja tatsächlich federleicht und durchsichtig ist und nicht klappert — sogar Köderfischwannen werden daraus erzeugt — aber so bestechend die Sache aussieht: — Zelluloid ist sehr zerbrechlich — daher die Lebensdauer dieser Geräte recht kurz.

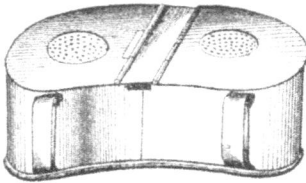

Abb. 58.

Dort, wo Roßhaarschnüre verwendet werden, empfiehlt sich diese auf besonderen Aufschlaghölzern bzw. Winden zu versorgen. Eine scharfe gute Schere und eine kleine Flachzange sowie ein Schraubstöckchen für Drahtarbeit sind nicht zu vergessen, ebensowenig ein kräftiges Messer mit Korkzieher und eine Feile zum Schärfen der Haken.

Besser als diese halte ich jedoch den sog. „Arkansasstein“, der auch als „Bruch“ in Stahlwarengeschäften zu haben ist — ein kleines Stückchen hat Platz in der Westentasche. Für die feinen Haken ist ein Hakenlöser vorteilhaft zum Abködern zu verwenden. Wer lebende Köder oder Neunaugen zu befördern hat, muß sich für den Transport und die Aufbewahrung derselben mit einer Köderkanne ausrüsten. Das empfehlenswerteste Modell stellt Abb. 60 dar. Für Angler mit emp= findlichen oder schwachen Augen halte ich es ratsam, zum Angeln, nament= lich mit dem Floß und bei scharfer Beleuchtung, eine der vorzüglichen gelben, bzw. gelb=grünen Brillen zu tragen, die auch als Korrekturgläser von den ersten Fabriken hergestellt werden.

Für längere oder weitere Touren empfiehlt sich, eine Thermosflasche mit= zunehmen, nicht nur, daß sie ein er= wärmendes Getränk für den Angler bereithält, erlaubt sie ihm auch, sich draußen am Fischwasser einen der ge= dämpften Köder — wie Hanf oder Weizenkörner zu bereiten. In allen Fällen empfiehlt sich das Mitnehmen einer elektrischen Taschenlampe und einer Reservebatterie — sowohl für das Nachtquartier als auch für den eventuellen Heimweg und besonders

Abb. 59.

für das Fischen bei Nacht und Dunkelheit. Auch ein Benzinfeuer= zeug mit Flamme und Lunte ist eine wertvolle Beigabe zum Ge= päck. Die Kataloge der Angelgerätefirmen zeigen in Wort und

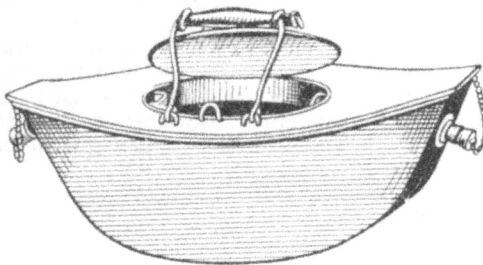

Abb. 60.

Bild meist noch eine Menge anderer Dinge auf, die vielleicht zu be= sitzen hie und da angenehm wäre, die aber sicher vielfach entbehrlich sind. Der Anfänger ist geneigt, sich eine Menge Sachen zu kaufen, die ihm als unentbehrlich angepriesen werden, darum halte ich es für

angebracht, ihm im vorliegenden Kapitel nur das Nötigste und
Wichtigste vorzuführen, dessen Besitz eine unleugbare Notwendigkeit
ist. Bei lokalem oder anderem Bedarfe wird er später sich das oder
jenes Stück noch zulegen, mir handelt es sich hauptsächlich darum,
ihm ein Berater zu sein, der ihm überflüssige Ausgaben ersparen
will. Ein wichtiges, ja manchmal unentbehrliches Hilfsmittel für
den Angler ist ein gutes Boot. Vielfach ist es dieses allein, welches
einen Erfolg ermöglicht. Besonders sind es die großen Ströme und
Seen, an denen der Uferfischer den Wettbewerb mit dem im Kahn
nicht aufnehmen kann, da nur der letztere imstande ist, dort zu angeln,
wo die Fische wirklich sind. Aber auch mittlere und selbst kleine Gewässer rechtfertigen den Gebrauch des Bootes.

Dieses macht den Angler in jeder Weise unabhängig, gestattet ihm,
jeden Standplatz der Fische zu erreichen und entführt ihn den oft recht
lästigen Zuschauern und Kiebitzen, ganz abgesehen von den Ufer-
betretungsverhältnissen, die oft nicht immer angenehm sind — sei es,
daß Anrainer dem Sport feindlich gegenüberstehen, sei es, daß die
Uferverhältnisse selbst zum Angeln ungünstig sind — all dem weicht
der Besitzer eines Bootes mühelos aus. Doppelt wohltätig wird
aber der Besitz eines Bootes empfunden, wenn die Ufer des Wassers
weithin verschilft und versumpft sind und ein Näherkommen an die
Standorte der Fische nicht erlauben.

Ob Ruder- ob Segelboot, Kiel- oder Flachboot, das entscheidet
die Art der zu befischenden Gewässer. Ein Außenbootmotor ist
mitunter auch eine angenehme Sache, wenn weite Fahrten in Frage
kommen.

Bei Anschaffung eines Bootes berücksichtige man vor allem
seinen Zweck und sehe darauf, daß es in erster Linie stabil, in zweiter
bequem und leicht sei im Verhältnis zu seiner Größe.

In Einzelheiten einzugehen würde zu weit führen, denn fast
jedes Wasser fordert seine eigene Bootsgattung. Doch einer Boots-
type möchte ich Erwähnung tun, welche scheinbar eine Zukunft
haben wird, ich meine das Faltboot, welches einen leichten Transport
von Wasser zu Wasser erlaubt. Es frägt sich nur, ob die Industrie
den Bedürfnissen unseres Sportes soweit entgegenkommen wird,
Boote herzustellen, welche eine entsprechende Stabilität haben und
solche Dimensionen, daß man darin auch stehen kann, ohne zu kippen.

II. Spezieller Teil.

1. Einteilung und Arten des Grundangelns.

Stilarten und Wurftechnik. Anköderung.

Seit alters her ist die Einteilung der Grundangeln in zwei Hauptgruppen feststehend, — nämlich in das Fischen mit Floß und in
solches ohne Floß. In jeder dieser Hauptgruppen haben sich verschiedene Untergruppen ausgebildet. Die Paternosterangelei gehört,
streng genommen, zur zweiten Gruppe, hat jedoch soviel Besonderheiten, daß sie separat zu besprechen ist, wenn man sie schon nicht
in den Rang einer selbständigen Gruppe erheben will. Dasselbe
gilt von der Tippfischerei (Dapping).

Sonach ergibt sich nachstehende Einteilung:

1. Angeln mit Floß:
    a) Mit rinnendem,
    b) mit festliegendem Floß.
2. Angeln ohne Floß:
    a) Mit oder ohne Beschwerung bzw. Bodenblei,
    b) Heben und Senken — Plombfischerei, laufende Grund-
        angel,
    c) Tippfischen (Dapping).
3. Paternosterfischerei.

Allen diesen Arten des Angelns ist es gemeinsam, den Köder
mit Hilfe eines Wurfes an den Platz zu bringen, an dem man die
Fische vermutet oder dieselben angefüttert hat.

Im allgemeinen ist der Wurf kürzer als beim Flug- bzw.
Spinnfischen, vielfach beginnt man, besonders im strömenden
Wasser, mit dem kurzen Wurfe und läßt den Köder dann weiter
draußen stehenden Fischen durch den Strom zuführen.

In still strömendem oder stehenden Wässern muß man auf
dieses Hilfsmittel verzichten und zum Weitwurfe schreiten.

Der Wurf auf nahe Distanzen, das ist einfache oder doppelte
Angelstocklänge, bereitet auch dem Anfänger keine besonderen
Schwierigkeiten. Seine Ausführung erfolgt, indem man, die Gerte
seitlich hinaushaltend, die Schnur eine Pendelbewegung nach vorn
und hinten machen läßt und im Momente des weitesten Ausschlages
nach hinten einen leichten Schwung nach vorwärts gegen den
Punkt macht, an welchem der Köder einfallen soll.

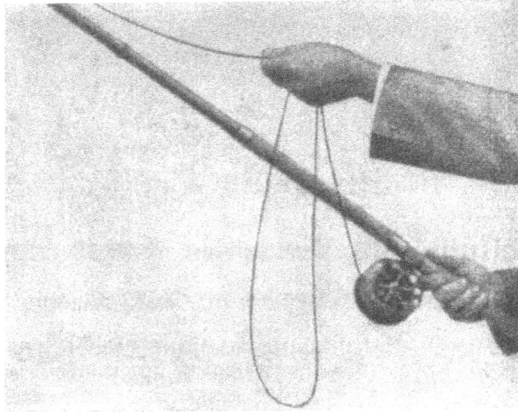

Abb. 61.

Will man weiter werfen, als die Gerte lang ist, zieht man die Schnur von der Rolle und hält sie in Schleifen in der Hand, die man im Momente des Vorschwunges losläßt („Schießen“ der Schnur, Abb. 61). Wenn man mit leichtem Zuge angelt, muß man sich angewöhnen, den seitlichen Wurf in einem Halbkreise um sich zu machen, dessen Zentrum das Achseloberarmgelenk ist. Da der Köder bei dieser Wurfweite die Neigung bekommt, das Ziel zu überfliegen, muß der Anschwung hinter dem Werfenden erfolgen und vor dem Ende des Halbkreisbogens schließen. Die beistehende Abb. 62 dürfte das Gesagte leicht anschaulich machen. Die eben geschilderte Art des Wurfes stellt die älteste Art des Weitwurfes dar, die bis noch vor kurzer Zeit herrschend war, — den sog. „Thames“= oder „Themse“=Stil.

Abb. 62.

Es gelingt am ehesten, wenn die Schnur etwas Körper hat, steif und glatt ist, welche Bedingungen die „Dressed Lines“ erfüllen, und natürlich um so leichter, je größer die Beschwerung durch Floß oder Senker oder beides ist.

Hat man aber die heute üblichen feinen und feinsten Schnüre im Gebrauch und nur eine minimale Beschwerung am Vorfache, dann wird ein halbwegs weiter Wurf nahezu unmöglich, erst recht, wenn man Gegenwind hat.

Hier zeigt sich erst die souveräne Überlegenheit der im Kapitel 2 beschriebenen Wenderolle bzw. der Illingworth-Rolle, welche dem Angler die Möglichkeit geben, die leichtesten Köber und das feinste Zeug auf nahezu jede gewünschte Distanz herauszubringen. Man kann aber auch sehr leichte Köber auch auf kürzere Distanzen 6—10 m nach Art des Werfens mit der Kunstfliege hinausbringen. Die Schnur hängt dabei auf Stocklänge herab, — ein Schwung der Gerte aus dem Schultergelenke nach rückwärts bringt die Schnur dahin zurück und zur Streckung. Die Gerte steht in diesem Momente senkrecht. Nachdem sich die Schnur gestreckt hat, schwingt man nach vorne, bis die Gerte einen Winkel von 45° zur Horizontalen erreicht, gleichzeitig läßt man die vorher abgezogenen Schnurschleifen aus den Fingern der linken Hand hinausgleiten (Schießen). Dieses Verfahren eignet sich bei sehr leichten Köbern und Senkern, wo ein Seitenschwung Hindernisse halber nicht gemacht werden kann oder infolge der Leichtigkeit der Beschwerung überhaupt bei Verwendung der gebräuchlichen Rollen unmöglich ist. Diese Wurfart ist mit den heute so beliebten, ca. 3 m langen und leichten Gerten sehr leicht durchzuführen, — weniger gut mit langen und schweren Ruten.

Zum Wurfe von mittelschweren Köbern, d. i. von ca. 8—15 g, kann man auch die leichtlaufende Speichenrolle benützen und von ihr aus den Wurf machen, — den sog. „Nottingham"-Stil in Anwendung bringen.

Mit den leichten, einhändigen Grundgerten, wie ich dieselben im Kapitel 1 beschrieben habe, stellt man sich die Rolle vor die Hand, soweit, daß die volle Faust den Griff umschließt und der ausgestreckte Daumen am Rollenrande liegt. Jetzt glaube ich, wird dem Leser begreiflich sein, warum ich bei den Gerten den parallelen Griff und die frei verstellbaren Rollenhalter als besonders wünschenswert betont und gefordert habe.

Es bleibt sich für den Wurf als solchen gleichgültig, ob der Daumen oben auf dem Rande der Trommel liegt oder seitlich unten an demselben, — aber unter allen Bedingungen muß die Trommel von dem bremsenden Finger weglaufen, sonst tritt beim Bremsen statt eines stetig zunehmenden Druckes ein plötzliches Verhalten ein. Wieweit die Rolle vom Endknopf eingestellt werden soll, läßt sich nicht auf einen Zentimeter genau festsetzen, Handgröße, Armlänge und Gewohnheit sind da meist entscheidend, — im allgemeinen dürfte die doppelte Handbreite als Mindestmaß angenommen werden, wenn eben der Wurf mit einer Hand gemacht werden soll. Von der Spitze bis zum Köber hängt die Schnur 1—3 m senkrecht herab, je nach Stellung des Floßes. Ohne Floß genügen 1—1½ m, je nach Vorfachlänge. Der Körper des Wer-

fenden steht mit der rechten Schulter zum Wasser beim Wurfe
von links nach rechts (Abb. 63) mit der Linken beim Wurfe von rechts
nach links — beim Rechtshändigen, — beim Linkser ist die Stellung
naturgemäß umgekehrt Wurf von rechts nach Links-Ausgangs-
stellung), Handstellungen). Nun bringt man die Schnur zum Pendeln nach vor- und rückwärts. Auf der Höhe des weitesten Ausschlages nach hinten mache man den Schwung nach vorne und seitwärts, — in welchem Momente auch der Daumen die bisher fest-
gehaltene Trommel freigibt —, dem Ziele zu; gleichzeitig die Gerten-

Abb. 63.

spitze in die Zielrichtung bewegend und sie dann in dieses wie einen
Wegweiser haltend. Der Daumen sucht wieder die Fühlung mit
dem Rollenrand, ein Überlaufen durch immer stärkeren, aber gleichmäßigen Druck verhindernd. Ist der Köder am Ziele bzw. im
Wasser, bremst man fest ein und hebe die Gertenspitze etwas an.
Manche Autoren, auch Heinz, verlangen den Wurf in einer
Ebene, die unter einem spitzen Winkel vom Werfenden zum Ziele
liegt, und motivieren das mit dem lautlosen Einfall des Köders;
ich möchte dem nicht allzuviel Gewicht beilegen, denn im strömenden
Wasser macht es nicht viel aus, ob der Köder etwas mehr oder
weniger geräuschvoll einfällt, und in ganz stillem Wasser läßt es sich
so oder so nicht vermeiden. — Ich halte es für viel wichtiger, selbst
nicht gesehen zu werden und das möglichst unsichtige Zeug zu ver-

wenden, welches die zu fangende Fischgattung noch erlaubt. Deshalb widerspreche ich nicht dem übrigens oft unvermeidlichen Bogen-
wurfe. Was will ich denn anderes anfangen, wenn ich über Ge-
büsch oder Schilf hinüberwerfen muß, als den Köder im Bogen
hinüberzuwerfen. Dagegen halte ich es für viel wichtiger, besonders
den Anfänger auf zwei für das Gelingen des Wurfes unerläß-
liche Bedingungen hinzuweisen. Erstens: den Vorschwung nie zu
machen, bevor der rückpendelnde Köder auf dem höchsten Punkt
angelangt ist, und auch dann erst, wenn derselbe scheinbar zu
stehen scheint. Im anderen Falle erreicht man eine unliebsame
Verschlingung. Zweitens: durch fleißige Übung das richtige Maß
für die Kraft zu finden, die jeder Wurf erfordert. Gewöhnlich wird
des Guten zuviel getan, und oft dauert es, namentlich bei den
Autodidakten, ziemlich lange, bevor sie darauf kommen, daß Kraft
eine ziemlich unbedeutende Rolle spielt, dafür aber Gleichmäßigkeit
im Steigern der Schnelligkeit des Vorschwunges die größte.

Im Anfange mache man die einzelnen Phasen des Wurfes
möglichst langsam. Wenn sich einmal Gerte, Hand, Rolle und Arm
unter der Leitung von Auge und Willen zu einem harmonischen
Ganzen zusammengefunden haben, gibt es keine Schwierigkeiten
mehr zu überwinden. Das Gesagte gilt auch für den in letzter Zeit
immer mehr überhandnehmenden Überkopfwurf, — sei es mit
der speziell hierfür gebauten kurzen, sei es mit der normallangen,
10—11 Fuß langen einhändigen Gerte. Er findet seine Anwendung
vor allem dort, wo seitliche Hindernisse den Seitenschwung unmöglich machen; ferner beim Angeln vom Boote aus; eine Einschrän-
kung findet er, wenn man mit einem außergewöhnlich tief gestellten
Floß fischen muß, außer man verwendet ein Gleitfloß. Seine
Technik ist folgende: Die Gerte wird nach rückwärts über die Schulter
gelegt, der Arm ist im Ellenbogen gebeugt und dieser etwas über die
Horizontale erhoben. Der Köder hängt höchstens $\frac{1}{2}$ m ruhig, ohne
zu pendeln, von der Spitze herab, darf aber nie den Boden be-
rühren. (Abb. 64.) Dann schwingt man die Gerte in einem Viertel-
kreisbogen unter gleichzeitiger Streckung des Armes zur Vertikalen,
indem man die Rolle freigibt, wenn die Gerte die Senkrechte
erreicht hat. Vor der Vertikalen hört der Vorschwung auf, die
Gerte langsam zur Zielrichtung gesenkt. Zur Veranschaulichung gebe
ich die in England beliebte Projektion (Abb. 66) der Bewegung auf
ein Zifferblatt, das in der Vertikalebene des Werfenden steht, wieder.
Der Anschwung beginnt bei III, geht über II nach I, vor XII wird
gestoppt. Es ist von größter Wichtigkeit, daß diese Bewegung in
einem Zuge, ja nicht ruckweise erfolge und der Punkt des Stopp
richtig erfaßt werde, wenn der Wurf tadellos sein soll.

Benützt man zum seitlichen oder Überkopfwurf eine sog. „kon-
trollierte" Rolle, stellt man vor dem Wurfe dieselbe auf das zu
werfende Gewicht ein und schützt sich dadurch vor dem Überlaufen.
Die Einstellung erfolgt dadurch, daß man die „Kontroll"-Bremsung
anzieht bzw. lockert. Sie ist richtig, wenn man die Gerte aus der

Abb. 64.

Abb. 65.

Horizontalen auf 45° erhebt und der Köder durch sein Gewicht
die Rolle zu einer ca. ½—¾-Umdrehung veranlaßt.

Bei starkem Gegenwind und sehr leichtem Köder darf die
Bremsung noch etwas lockerer sein. Aber wie ich schon erwähnte,
es ist nicht einfach, vielfach geradezu unmöglich, von diesen Rollen,
und mögen sie noch so leicht laufen und präzise gearbeitet sein,
mit dem feinsten Zeuge und leichtesten Ködern von 4—7 g Gewicht
zu werfen. Manchmal aber, nicht immer, kann man in einem solchen Falle noch das Hilfsmittel
verwenden, eine Kugel aus
Grundködermasse, wie z. B.
des Pulverköders, ans Vorfach
anzukneten und so das zu werfende Gewicht zu erhöhen.

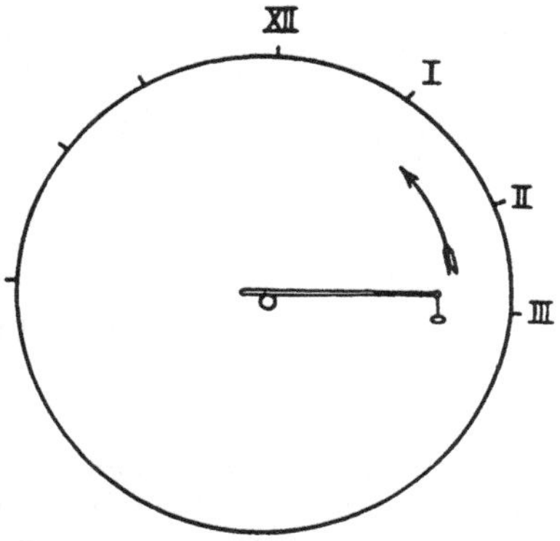

Hier tritt die „Wenderolle"
in ihr Recht und entfaltet ihre
bedeutendsten Eigenschaften.

Es gibt doch nichts ein-
facheres, als mit dieser Rolle
zu werfen. Die Wenderolle
wird, wie die Nottingham, vor
der Hand eingestellt. Vor dem
Wurfe dreht man ihre Trommel senkrecht zur Gertenachse
(s. Abb. 62), nimmt die Schnur
aus dem Leiter und fixiert sie,
indem man einfach den Zeige-

Abb. 66.

finger auf die Trommel legt, Anschwung und Wurf wie beim
Nottingham-Stil, — im Augenblicke des Vorschwungs gibt der
Finger die Schnur frei, und diese spult sich, unbehindert durch
das tote Gewicht der Trommel, glatt ab, bis der Köder ins Wasser
fällt; in diesem Momente hört der Schnurablauf von selber auf.
Dann stellt man die Rolle wieder parallel zur Gertenachse und
hängt die Schnur in den Leiter. Das Drehen der Trommel besorgt die linke Hand, ebenso das Aus- und Einhängen der
Leine in den Schnurleiter. Ich habe noch keinen Angler kennengelernt, der nicht von dieser herrlichen Einfachheit der Handhabung entzückt gewesen wäre. Besonders derjenige, welcher die
Vorzüge der Wenderolle mit jener der Nottingham kombiniert
sieht, wie dies bei dem von mir konstruierten Modell der Fall ist.

Die Handhabung der Illingworth-Rolle ist noch einfacher.
Da die Umstellung der Trommel vollständig fortfällt, ebenso die
Beihilfe der zweiten Hand, — der Zeigefinger der die Gerte hal-
tenden Hand besorgt alles. Die nachstehenden Bilder erklären die
Manipulationen vollständig (Abb. 67).

Nachdem ich dem Leser die Ausführung des Wurfes erklärt
habe, muß ich ihn noch mit der Art und Weise der Anköderung

7*

Abb. 67a. Wurfbereit.

verschiedener Köderarten bekannt machen, ehe ich zur detaillierten Schilderung der einzelnen Formen der Grundangelei schreite.

Die Anköderung des Wurmes ist eine mannigfache; sie richtet sich teils nach der Größe des verwendeten Wurmes, teils nach

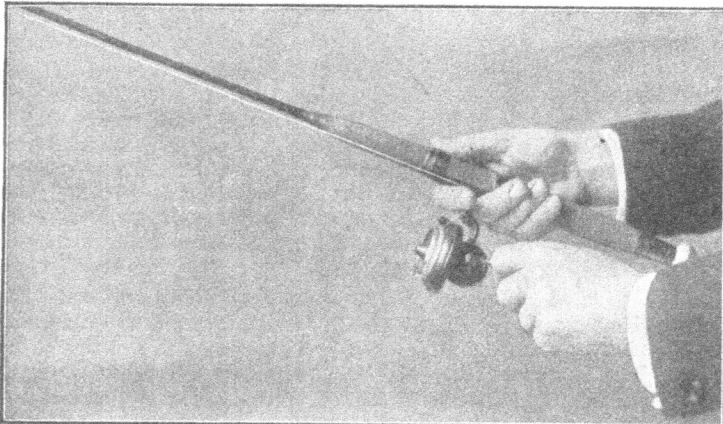

Abb. 67b. Einhängen der Schnur nach dem Wurf in die Führung.

dem Haken, teils nach dem Fangobjekt, — immer aber sei sie der=
art, daß der Wurm möglichst lange lebend bleibt, denn seine Be=
wegung ist es hauptsächlich, welche den Fisch zum Anbeißen ver=

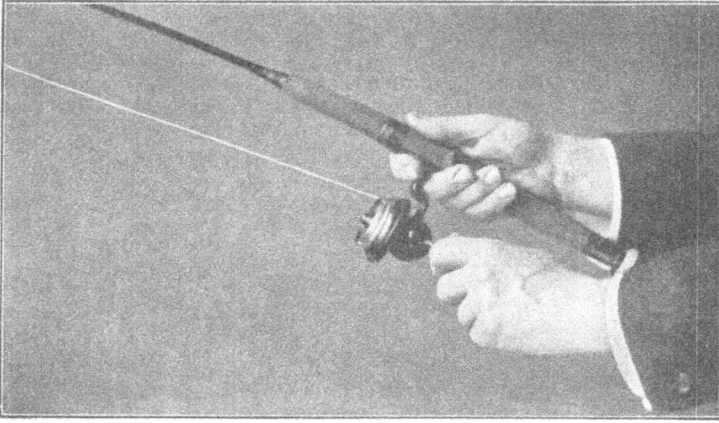

Abb. 67c. Einrollen.

leitet. Beim Angeln im Winter muß man ohne Widerrede den Nach=
teil in Kauf nehmen, daß die Würmer kältestarr werden, sobald
sie in das eiskalte Wasser kommen, dafür ist aber
andrerseits das Nahrungsbedürfnis der Fische ge=
steigerter als zu anderen Zeiten. Ob bei der Anköderung
der Haken ganz oder nur teilweise im Wurm versteckt
ist, richtet sich nach den Fischen, auf die man angelt.
Bei Forellen, auch bei Barschen, kann unbedenklich
der halbe Haken unbedeckt bleiben, — dagegen unbe=
dingt nicht bei Plötzen usw.

Eine sehr gute, allgemein verwendbare Anköde=
rung ist die in Abb. 68 sowie die in Abb. 69. Letztere
besonders für die fein=
drähtigen Wurmhaken.
Beliebt ist die Anköderung
am Hakensystem nach
Stewart mit 2—3 Haken
der Größe 13—15. An
diesen wird der Wurm
einfach auf die Haken

Abb. 68.

Abb. 69.

aufgeſteckt. Abb. 70. Eine ſehr praktiſche Modifikation des Ste-
wart-Syſtems iſt die, daß 2 oder 3 Haken nicht wie bisher an
einem langen Gutfaden, ſondern an einem kurzen, ſtarken,
oftmals zur Ausgleichung an die Farbe des Wurmes rotge-
färbten Stücke Gut angewunden ſind und daß der oberſte
Haken ein Ohr hat, — das ermöglicht ein raſches Wechſeln be-
ſchädigter Fluchten oder größerer gegen kleinere Haken; eine
ſolche Flucht wird direkt im Vorfach eingebunden. Eine be-
ſondere Anköderung ſpeziell für große Tauwürmer bei Verwendung
größerer Haken iſt die in Prag übliche „Hoſen“ (tſchechiſch: „Kalhoty“)
Köderweiſe: ihre Ausführung iſt vielleicht etwas umſtändlich, deckt

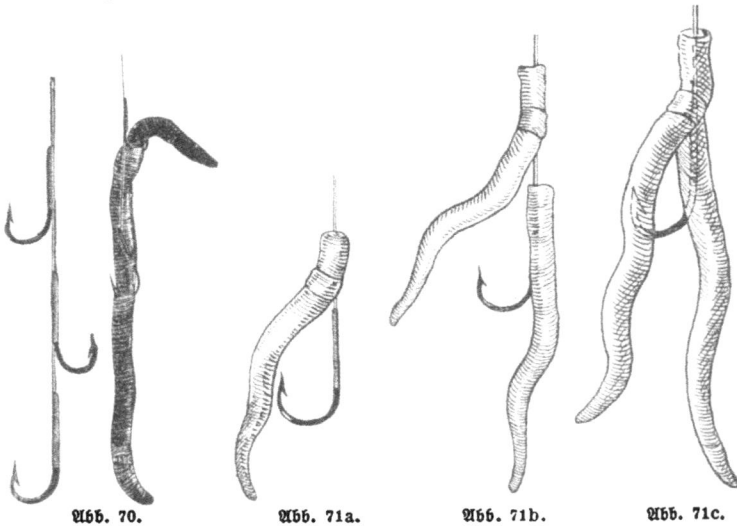

Abb. 70.　　　Abb. 71a.　　　Abb. 71b.　　　Abb. 71c.

aber dafür den Haken vollſtändig und iſt durch die Lebendigkeit
der beiden Enden ſehr verführeriſch. Man teilt den Wurm in 2 Teile,
— die Länge des Schwanzteiles ſei ⅓ der Geſamtlänge des Wurmes.
Nun fädelt man den langen Teil durch die Mitte auf ca. die Hälfte
der Länge über den Haken, ſticht dann durch und ſchiebt ſie am
Gut hinauf (Abb. 71a.). Ebenſo verfährt man mit dem kurzen Teil
(Abb. 71b). Sodann zieht man den langen Teil herunter und
führt die Hakenſpitze von unten her ein. Abb. 71c zeigt die
fertige Anköderung, — die freihängenden Enden ſollen möglichſt gleich
lang ſein.

Kleinere Würmer wie Rotwürmer und Gelbſchwänze kann
man auch zu mehreren an den Haken bringen, indem man 2—3 Würmern durch die Mitte ein Stück lang den Haken durchführt und ſie
am Gut hinaufſchiebt, — den letzten Wurm zieht man ſo über den

Haken, daß die Spitze und der Bogen bedeckt wird und die Enden beiderseits frei abstehen, worauf man die übrigen Würmer herunterschiebt (Abb. 72). Lebende Neunaugen ködert man am besten derart an: Man faßt das Neunauge mit einem Tuche und führt einen feinen aber haltbaren Seidenfaden (chirurgische Seide, Nr. 1) mittels einer dünnen Nadel quer unter die Rückenhaut, etwa 3—4 mm lang. Sodann sticht man den Haken in der Richtung gegen den Schwanz parallel dem Körper unter die Haut, derart, daß der Einstich hinter dem Faden liegt. Der Haken wird möglichst weit über dem Widerhaken eingeschoben und endlich die Fadenenden ober ihm fest verknüpft und kurz abgeschnitten. (Abb. 73.) Man nehme keine größeren Hakennummern als 8 und hüte sich, die Chordadorsalis — vulgo das Rückgrat des Neunauges zu verletzen, sonst stirbt es sofort.

 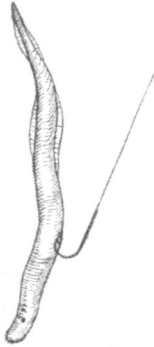 

Abb. 72. Abb. 73a. Abb. 73b. Abb. 74.

Derart geköderte Neunaugen sind fast unverletzt und können in einem mit Sand, Gras und wenig Wasser gefüllten Gefäße lebend ans Wasser gebracht werden, halten sich so sehr lange frisch und gebrauchsfertig.

Eine andere einfachere Art, Neunaugen anzuködern, ist folgende: Man führt den Haken durch eine Kiemenöffnung ein und bei einer zweiten wieder heraus, wobei man nur zu achten hat, nirgends einzustechen. Diese Anköderung ist besonders verlockend und gestattet auch die Verwendung größerer Hakennummern als die vorhergehend beschriebene.

Köderfische und Frösche werden in verschiedenen Arten an dem Haken befestigt; ihre Anköderung werde ich in den speziellen Kapiteln jeweils beschreiben.

Zum Beködern mit Obst verwendet man mit Vorteil eine feine Ködernadel, die man sich am besten selbst herstellt, indem man aus dem Ohr einer langen, feinen Stopfnadel ein Stückchen ausfeilt (Abb. 74). Die fertige Anköderung zeigt Abb. 75.

Teige und Pasten drückt man um den Haken in Kugel= oder
Walzenform, achte dabei darauf, daß die Spitze zwar verdeckt sei,
aber nur soviel, um beim Anhieb glatt durchzuschneiden, was besonders
bei den zähen Käseteigen wichtig ist; bei diesen soll man die Spitze
eben noch fühlen, wenn man über die Oberfläche des Köders streicht.
(Abb. 76). Käse, Brot, Kartoffeln, Blut und Grieven schneidet man in
Würfelform und ködert so, daß das Stück auf der Basis des Bogens
fest aufsitze. Auch hierbei sei man bedacht, die Spitze des Hakens
sowohl zu verbergen, als auch andrerseits nicht durch zuviel Köder=
material am Eindringen zu verhindern.

Für solche Köder erweisen sich die Haken mit breiten Bogen,
wie die Sorten: Rundbogen und speziell Sneckbend, besonders vor=

Abb. 75.   Abb. 76.   Abb. 77.

teilhaft. Maden erfordern zum Anködern vor allem feindrähtige
Haken kleinerer Nummern. Das vielfach illustrierte Aufstecken der
Maden durch die Leibesmitte ist falsch und nur für die konservierten
Maden zu verwenden, deren Körperinhalt durch das Konservieren
gehärtet ist, — lebende Maden rinnen bei einer solchen Behandlung
einfach aus. Das Anziehende an der Made ist ja doch außer ihrer
leuchtenden Weiße ihre lebhafte Bewegung.

Die einzig richtige Methode ist, die Haken nur durch die äußerste
Haut zu führen, wie Abb. 77 zeigt. Bei kleinsten Haken ködert man
nur eine einzige Made, der man gerade nur die Hakenspitze bis über
den Widerhaken unter die Haut schiebt.

Die gleiche Vorsicht wie bei Maden muß man anwenden, wenn
man Weizenkörner, Malz oder Hanfsamen als Köder verwendet.
Auch hierzu eignen sich nur feindrähtige Haken kleinster Nummern,
und die Körner müssen vorsichtig an den Haken gebracht werden,
der nur unter der Haut laufen darf, sonst platzt das Korn und der
Inhalt quillt heraus. Zum Anködern von Insekten und Larven
verwendet man entweder einzelne Haken oder besondere Haken=
fluchten. Letztere namentlich für Maifliegen und Steinfliegen,
Heupferdchen und die diversen Larven. Die Abb. 78a zeigt eine solche
Flucht und Abb. 78b die Anköderung einer Steinfliege und ihrer
Larve. Auch für diesen Zweck empfiehlt sich die Verwendung eines

feindrähtigen Hakens von der Sorte „Cryſtall", insbeſondere
für zarte und kleine Inſekten und Larven.

Gedärme von Gänſen und Enten ködert man, indem man vor=
erſt über dem Hakenſchenkel ein großes Schrotkorn anklemmt, —

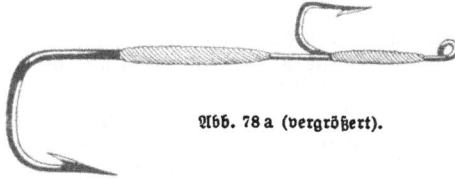

Abb. 78a (vergrößert).

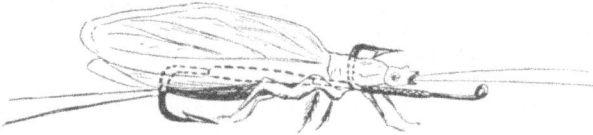

Abb. 78b nat. Größe.

hier iſt die auf Seite 79 beſchriebene Verſtärkung des Gutfadens
von beſonderem Nutzen. — Sodann fädelt man 5—6 cm des Darmes
auf den Haken, ſticht durch, ſchiebt das ganze Stück bis über das
Schrotkorn, über dem man den Darm zu einem Knoten knüpft

 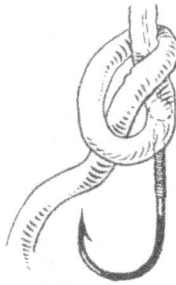 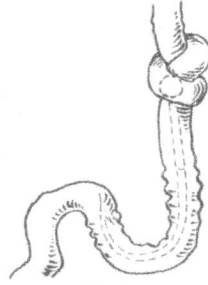

Abb. 79a.   Abb. 79b.   Abb. 79c.

(Abb. 79a, b. Hierauf ſticht man wieder in den Darm ein und zieht
ihn auf den Haken, bis dieſer völlig bedeckt iſt (Abb. 79c). Für dieſen
Köder eignen ſich die kurzſchenkeligen Perfekthaken ganz beſonders.

Das Angeln mit dem Floß.

Überall dort, wo man es wünſcht oder gezwungen iſt, den
Köder in einer beſtimmten Tiefe zu führen oder zu erhalten, findet

das Floß seine Anwendung, im freien Strome sowohl wie im stillen Wasser eines Sees oder Altwassers. Viele unserer älteren Angel- bücher haben die leidige Gewohnheit, immerfort vom „Bache" zu sprechen, wenn sie eine Methode der Angelei, besonders des Grundangelns, erläutern, — ich spreche absichtlich nur vom „Fisch- wasser", um von Haus aus die irrige Ansicht nicht aufkommen zu lassen, als könne man auf diese oder jene Art und Weise nur an Bächen oder kleinen Flüssen angeln und nicht auch im mächtigen Wasser der Elbe oder Weser.

Desgleichen erweckt die Art und Weise, wie in vielen Angel- büchern über das Floß und das Angeln mit demselben gesprochen wird, den Anschein, als ob das Floß und sein Gebrauch den Angler hinsichtlich seiner Qualität als Sportsmann deklassieren würde, — und gerade das Gegenteil ist richtig. — Außer der Flugangel gibt es keine zweite Angelmethode, welche dieselbe Feinheit an Gerät und Ausübung gestatten würde als die Floßangel in der Form, wie wir sie heutzutage anwenden.

Die interessanteste Art, mit Floß im fließenden Wasser zu angeln, ist die mit dem „rinnenden" Floß, gleichgültig, ob es dem Friedfisch oder dem raubenden Hechte gilt, denn in ihr ist Bewegung, Abwechslung und eine ständige Bereitschaft und ein unablässiges Handhaben und korrektes Führen der Geräte. Um den Köder dort zu führen, wo die Fische stehen, d. h. meist unmittelbar ober dem Grunde, ist es unabweislich, sich vorerst über die Tiefenverhältnisse der zu be- fischenden Stellen zu orientieren.

Das sollte eigentlich eine Zeit vor dem Fischen selbst geschehen, wenn anders man nicht aus eigener Erfahrung oder gestützt auf den Rat eines Lokalkundigen diese bereits kennt.

An einem fremden Wasser muß man wohl oder übel zum Aus- loten schreiten, wozu man sich eines Lotbleies bedient, entweder eines hierzu eigens konstruierten ein- und aus- hängbaren wie Abb. 80 oder im Notfalle eines an Stelle des Hakens eingebundenen, schweren Bleis oder um den Hakenschenkel gerollten Blei- bleches (Abb. 81).

Dieses Lot gibt uns den Aufschluß nicht nur über die Tiefe, sondern auch über die Bodenbeschaffenheit, ob Stein, Schotter, Sand oder Schlamm oder Pflanzenwuchs, — man fühlt seinen Anschlag, je nachdem hart oder weich bzw. federnd über einem Krautbette.

Abb. 80.

Abb. 81.

In hellen, weithin durchsichtigen oder seichten Wassern benötigt man es nicht, wohl dagegen in angetrübten und tiefen Wassern. Es ist nicht zu leugnen, daß seine wiederholte An- wendung die Fische beunruhigen kann, und ich ziehe es vielfach vor, so lange den Schwimmer zu verstellen, bis ich die richtige Tiefe gefunden habe.

Wiederholte Würfe mit dem leichten, unsichtlichen Angelzeug halte ich für weniger störend, als solche mit dem schweren Blei.

Es kommt nun auf die Stelle an, die wir befischen wollen, — ob es sich um ein stehendes Wasser, einen Tümpel mit Rücklauf oder ein freies, rinnendes Wasser handelt.

Im ersteren Falle ist unsere weitere Tätigkeit nach dem Einwurf, wenn wir einmal die korrekte Tiefstellung des Floßes gefunden haben, erschöpft, — wir haben nur mehr auf den Anbiß zu warten. Anders dagegen schon im Tümpel: Hier haben wir schon einige Faktoren in Rechnung zu ziehen: vor allem einmal die wechselnde Tiefe am Einlauf und Auslauf, — an der konkaven Seite und im Rücklaufe gegen das meist flach auslaufende gegenseitige konvexe Ufer —, nicht zuletzt die Strömungsverhältnisse an und über diesen Punkten. Erfahrungsgemäß stehen die meisten Fische am Auslaufe und im Beginn der Rückströmung, ferner an der Grenze der beiden Strömungen und im Wirbel, — hier müssen wir unser Floß dirigieren können, damit es den Köder dorthin trage, wo die Fische sind und auf Nahrung lauern. Wir müssen in einem fort Schnur ausgeben oder einrollen, und das geschieht nach der Manier des sog. „Sheffield“stiles am besten. Die Rolle steht hierbei hinter der Hand, welche am Griff der Gerte soweit unten faßt, daß der Kleinfinger am Trommelrande liegt. Treibt das Floß im Strome, der stark genug ist, von der ungebremsten Rolle Schnur abzuziehen, so dient der Finger eben nur als Bremse, um sowohl das Überlaufen zu verhindern, als auch, um die Schnur in Spannung zu halten und die Rolle zu fixieren, wenn man anhauen muß. Strömt das Wasser aber langsam, dann muß der Finger mit kurzen Rucken die Rolle in Bewegung setzen und Schnur geben. Wenn das Floß in die Rückströmung kommt, muß man die direkt entgegengesetzte Bewegung ausführen, d. h. die Schnur wieder auf die Rolle nehmen, rascher oder langsamer im jeweiligen Verhältnisse zur Strömung. Die Schnur muß schwimmen, darf aber nicht kleben, sondern muß jene Glätte haben, die ich in dem Kapitel Schnur besprochen habe, auch ist der Schnurleiter eine nützliche Sache, da das Auge den Lauf des Schwimmers beobachten und kontrollieren muß und sich nicht mit der Kontrolle des Aufwindens beschäftigen kann wie beim Spinnangeln, um so weniger, als die Rolle hier unter der Gerte liegt. Ich gebe zu, daß im Anfange das Inbewegungsetzen und Halten der Rolle nur mit dem kleinen Finger einige Schwierigkeiten bereiten wird, bis dieser die nötige Gelenkigkeit erworben hat. Darum empfehle ich für dieses Angeln Rollen mit großem Durchmesser, wie die Speichenrolle oder meine Wenderolle.

Wenn das Floß in stetem Zuge untergeht, so schleift der Köder bereits am Boden, dann muß man entweder seichter stellen oder auf dem tiefen Platze das Floß verhalten. Ein Anbiß ist immer mit einem leisen oder stärkeren Zucken verbunden, das die straff gespannte Schnur der Hand des Anglers mitteilt, deshalb ist es ein unabweisliches Erfordernis, daß die Schnur immer in Spannung bleibe, und das kann sie nur, wenn sie frei, leicht und schwimmend ist.

Je kleiner und empfindlicher das Floß, desto besser zeigt es auch den vorsichtigsten Biß an. Ob man nun sofort den Anhieb setzt oder wartet, bis das Floß untertaucht bzw. segelt, richtet sich ganz nach der Fischgattung, die eben beißt bzw. der man nachstellt. Im frei rinnenden Wasser kann man das Floß auf seinem Wege begleiten, besonders dann, wenn das Ufer frei von Baumwuchs ist und das Gewässer auf längeren Strecken ohne besondere Tiefenunterschiede dahinströmt, die Engländer nennen diese Art zu fischen „rotting". Man hat es dabei in der Hand, den futtersuchenden Fisch zu suchen und von weitem her, außer seinem Gesichtskreis, anzugehen. Wiederholtes Einwerfen von Grundköder, welcher dem angelbeschwerten Köder vorauseilt, insbesondere des sog. „Pulverköders", ist von allergrößtem Nutzen.

Es ist gerade das Angeln mit dem rinnenden Floß, welches die Verwendung des feinsten und leichtesten Gerätes ermöglicht und vielfach die schönste Beute bringt, dabei wirklich Sport in jeder Weise gewährend.

Zum Angeln mit rinnendem Floß gehört auch das auf Raubfische mit lebenden Ködern, selbstredend muß dazu das Gerät kräftiger sein mit Rücksicht auf die oft zu erwartenden schweren Fische. Im Kapitel Hechte usw. wird darüber eingehend gesprochen werden.

Das festliegende Floß.

Dort, wo das rinnende Floß wegen zu rasch wechselnder Tiefe inopportun ist, oder ich meinen Köder längere Zeit am Grunde verweilen lassen will, wie in Gumpen oder Wirbeln oder sonst einem Lieblingsplatz größerer Fische, greift man zum festliegenden Floß, das aber auch in sanft strömenden tiefen Wässern am Platze ist, wenn man seinen am Grunde bleibend, eine Stelle nicht zu rasch wechseln will, namentlich dann, wenn man diese mit Grundköder ausgefüttert hat. Das Floß wähle man auch hier so klein wie möglich und auch den Senker nur so schwer, daß er den Köder eben noch am Boden hält. Als Floß genügt vielfach ein ganz kleiner, längsgespaltener Kork, in dessen Spalt einfach Angelschnur geklemmt wird.

Den Senker, der so schwer sein soll, daß ihn das Floß nicht tragen kann, bringt man am besten 50—100 cm oberhalb des Hakens an. Ist das Wasser nicht zu klar, kann man auch einen kleinen längsgespaltenen Kork in der Hälfte der Länge ans Vorfach klemmen, was den Köder vom Grunde hebt und ihn darüber schweben läßt.

Man stellt das Floß ungefähr 35 cm höher ein, als die Wassertiefe beträgt, und wirft quer über das Wasser bzw. stromab ein.

Wenn man mit dem auf Seite 65 erwähnten „galizischen" Floße angelt, stellt man es genau so ein wie das gewöhnliche, — wirft aber stromauf ein bzw. quer übers Wasser. Das galizische

Floß liegt nach dem Wurfe nicht flach auf der Oberfläche, sondern steht aufrecht zu $^2/_3$ — $^4/_5$ eingetaucht, — wenn es flach liegt, so ist es zu tief gestellt —, wenn zu seicht, geht es ganz unter. Bei seiner Anwendung muß der Senker ebenfalls so schwer sein, daß ihn das Floß nicht tragen kann.

Das Floß soll auch, wie ich inzwischen erfuhr, in Belgien verwendet werden und nach neueren Publikationen auch in England.

Seine Vorzüge gegenüber dem gewöhnlichen Floße sind außer enormer Empfindlichkeit und der Tatsache, daß die Schnur vom Köder bis zur Gertenspitze ungebrochen verläuft, hauptsächlich der Umstand, daß es auch im heftigen Wirbel eines Mühlschusses oder Wehrdurchlasses ruhig aufrecht steht und nicht herumgetrieben wird, wodurch man manchen Anbiß übersieht. Auch Wellenschlag bei starkem Winde schadet seiner Stabilität nicht das geringste. Ich kann seinen Gebrauch auf das beste empfehlen.

Mit dem festliegenden Floße hat man oft sehr gute Erfolge, besonders was die Größe der gefangenen Fische anbelangt. Man braucht sich mit dem Anhieb nicht allzusehr zu beeilen, denn meist ist der Fisch schon von selbst gefangen. Im scharf rinnenden Wasser kann man aber auf diese Weise nur mit dem galizischen Floße angeln, da das flachliegende Floß das Wasser staut und Bisse schlecht oder gar nicht erkennen läßt.

Angeln ohne Floß.

Angeln mit und ohne Bodenblei. Heben und Senken. „Laufende" Grundangel.

In sehr klarem und seichtem Wasser ist unter Umständen auch ein kleinstes Floß geeignet, die Fische zu beunruhigen. In solchen Fällen läßt man es weg und angelt nur mit der beschwerten Schnur allein, deren Beschwerung je nach den Verhältnissen wechselt, — in ganz ruhigem Wasser oder in Seen genügt der Köder allein als Beschwerung —, ja in solchen Wässern ist es sogar von Vorteil, wenn der Köder so langsam als möglich zum Boden sinkt. Im strömenden Wasser hingegen muß man zur Beschwerung greifen, vom Schrotkorn bis zur schweren Bleikugel, je nach der Stärke der Strömung. Das vielfach verwendete und empfohlene vierkantige oder flachovale Blei hat meine Sympathie im allgemeinen nie genossen, — vor allem deswegen, weil es sich im grobsteinigen Boden zu leicht verklemmt —, ebensowenig bin ich ein Anhänger oder Verfechter der für seinen Gebrauch empfohlenen Zwischenschaltung von Gimp, — abgesehen davon, daß starkes Gimp ungemein sichtig ist, hat es die unangenehme Eigenschaft, zu verrotten, und schließlich wozu?

Es gibt aber doch viele Flüsse, die zwar klaren Sandboden oder feinen Kiesboden haben, dieser jedoch so fest und glatt ist, daß die Strömung, selbst die ganz langsame, die Bleikugel oder Olive von der Einfallstelle weg ans Ufer rollt. In solchen Gewässern ist

unwidersprochen das flache, vierkantige Blei von unübertroffenem
Vorteile. Heutzutage, wo man Vorfächer aus dem unsichtlichen
und widerstandsfähigen Silkcastgut gebraucht, ist das Gimp ent=
schieden überflüssig und entbehrlich, denn an einem Silkcastgut=
Vorfaden von 1—1½ m Länge kann ich mit Hilfe angeklemmter
Schrote das Blei fixieren, wo ich es haben will. Erst recht aber
kann ich das an den modernen Stahldrahtvorfächern tun.

Die gespannte Leine zeigt mir die feinste Berührung am Köder,
wenn ich sie in der Hand halte, oder überträgt sie auf die Gerten=
spitze, wenn die Angelrute im Boden steckt oder über den Rand des
Kahnes hinausragt. Wer vom verankerten Boote aus in der Strö=
mung fischt, hat es in der Hand, seine Gerte derart über den Stern
desselben auszulegen, daß sie wie eine Schnellwaage funktioniert,
deren langer Arm den Köder trägt, — das feinste Antupfen eines
Fisches, der mit der Schnauze gegen diesen stößt, gibt ein unzwei=
deutiger Anschlag an der Gertenspitze kund, und ein noch so leiser
Anbiß, wie z. B. der großer, vorsichtiger Plötzen, läßt die
Spitze zum Wasserspiegel niedertauchen. Je leichter und empfind=
licher die Gerte, desto sichtbarer sind die Ausschläge an derselben.
Auch hier ist für den Anhieb maßgebend, auf welchen Fisch man
angelt, und ich ziehe es vor, dies bei den einzelnen Fischgattungen
speziell zu besprechen, statt an diesem Orte allgemeine und unbe=
stimmte Regeln aufzustellen, wie es bisher immer noch der Brauch
war. Der alte Angler lächelt darüber, und der Anfänger bekommt
einen falschen Begriff von der Sache.

Das Heben und Senken wird, wie sein Name besagt, derart
ausgeübt, daß man den Köder, entweder selbst mit Blei beschwert
oder an der beschwerten Schnur, abwechselnd höher zieht und dann
wieder bis zum Grunde senkt, so gleichsam den ganzen Boden ab=
suchend und jedem Fische in der Umgebung den Köder zeigend.
Man kann damit auch weitere Würfe verbinden und so wie beim
Spinnangeln eine ziemlich große Wassermenge äußerst gründlich
befischen und absuchen. Man wirft quer übers Wasser oder glatt=
wegs stromab und bringt den Köder ruckweise unter Aufrollen zu
sich wieder heran, bevor man weitergeht und einen neuen Wurf
macht. Mitunter ist diese Art zu fischen sehr wirkungsvoll und kann
außer mit allen natürlichen Ködern auch mit Kunstködern, wie z. B.
den Kugelspinnern, ausgeübt werden. Man verwende keine zu
schweren Senker, auch keine zu voluminösen, lieber einige kleinere,
wenn anders der Köder nicht selbst beschwert ist, da man sonst, be=
sonders bei weiteren Würfen, zu viele Hänger hat. Diese Art
zu fischen ist sehr dankbar von einem langsam rinnenden Boote
aus, wobei man viel weniger Hänger hat als vom Ufer her und den
Köder von der Strömung zum Stande der Fische treiben lassen
kann, — eine Art „Harlingfischerei".

Mitunter aber hat man Gewässer oder Teile von solchen zu
befischen, in welchen man mit der einen und mit der anderen
Methode sein Auslangen nicht findet. Dann empfiehlt sich eine

Methode zu fischen, welche ich die „laufende" Grundangel nenne. Diese Methode hat einen eigenen Reiz, weil sie mich den Fisch in jeder Wassertiefe finden läßt, mich aber auch zwingt, ihn von Ort zu Ort zu suchen, verschiedene und häufige, oft recht weite Würfe zu machen, und mir gestattet, mit feinstem Zeuge zu angeln. Gerade bei klarem Wasser hat sie mir deshalb oft und oft ungeahnte Erfolge und Beute gebracht. Eine einhändige Gerte von 3½—4 m ist hierfür vollauf geeignet. Für das Angeln vom Boote aus darf sie auch kürzer sein. — Heute würde ich eine Wenderolle verwenden, — seinerzeit hatte ich noch keine und mußte mir für weite Würfe mit der Wurfart wie beim Flugfischen und Schießenlassen der Leine behelfen —, es geht auch sehr gut so. Eine recht feine Schnur und ein langes Vorfach sind eine Bedingung. Um die Schnur zum Grunde zu bringen, verwendete ich früher feinsten Messingdraht. Heute nehme ich den schon erwähnten feinsten, gesponnenen Stahldraht, etwa 1—1½ m lang und zu unterst 2 Längen Gut, je nachdem von der Stärke ½ Drawn, 1 × oder 2 ×. An das Drahtvorfach werden in Abständen von 25 cm drei große Schrote angeklemmt, an das Gutende, etwa 40 cm vom Haken 1 — und nun die beköderte Angel eingeworfen — quer über den Fluß oder schräg nach abwärts — je nachdem es die Situation erfordert. Das leichte Zeug wird von den Senkern zum Grunde gezogen, und nun suche ich Fleck für Fleck auf diesem ab, hebend und wieder senkend, bis ich beim Ufer bin — sicher, jedem Fisch innerhalb des Bereiches meiner Schnur den Köder angeboten zu haben. Besonders verlockende Stellen werden eventuell zwei- bis dreimal überfischt, sonst aber gehe ich weiter und wiederhole Wurf auf Wurf. — So kann ich, wie bei der Spinnfischerei, große Strecken und Wasserflächen befischen.

Eines ist gewiß, ich riskiere manchen Verlust von Zeug und Haken bei Hängern, — aber die Chancen, gute Fische zu fangen, sind so groß, daß man dieses Risiko gerne in Kauf nehmen kann. — Schließlich ist eine verlorene Gutlänge oder ein Haken immer noch billiger als eine oft kostspielige Spinnflucht.

Zum Heben und Senken gehört auch die Anwendung der Schluckangel mit totem Köderfisch, von der im Kapitel „Hecht" des näheren die Rede sein soll. Eine besondere Art des Hebens und Senkens ist die in Holland gebräuchliche Plombfischerei mit dem eigens hierzu konstruierten bleiumgossenen Haken (Abb. 82). Man befischt dort so die Bewässerungsgräben und Kanäle, welche im Sommer mit dichten Schichten von Wasserlinsen und Algen bedeckt sind, indem man mit dem beköderten Haken die Oberfläche abstreicht. Unter der Pflanzenschichte stehende Barsche und Hechte ergreifen den darübergleitenden Köder begierig. Wenn kein Anbiß erfolgt, läßt man den Haken auf den Grund sinken und fischt hebend und senkend. Der Anhieb erfolgt a tempo. Wenn auch bei uns wenige Gewässer das Gepräge dieser typisch holländischen Fischgewässer besitzen, — einzelne Weiher und Altwässer vielleicht ausge-

nommen —, so läßt sich der Plombhaken mit viel Erfolg an solchen
Stellen verwenden, wo ein kunstvolles Angeln ausgeschlossen ist, wo
aber doch oft erfahrungsgemäß große Fische stehen, wie in und neben
Mühlgerinnen, im Überfallswasser von Wehren, zwischen Einbauten und Piloten, Brückenjochen und Eisbrechern u. dgl. mehr.
Man ködert einen großen Tauwurm wie untenstehende Abbildung 83
zeigt, oder auf Raubfische eine Pfrille, Koppe usw., welche Anköderung mir unter anderem zum Fang einer großen Raubforelle
verhalf, der, in einem Turbinenkasten stehend, nicht anders beizukommen war. Die zu dieser Angel verwendete Gerte sei lang
4—5 m, steif und kräftig. Die Holländer nehmen hierzu meist

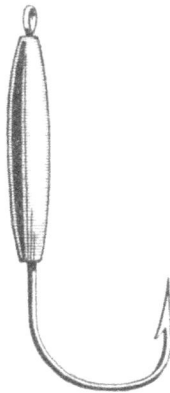

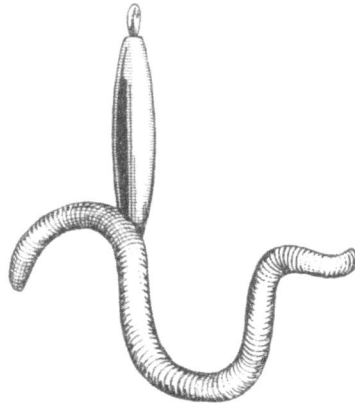

Abb. 82.   Abb. 83.

Bambusgerten aus einem Stück, ohne Rolle, und nur 1—1¼ m
Schnur, an die direkt der Haken befestigt ist, was bei der geringen
Tiefe der dortigen Gräben genügt.

Das Tippfischen (Dapping)

wird von manchen Autoren als Appendix zur Fliegenfischerei be-
trachtet, weil es den Zweck hat, Insekten usw. dem lauernden Fische
anzubieten, — meiner Ansicht nach gehört es ebensogut dem Gebiete der Grundangelei an —, sagen wir meinetwegen als Grenz-
gebiet.

Viele Fische stehen auf Raub zuzeiten nahe der Oberfläche,
besonders in der heißen Jahreszeit und bei vollem Sonnenschein
lauern sie in der Nähe von Unterständen und Deckungen, hinter
oder unter Stauden, Gras und Binsenwuchs, unter Bäumen auf
herabfallende oder antreibende Insekten. Einem solchen Fische
den Köder an der Floßangel anbieten zu wollen oder auch eventuell

an der unbeschwerten Leine ohne Schwimmer wäre in den meisten
Fällen ein nutzloses Beginnen, eher geeignet, den Fisch zu ver=
scheuchen.

Hier tritt die Tippangel in ihr Recht.

Leise schleicht der Angler stromauf, jede Deckung klüglich aus=
nützend, späht er nach dem zu erbeutenden Fische, — nicht bloß
Forellen sind es, wie der Unkundige irrtümlich meint, nein, eine
Menge anderer, auch Plötzen, Barsche und Aitel stehen, guter Bisse
harrend, auf Auslug.

Dieses Angeln ist, das geeignete Wasser vorausgesetzt, unge=
mein reizvoll, eine Art Fischpürsch, und liefert oft ungeahnte
Beute.

Man fischt mit ganz kurzer Schnur, — oft nur mit dem Vor=
fach allein, ganz feinen Haken und kleinen Senkern, setzt strom=
aufwerfend oder, besser gesagt, nur schwingend dem lauernden
Fische die Schmeißfliege, den Käfer, den Heuschreck oder den Wurm
vor die Nase, — selten ohne Erfolg. Meist wird der Köder von
dem ahnungslosen Fische gierig genommen, und da jener ein natür=
licher ist, immer gleich voll ins Maul geschlürft, so daß der Anhieb
den Haken fast stets richtig eintreibt.

Leider ist dieser schöne, kurzweilige Sport nicht überall aus=
zuüben, meist nur an den kleineren und mittleren Gewässern der
Vorlande und Ebenen mit reichlichem Gras= und Buschwerk und
Baumwuchs am Ufer, deren Wasser im Sommer recht klar wird,
aber gerade zu jener Jahres= und Tageszeit, wo man mit anderen
Methoden nichts anfangen kann.

Um diese Angelart recht genußreich zu gestalten, nehme
man keine schwere Gerte, aber auch keine zu kurze, da man ja oft
über Sträucher usw. hinweglangen muß. 3—3½ m sei das Mindest=
maß, eine 4—5 m lange Seerohrgerte, die trotz ihrer Länge so
leicht ist, daß sie selbst bei stundenlangem Fischen mit nur einer
Hand nicht ermüdet, ist eigentlich das richtige. Schnüre und Vor=
fächer seien so fein als möglich. Wenn man überhaupt einen Senker
braucht, dann genügt ein Schrotkorn 5 cm über dem Haken.

Die Paternosterangel.

Mönche sollen sie erfunden haben. In ihrer ältesten Form zeigt sie
mehrere in die Schnur eingebundene Kugeln, welche die Angeln tragen,
in Abständen in die Angelschnur eingeschaltet. Bei der heutigen Form
ist nur noch außer dem Namen und dem am Ende der Schnur be=
festigten Blei die Vielzahl der Haken geblieben, welche nicht mehr in
Perlen oder Kugeln eingeschlauft sind, sondern in Schleifen bzw. in
Arme aus Draht. Die Paternosterangel dient zur Befischung größerer
Tiefen, mit der Absicht, dem am Grunde ruhenden Fische den Köder
vorzuführen, ohne aber mit diesem selbst auf den Grund zu kommen.
Dort, wo grobes Gestein, Holz usw. den Grund verunreinigen,
gleichzeitig aber erfahrungsgemäß die größten Fische stehen, kann

man nur mit dem Paternoster fischen. Die gewöhnliche Grundangel würde sich hier in der kürzesten Zeit rettungslos verfangen, und vielfach wäre dann oft das ganze Zeug verloren. Beim Paternoster verliert man höchstens das Blei, welches in Voraussicht eines Hängers schon an ein leicht reißbares Material gebunden ist. Das Vorfach zum Paternoster besteht aus Gut, Silkcast oder Draht, 1—1½ m lang. Am unteren Ende ist an einem feinen Gut, — es kann auch ein gebrauchtes oder minderwertiges sein —, das Blei eingebunden, je nach Bedarf 20—40 cm davon entfernt. Den oder die Haken am Gut oder Draht schleift man in eine Schlinge oder der Verbindung mit dem das Blei tragenden Ende ein, — natürlich für 2 oder 3 Angeln muß man entsprechend viele Schlingen knüpfen und diese mindestens 30—40 cm voneinander, damit sich Angeln und Köder nicht verhängen.

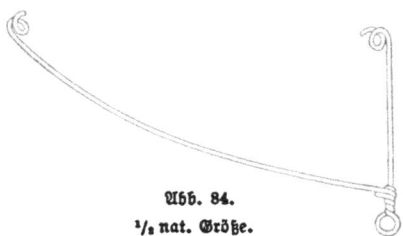

Gebraucht man Gut, so nehme man ja die besten Fäden, für Barsche und Zander von der Stärke Padron I—II, für Hechte Marana I—II, und verbinde sie mit Puffer-Knoten, besonders wenn man auf Hechte oder andere große Fische angelt. In Seen wird man wohl nur Gut, eventuell Silkcast nehmen müssen, wenn das Wasser klar ist; in Flüssen, besonders zum Fange von Hechten, wird das Drahtpaternoster nach Dr. Heintz genügen, wenn das Wasser nicht zu sichtig ist. Das letztere hat infolge seines stark abstehenden Armes den Vorteil, daß der Köder sich weder beim Wurfe noch während des Angelns in dem Vorfach oder Blei verfangen kann, was bei den Paternostern aus Gut oder Silkcast gern und oft geschieht, namentlich wenn man lebenden Köder benützt. Ich habe mir zu diesem Zwecke einen Arm erdacht, den ich unter Umständen am Wasser selbst anbringen kann und einfach aus einem Stückchen oxydiertem Stahldraht, wie er für Vorfächer verwendet wird, anfertige (Abb. 84). Da dieser Arm aber nicht wie beim Drahtvorfach rotieren kann, habe ich einen geschlossenen Nadelwirbel eingeschaltet, welcher das ermöglicht. Das ist sehr wichtig, wenn man lebende Fische anködert, welche die Tendenz haben, im Kreise herumzuschwimmen und damit Vorfach und Schnur verdrehen würden. Bei den Anglern in Konstantinopel ist ein Arm (Boom) in Verwendung, den ich mit einiger Modifikation für meine Paternosterangel gerne verwende. Außer anderen Vorzügen hat er den Vorteil, mir das Einbinden eines separaten Vorfaches zu ersparen, wenn ich an einer geeigneten Stelle gerne die Paternosterangel gebrauchen möchte. Er wird mit den Spiralen einfach in das Vorfach eingedreht und das Paternoster ist fertig. Da er beim Drill usw. gar keine Beanspruchung erfährt, kann man ihn aus dem

Abb. 84.
⅛ nat. Größe.

— 115 —

denkbar feinsten Material herstellen. Er hat nur den Zweck, das Blei zu tragen und den Köder an seinem Arme vom Vorfach wegzuhalten. Da letzteres elastisch ist, setzt es dem Strecken der Schnur beim Anhieb und dem daraus resultierenden „geraden Zug“, dem straight pull, wie es die Engländer nennen, keinen Widerstand entgegen. Er ist so einfach, selbst am Wasser, herzustellen, daß selbst der Ungeübteste es zuwege bringt (Abb. 85). Ich habe ihm den Namen „Bosporus-Paternoster“ gegeben. Auf Grund seiner hundertfältigen Bewährtheit in Meer und See und Fluß kann ich seinen Gebrauch wärmstens empfehlen.

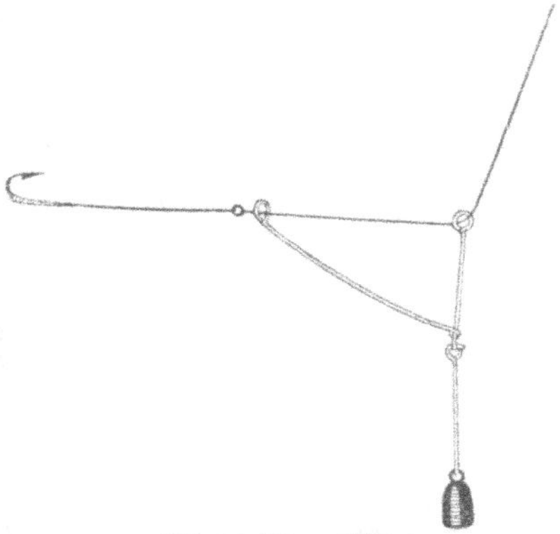

Die Paternosterangel wird verwendet sowohl, um den Köber an einem bestimmten Punkte stehen zu lassen, als auch um das Terrain damit abzusuchen und den Köder jedem dort stehenden Fische zu präsentieren. Man vermeide weite Würfe, im Gegenteil, fische zuerst die nächste Umgebung ab, lasse den Köder sinken, bis das Blei am Grunde aufstößt, nach einer Weile bewege man durch langsames Ziehen oder

Abb. 85 (schematisch).

Heben bei steter Spannung der Leine den Köder um etwa $\frac{1}{2}$ m weiter — vor — zurück — rechts — links, bis man jeden Fleck abgesucht hat. Dann erst hole man zum neuen Wurfe aus, beachte jedoch, daß der Köder sich im Boden verstricken oder verstecken kann, wenn der Winkel, den Schnur und Boden bilden, kleiner als 45° wird. Daraus kann man sich beiläufig berechnen, wie weit man werfen darf.

Hat man eine Stelle gründlich abgefischt, so schreite man zur nächsten und verfahre dort ebenso. Vor allem übereile man sich damit nicht und vergesse nicht, die Schnur beim Einziehen aufzurollen und in Spannung zu halten; ebensowenig, daß insbesondere beim Angeln mit lebenden Köderfischen diese durch zu viele rasch aufeinander folgende Würfe sehr schnell zugrunde gehen. Wann und wie man anhauen soll, richtet sich auch bei dieser Art des Angelns nach den gegebenen Verhältnissen und wird am betreffenden Orte besprochen werden. Es unterliegt keinem Anstand, gegebenenfalls zur Paternosterangel auch ein Floß zu verwenden, meist entweder ein gleitendes, eventuell auch nur ein ganz kleines, sog. „Pilotenfloß“, das ohne eine Fixierung auf der Schnur zur Wasseroberfläche hinaufgeleitet und eigentlich nur den Zweck hat, bei weiteren Würfen die Schnur in vertikaler Position zu erhalten, wenn man längere

8*

Zeit über einem Flecke verweilen will. Ich ziehe zu diesem Zwecke ein scheibenförmiges, derartiges Floß, naturfarbig oder schwarz gefärbt und einer so engen Bohrung, daß gerade die Schnur bis zum Wirbel oder Vorfachknoten durchgleiten kann, den usuellen runden oder olivenförmigen vor. Es zeigt den Anbiß namentlich in etwas bewegtem oder vom Winde wellig gemachten Wasser besser. Eine Bedingung ist auch hier, daß die Schnur gut schwimmt. Eine besondere Art der Paternosterangel für den Fang von Hechten und anderen Raubfischen ist die von Mr. Rolt angegebene, welche ich im Kapitel „Hecht" näher besprechen werde.

2. Die Fische und ihr Fang.

|Salmoniden.

Der Huchen.

Ich bin mir dessen von vornherein bewußt, daß dieses Kapitel auf den Widerspruch jener Unentwegten stoßen wird, welche auf den Huchen nur einzig und allein die Spinnangel stricte Nomine gelten lassen. Aber das soll mich nicht abhalten, meinen Leser mit den Fangmethoden mit dem lebenden Köder bekanntzumachen, welche, was ich ausdrücklich betone, durchaus weidgerecht sind. Es sei mir gestattet, eine kurze Parallele zur Jagd, speziell zur Hochwildjagd, zu ziehen. Wird man jemand einen Vorwurf machen, welcher einen Hirsch kunstgerecht ausmacht und ihn dann mit einem Vorderlader und Rundkugel weidgerecht mit sicherem Blattschusse zur Strecke bringt? — Nein, gewiß nicht. Wohl aber ist es noch nicht einmal ganz 30 Jahre her, daß in den deutschen Jagdzeitschriften eine wüste Fehde ausgefochten wurde über die Weidgerechtigkeit des Gebrauches der „Kilometerbüchse". Eine Sache, welche heute wohl kaum mehr einer Diskussion bedarf.

Und ebenso verhält es sich mit der Frage, ob der lebende Köder, selbstredend kunstgerecht und an seinem Zeuge geführt, weniger weidgerecht sei als die Spinnangel.

Man vergegenwärtige sich nur den mechanischen Teil dieser beiden Arten, zu fischen: Beide haben das eine gemeinsam, daß ein Köder dem Fische mundgerecht vorzuführen ist. Der Unterschied ist nur der, daß dieser Köder bei der einen Manier tot bzw. künstlich, bei der anderen lebend ist. Bei der ersteren Manier muß der Angelnde bestrebt sein, den Köder lebend erscheinen zu lassen, was der nach der anderen Art zu fischen nicht nötig hat; aber führen müssen ihn beide, sonst bleibt der Erfolg aus, denn nicht immer ist unser Beuteobjekt auf dem Raubzuge, sondern eben in den meisten Fällen müssen wir es an seinen Unterständen suchen und zum Angriff auf den verlockend präsentierten Köder reizen, darin liegt eben das sportliche Moment.

Kommt noch der Umstand hinzu, daß man das zulässigst feinste
Zeug verwendet und dieses im richtigen Momente und am richtigen
Platze in Anwendung bringt, dann erübrigt sich so der müßige
Streit um des Kaisers Bart, was von beiden sport- oder weid-
gerechter sei. Die meisten Gegner des Angelns mit dem lebenden
Köder auf den Huchen werden sich auf die Autorität unseres Alt-
meisters Heintz stützen, welcher dem lebenden Köder einen sehr beschränkten Raum in seinem Werke eingeräumt hat; trotzdem kann
er nicht umhin, seine Anwendung in gegebenen Fällen direkt zu
empfehlen, hat sogar ein eigenes Paternoster speziell für diesen
Zweck konstruiert. Meiner Ansicht nach aber hat Heintz in erster
Linie das Bestreben gehabt, die Spinnangelei populär zu machen;
andrerseits habe ich den Eindruck, daß Heintz meistens in Gewässern
geangelt hat, welche die Bedingungen zum Gebrauche des lebenden
Köders als Methode der Wahl nicht oder nur selten boten.

Solche Wässer sind wohl in erster Reihe die großen, insbesondere die regulierten Gewässer, aber auch in jenen, welche noch
im Urzustande sind, wird der aufmerksame Beobachter und Kenner
des Wassers mehr als genug Stellen finden, an denen er nur mit
dem lebenden Köder einen Erfolg zu erhoffen hat.

Ich gebe zu, daß die Spinnangel den unleugbaren Vorzug hat,
daß man sich durch Benutzung künstlicher Köder und Spinner die
Beschaffung der Köderfische erspart, und daß diese letztere nicht
immer einfach ist, auch der Transport derselben zum und am Wasser
ist nicht immer ein Genuß; aber wie ein jedes Ding zwei Seiten
hat, so stehen den Vorteilen der Spinnangel auch wieder unleugbare
Nachteile gegenüber. Bekanntlich steht der Huchen, je weiter das Jahr
fortschreitet, um so tiefer, immer den Futterfischen nachziehend, welche
in den großen Tiefen Ruhe und Nahrung suchen. Daß in den
größeren Wassern diese Stellen Tiefen von vielen Metern erreichen,
ist bekannt, ebenso, daß man einen Spinner im besten Falle 4 m
tief bringt, selbst bei schwerster Bleibelastung; in sehr schwer strömendem Wasser nicht einmal so tief. Was ist die Folge? Daß
ich den Köder über den ruhenden Huchen einfach hinwegführe,
ohne daß derselbe ihn auch nur einmal zu sehen bekommt, selbst
wenn ich einige Würfe über dieselbe Stelle mache. Das gibt auch
Heintz unumwunden zu und bemerkt noch, daß man in solchen
Tiefen kein Urteil über die Beschaffenheit bzw. Reinheit des Grundes
habe. Nun wohl, schließlich riskiert man auch in einem seichteren
Wasser den Verlust von Zeug, aber das wiegt nicht die Chance
auf, einen großen Fisch zu erbeuten. Bei Benutzung der Schwimm-
angel oder noch mehr des Paternosters habe ich dagegen alle Wahrscheinlichkeit, den Köder den ruhenden Fische direkt vor den Rachen
zu legen und ihn so zu einem Anbisse zu reizen.

Darum kann ich nur der Anschauung von Gustav Fellner
beipflichten, der in seinem Buche so treffend sagt: Einerlei, ob Spinnangel oder Schwimmerangel in Anwendung kommen: Hauptsache ist und bleibt, daß sportmäßig geangelt und feinstes Geräte

verwendet wird, das wichtigste aber ist, daß man weiß, wo man seinen Fisch zu suchen habe.

Ich möchte diese Ansicht noch um einen Satz erweitern: Man muß sein Wasser genau kennen, um mit der oder jener Methode Erfolg zu haben, nicht aber am wenigsten muß man außer allen anderen Qualitäten auch noch die nötige Zeit haben, um seinen Erfolg erwarten zu können. Nach meiner Erfahrung soll man lieber den Huchenfang bleiben lassen, wenn man ihm nicht mit Muße nachgehen kann, ganz besonders an großen Wässern. Denn nichts wirkt verstimmender, als eine Folge von fruchtlosen Bemühungen und erfolglosen Fischtagen. Man mag noch so bescheiden in seinen Ansprüchen an die Größe des Fangergebnisses geworden sein, aber immer leer heimzugehen ist auch keine Freude, wenn dies seinen Grund einzig und allein darin hat, daß man nicht soviel Zeit auf seinen Sport verwenden konnte, um die günstigsten Stunden zu erwarten oder ausnützen zu können. Nach dieser Einleitung wollen wir nun zu der Besprechung der richtigen Fangstellen übergehen.

Wie ich schon vorher erwähnte, wahllos soll man weder spinnen noch mit der Fischchenangel arbeiten; wer sein Wasser seit Jahren kennt, der wird von vornherein wissen, wohin er seine Schritte zu lenken und was er zu tun hat. Anders ein auf dem Wasser Fremder. Dies gilt besonders von jenen Gewässern, welche ganz oder teilweise reguliert sind. Wenn schon nicht von weitem her kenntliche Merkmale eines Huchenstandes vorhanden sind, wie der Widerlauf an einem Wehre oder große Felsenstücke, an denen sich das Wasser bricht, oder sog. „Kugeln“, das sind unter Wasser liegende große Steine oder versunkenes Holz, Faschinenbauten, Brücken und Uferleitwerke, dann gehört schon ein großes Maß an Erfahrung dazu, den richtigen Platz zu finden. Vielfach ist es nur ein kleiner Vorsprung, den der Uferbau ins Wasser hinein macht, oder das Andrängen der Strömung vom anderen Ufer her, oder von einer vorgelagerten Schotterbank, welche uns einen Angelplatz verraten.

Vielfach ist es die Farbe des Wassers, welche uns auf eine vorhandene Tiefe, ein sog. Wasserloch hinweist, über dem das Wasser meist eine dunkelgrüne Farbe zeigt und öfters teils zu stehen scheint, teils sich in kleineren oder größeren Wirbeln bewegt. Hier haben wir besonders gegen den Ausgang des Winters den Huchen zu suchen. Alle diese genannten Plätze sind in der Regel viel tiefer, als man einen Spinner führen kann; und gar erst die langen Gumpen mit ihren verschiedenen Strömungen und Gegenströmungen. Eine typische solche Stelle ist jene, welche Heinz so anschaulich in seinem Buche beschreibt und von ihr erzählt, daß er dort den größten Mißerfolg seines Lebens hatte, weil er infolge der Gegenströmungen nicht imstande war, seine Fische anzuhauen. Ich bin überzeugt, hätte er Gelegenheit gehabt, zur Schwimmerangel hinüberzuwechseln, hätte er vielleicht gerade an dieser Strecke einen Rekordfang erzielt.

Zum Angeln mit dem lebenden Köder kann man im allgemeinen die gewöhnliche Spinngerte verwenden, besonders wenn sie länger ist als das gebräuchliche Maß von 3,20 m. Ich persönlich ziehe für diesen Zweck eine längere und weichere Gerte vor und halte 5 und sogar 6 m für nicht zu lang, an einem großen Flusse schon gar nicht. Ich besitze eine solche aus Pfefferrohr, vierteilig, welche in Anbetracht ihrer Länge nicht einmal schwer zu nennen ist, mit Spitzen aus Greenheart. Zur Not kann ich mit ihr auch spinnen, wenn ich nicht zu schwere Köder und Senker verwende, weil sie etwas weicher ist, als Spinngerten zu sein pflegen.

Mit der Rolle versehen und mit dem von Fellner empfohlenen Dorn aus fingerdickem Eisen von 15 cm Länge statt des Gummiknopfes ist sie prächtig ausbalanciert, weil ihr ganzes Gewicht in die Hand verlegt ist. So sehr ich ein Anhänger des gespließten Bambus bin, gerade für diese Art Gerten, vielleicht mit Ausnahme der Spitzen möchte ich dieses Material nicht empfehlen, schon aus Sparsamkeitsgründen. Eine so lange gespließte Gerte wäre nicht um ein Gramm leichter als die aus Pfefferrohr, welches letztere aber wieder leichter ist als Tonkinrohr — dagegen aber um ein beträchtliches, vielfaches teurer.

Schließlich, — ein paar Jahre leistet die billige Pfefferrohrgerte ihre Dienste klaglos —, erst recht, wenn sie auch mit Liebe gepflegt wird, und hält den Kampf auch mit ein paar Großhuchen aus; muß sie nach dieser Zeit durch eine neue ersetzt werden, dann fällt eine Neuanschaffung immer noch nicht zu sehr ins Gewicht.

Die Ringe müssen mit Rücksicht auf die beim Huchenangeln immer zu erwartende Eisbildung etwas weiter sein, ohne aber überdimensioniert zu sein, da wir ja heutzutage mit sehr dünnen Leinen fischen.

Als Rolle empfehle ich die im betreffenden Kapitel beschriebene Speichenrolle, 10 cm im Durchmesser, und auf ihr eine Vollänge von 100 m bester Seidenschnur von ca. 17 Pfund Tragkraft, gut imprägniert und vor dem Gebrauche noch einmal gut mit Schwimmfett abgerieben. Zum Zwecke des Floßangelns kann ich nur das nebenstehend abgebildete Floß (Abb. 86) wärmstens empfehlen, grau oder grün gestrichen, eventuell mit einem weißen Kopf für das Fischen in der Dämmerung. Das gleitende Floß ist nicht zu empfehlen, trotzdem es den bestechenden Vorteil hat, den Wurf zu unterstützen; dafür hat es den Nachteil, beim Hereinspielen des Köderfisches gegen den Strom an der Leine bis fast zu diesem herunterzurutschen, und kann bei klarem Wasser leicht einen den Köder verfolgenden Fisch vergrämen. Fellner schreibt, daß ihm in der Dämmerung schon Huchen auf das Floß zugestanden sein, als er einholte; ich habe dasselbe mit Hechten erlebt. Das mag andrerseits wieder ein Gegenargument zu der oft geäußerten Behauptung sein, daß das Floß unter allen Bedingungen fischverscheuchend wirke. Ich habe mich zu dieser Überzeugung noch nicht bekehren können. Den Senker wähle man in guter Proportion zum Floße; eher klein als zu groß; eine Bleiolive von 10 g Gewicht wird in den meisten Fällen ausreichen, in sehr stark strömendem Wasser wird wohl eine von 15 g nötig sein, in allen Fällen aber wird ein Senker von 20 g ausreichen, um den Köderfisch in die gewünschte Tiefe zu bringen und dort zu halten, schon in Anbetracht der dünnen Leinen, welche dem Wasserdrucke so wenig Widerstand entgegensetzen. Ein kleiner Wirbel, etwa Größe 8 oder 7, ist ein Vorteil, wenn man rasch Vorfächer ein- und aushängen will; zum mindesten schützt er die Schnur gegen das leidige Verdrehen beim Hereinholen und noch mehr, wenn sich der gefangene Fisch beim Drill wälzt, was besonders Huchen gerne tun.

Das Vorfach sei so unsichtlich und fein wie nur möglich. Fellner empfiehlt ein solches von Lachsgut oder doppelt gedrehtes, mittelstarkes Gut. Ich gebe dem ersteren unter allen Verhältnissen den Vorzug, nur hat es den Nachteil, in bester Qualität empfindlich teuer zu sein und sich trotzdem in absehbarer Zeit so abzunützen, daß man sie aus Gründen der Vorsicht ausrangieren muß. Silk-Cast ist ein guter Ersatz, aber leider nicht immer verläßlich. Dafür ist aber der gesponnene Stahldraht ein ideales Material für Vorfächer, zudem recht billig, so daß die Notwendigkeit des Auswechselns oder ein eventueller Verlust den Träger nicht zu herb trifft. Die schon mehrfach erwähnte „Stahlseide" scheint mir aber für diesen Zweck wegen ihrer enormen Schmiegsamkeit noch geeigneter. Man benötigt ja doch nicht mehr als ein Stück von 50 cm Länge, bei

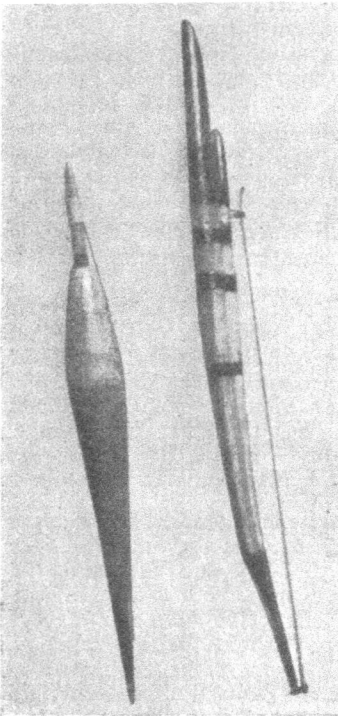

Abb. 86. ⅛ nat. Größe.

seiner enormen Feinheit genügt das vollständig, um eine nahezu unsichtliche Verbindung zwischen Leine und Köder herzustellen. Dieses Stück trägt am einen Ende eine angedrehte Schlaufe zum Einhängen in den Wirbel, am anderen Ende ist ein einfacher Ohrhaken ebenfalls eingedreht. Zum Huchenfischen empfiehlt es sich, etwas im Draht stärkere Haken zu verwenden; ich habe von den vielen Hakenarten am zusagendsten eine gefunden und erprobt, welche unter dem Namen Fine wire Sea Hook von Farlow gehandelt wird. Was

mir an ihm besonders gut behagt, ist sein breiter Bogen, der dem
Köderfische bei der Lippenköderung das ungestörte Atmen gestattet.
Als Größe wähle man, je im Verhältnisse zu den vorhandenen oder
benutzten Köderfischen, die Nr. ¹/₀ bis ³/₀. Im allgemeinen wird ²/₀
die beste Größe sein. Als beste Anköderung empfehle ich für die
Schwimmerangel die einfache Lippenköderung durch beide oder auch
nur durch die Oberlippe allein. Abgesehen von der fast minimalen
Verletzung des Köderfisches, gestattet diese Art anzuködern die natür-
lichste Führung gegen den Strom, gewährleistet das längste Leben
des Fischchens und schützt vor allem am meisten vor Hängern in der
unbekannten Tiefe. Den lebenden Fisch spuckt so leicht kein Huchen
aus, schon gar nicht, wenn er halbwegs gierig raubt, und einen
mittelgroßen Fisch von etwa 15 cm nimmt er ohne viel Federlesens
gleich voll und ganz in den Rachen.

Der beste Köderfisch ist wohl zu allen Zeiten die Laube, leider
ist sie so ungemein zart und weich, und schon wenige Würfe beenden
ihre Lebensfähigkeit; auch ihre Erhaltung und ihr Transport zum
Wasser sind keine leichte Sache. Dasselbe kann man vom Hasel
sagen. Viel härter sind Barben und vor allem Döbel.

Nun stehen wir also an einem Punkte, an dem wir schon wiederholt die Anwesenheit eines großen Huchens bestätigen konnten,
aber ihm mit der Spinnangel nicht beikonnten. Ein Stück Fluß-
lauf vertieft sich zu einem Loche von ziemlicher Ausdehnung, und
ein in der Tiefe liegender Felsen bricht den Strom, einen Wirbel
erzeugend.

Wir stellen unser Floß so tief, als wir glauben, dem Grunde zunächst zu kommen, und werfen von der Rolle weg den Köderfisch
hinüber in das andrängende Wasser, ihn langsam, immer wieder
verhaltend, dem Wirbel zutreiben lassend. Hier lassen wir ihn einige
Male kreisen, dann geben wir ihn wieder der Strömung preis,
lassen ihn gegen den Auslauf der Strömung zutreiben, und dann
holen wir ihn herein, neben dem Ufer her, Zug um Zug, jedesmal
die zurückgenommene Schleife erst einrollend, ehe wir die nächste
einziehen. Ganz vorsichtig aber fischen wir die letzten paar Meter,
denn oft folgt der Huchen dem Fischchen bis fast unter die Füße
des Anglers, um erst im allerletzten Moment zu fassen. Besonders
in der Dämmerung, würden wir da unachtsam sein, könnten wir
uns leicht den Fisch vergrämen. Aber es rührt sich nichts. Weiterzu-
gehen und einfach anzunehmen, es sei eben nichts da, wäre ein
Fehler. Im Gegenteil, wir senken noch um ein beträchtliches Stück
tiefer und wiederholen unser Spiel von vorhin. Stellenweise streifen
wir Grund, das veranlaßt uns aber nur, den Fisch vorsichtiger zu
führen, öfters einmal hebend und dann wieder sinken lassend, dafür
können wir aber annehmen, in der wirklich tiefsten Stelle mit dem
Köder zu dem Huchen zu kommen. Und wir haben uns nicht ge-
täuscht; auf einmal fühlen wir in der Leine ein Zucken und der
Huchen fährt mit dem Floß in die Tiefe, schräg hinunter. Wir
lassen ihn ziehen, dabei sorgfältigst darauf achtend, daß er keinen

Widerhalt finde, trotzdem aber die Rolle mit den Fingern kon-
trollierend, damit ein jäher Zug kein Überlaufen verursachen könne,
denn das würde ganz sicher den Verlust des Fisches bedeuten.
Endlich nimmt die mehr oder minder rasche Fahrt ein Ende, das ist der
Moment, der erfaßt sein will. Die Hemmung der Rolle wird eingeschaltet, die Leine wird vorsichtig eingerollt, bis wir Fühlung mit
dem Fische bekommen, dann erfolgt der Anhieb. Man hüte sich aber,
das Wort Anhieb strikte in Tat umzusetzen! Richtig bezeichnet, ist
es ein schnellendes Erheben der Gerte, wobei der federnden
Spitze die Aufgabe zufällt, den Haken in das Fischmaul zu treiben. Meist wird man im ersten Augenblick das Empfinden haben,
einen schweren Hänger zu haben, denn der Fisch, besonders wenn
er groß ist, ist im ersten Moment zu überrascht, um eine Gegen-
aktion zu machen. Diese läßt aber nicht lange auf sich warten. Mit
einem mächtigen Zuge erfolgt nun meist eine lange Flucht, gewöhnlich stromauf, seltener stromab, dann wieder eine quer über das
Wasser, dann wieder ein wütendes Bohren nach dem Grunde zu,
oder aber der Fisch schießt zur Oberfläche, sich schüttelnd und wäl-
zend. Unsere Gerte kommt aus der Form des Halbkreises kaum
mehr heraus, aber ihre Elastizität pariert doch alle Befreiungsversuche, seien sie noch so wild, solange wir selbst unsere Ruhe und
Besonnenheit nicht verlieren und den Moment geduldig abwarten,
bis wir selbst aktiv in den Kampf eingreifen können. Der wildeste
und stärkste Fisch wird früher oder später müde und ausgepumpt;
je erbitterter er kämpft, desto früher. Jede Flucht beschleunigt
diesen Prozeß. Unsere Aufgabe ist es in dieser Phase des Kampfes,
uns so wenig als möglich dem Gegner bemerkbar zu machen und
jeden Versuch, den Kampf mit Gewalt entscheiden zu wollen,
zu unterlassen. Den Kampf hat unser Gerät allein zu führen, lediglich in seiner Arbeit von uns verständnisvoll unterstützt.
Wenn der Fisch die ersten Symptome von Erschöpfung zeigt,
d. h. wenn wir sehen, daß seine Fluchten anfangen kürzer und kraft-
loser zu werden, wenn er sich gar zeitweise zur Seite legt und
vom Strome treiben läßt, um sein eigenes Gewicht als Letztes
in den Kampf zu werfen, dann fangen wir an, auf ihn einen Druck
auszuüben, indem wir trachten, die ausgegebene Leine herein-
zurollen, ihn eventuell zu wenden und stromab zu führen und ihm
immer stärker und nachdrücklicher unseren Willen aufzwingen, bis
wir den Erschöpften gefahrlos zu der uns am günstigsten scheinenden
Landungsstelle dirigieren können. Gewiß, allerhand üble Zufälle
müssen wir riskieren: ein ganz neuer Haken kann brechen, ein Vorfach aus Gut kann, wenn der Fisch in die Tiefe bohrt, an irgendeinem Hindernisse durchgescheuert werden und reißen, sogar ein
Drahtvorfach kann reißen oder brechen, insbesondere wenn man,
zäh am Hergebrachten hängend, mit gelöteten Schleifen usw. ar-
beitet. Auch der Wirbel kann brechen oder sich aufbiegen, aber das
sind Tücken des Materials, deren wir nie und nimmer Herr sind
und die wir als gegeben in Kauf nehmen müssen, selbst wenn wir

das stärkste Material verwenden. Denn wäre das letztere ein un-
bedingter Schutz gegen den Verlust eines Fisches, dann ginge ja
doch ein solcher nie jenen verloren, welche tatsächlich mit solchem
Zeuge angeln; und doch wissen auch diese von solchen Zufällen
zu erzählen. Nun gibt es aber auch Stellen, an denen man mit
der Schwimmerangel sein Auskommen nicht findet, Stellen, welche
so tief sind, daß man durch den fix angebrachten Schwimmer im
Wurfe und Drill gestört würde, und trotzdem immer noch nicht
zu dem Fische gelangen würde. Hier ist die Paternosterangel am
Platze.

Das Geräte ist dasselbe, welches wir zum Schwimmerangeln
benutzen; manche Autoren sind zwar der Ansicht, daß eine steifere
Gerte zu diesem Zwecke bessere Eignungen habe, ich will es nicht
bestreiten, aber ich habe in allen Fällen mit meiner vorhin beschriebenen verhältnismäßig weichen Gerte das Auskommen gefunden.

Vorteilhaft ist es jedenfalls, ein längeres Drahtvorfach vor-
schalten zu können, eines von 4—5 m Länge. In früheren Zeiten
verwendeten wir zu diesem Behufe den Messingdraht von ent-
sprechender Dicke. Heute nehmen wir besser den schmiegsameren
und unsichtlicheren Punjabbraht oder die Stahlseide. Am oberen
Ende ist eine Schlaufe angedreht, in welche die Rollschnur mit
Wirbel oder Knoten befestigt wird. Das untere Ende trägt einen
Doppelwirbel, deren einer mit Einhänger versehen ist. In den
geschlossenen Wirbel binden wir eine Länge dünneren Guts ein,
welches das Blei zu tragen hat. Da es nur diese eine Bestimmung
und weiter nichts anderes zu halten und zu tragen hat, kann man
sogar mit Vorteil Gebrauchtes dazu verwenden; denn bei einem
unlösbaren Hänger mit dem Blei reißt es leichter als ein neues.
Sein eigentlicher Zweck ist ja, bei einem solchen Zufall den Verlust
des Bleies zu erleichtern.

In den Einhängewirbel schleifen wir den Haken ein, welcher
an ein 35—50 cm langes Stück Punjabbraht oder Stahlseide, eventuell nur an Lachsdraht oder eventuell auch an doppeltem, mittel-
starkem Gut befestigt ist. Um ein Verhängen von Köder und Vorfach zu vermeiden, bringt man im geschlossenen Wirbel einen Arm
aus Draht an, wie ich ihn bei der Paternosterangel beschrieben
habe. Diesen kann man eventuell auch erst am Fischwasser herstellen. Seine Länge braucht 15—20 cm nicht zu überschreiten.

Bei Verwendung des von mir beschriebenen „Bosporus-
Paternosters" hat man nicht notwendig, dieses in das Vorfach einzuhängen. In vielen Fällen habe ich mir aber nicht einmal die
Mühe genommen, das spezielle Paternostervorfach herzunehmen.
Ich entfernte einfach den Schwimmer und zog das Bosporus-Paternoster in die Rollschnur ein. Allerdings mußte ich dann ein etwas
schwereres Blei verwenden, da die Seidenschnur trotz ihrer Feinheit das Wasser nicht so gut schneidet wie der feine Draht.

In der Not kann man auch ein gewöhnliches Bodenblei irgendeiner Form vor dem Wirbel einschleifen, aber man riskiert mit dieser

Art zu fischen viel mehr und schwerere Hänger als mit den vorbeschriebenen anderen, und ebenso den Verlust von viel Zeug.

Heinz hat für die Verwendung der Paternosterangel ein eigenes Hakensystem angegeben, dessen Abbildung ich nebenstehend bringe (Abb. 87); es soll den Vorteil haben, einen sofortigen Anhieb zu ermöglichen. Das gebe ich zu, aber auf der anderen Seite hat es eben den Nachteil aller vielhakigen Systeme: die erhöhte Möglichkeit des Verhängens am Grunde und bei klarem Wasser den der größeren Sichtlichkeit. Ich bin noch immer mit dem einfachen Haken ausgekommen, wenn ich gezwungen war, einen Huchen mit dem lebenden Köder anzugehen, andererseits habe ich die Annahme Heinz', daß der Huchen den Köder ausspucke, wenn er einen Zug oder Verhalt spüre, gerade bei der Paternosterangel nur in den seltensten Fällen bestätigt gefunden; dagegen habe ich die Wahrnehmung gemacht, daß der Fisch einen lebenden Köder sozusagen unbesehen ergreift und fast immer so rasch voll ins Maul nimmt, daß der Anhieb den Haken am richtigen Punkte einbringen läßt. Schließlich und endlich: Man hat mit den Systemen, welche mit fliegenden Drillingen bewehrt sind, auch Fehlbisse und schlecht sitzende Anhiebe sowie das Abkommen von Fischen zu verzeichnen, was gewiß nicht gegen die Fängigkeit des Einhakensystems spricht.

Abb. 87.

Es wäre nur noch etwas über die Wahl der zu verwendenden Köderfische zu sagen: Aller Wahrscheinlichkeit nach wird man sich in der Mehrzahl der Fälle nach dem vorhandenen Material richten müssen. Ist man aber in der glücklichen Lage, eine Auswahl treffen zu können, dann wähle man für die Schwimmerangel mittelgroße Fische, vor allem Lauben, Hasel oder Döbel. Erst in zweiter Linie Gründlinge oder Mühlkoppen.

Für die Boden- oder Paternosterangel kann man die Köder größer nehmen, so bis zu 20 cm Länge, aber man trachte, möglichst Fische des Mittelwassers anködern zu können, also vor allem Hasel und Döbel, eventuell auch Barben. Koppen und Gründlinge verwende man nur in der Not, da diese Fische die leidige Neigung haben, unter Steine und sonstige Deckungen am Boden zu kriechen, besonders wenn man mit dem Bodenblei fischt; bei der Paternosterangel hat man es in der Hand, den Köder beliebig hoch über dem Boden schweben zu lassen, indem man die zwischengeschalteten Gutlängen zwischen Blei und Vorfach verlängert. Doch hat auch das seine Grenzen, da bei einem Winkel zwischen Leine und Grund von weniger als 45° der Köder eben auch auf den Boden zu liegen kommt. Wenn das Wasser getrübt ist, kann man unter Umständen die Paternosterangel nach Rolt, welche ich im Kapitel über den Fang des Hechtes eingehend beschrieben habe, verwenden; bei sehr klarem Wasser möchte ich ihre Anwendung nicht empfehlen, da ich doch befürchte, daß der Huchen, bei Tage wenigstens, durch das versenkte Floß vergrämt werden könnte.

Überhaupt sind die Methoden der Grundangelei auf den Huchen sowohl wie auf Raubfische aller Art, die der Wahl, bedingt durch die Färbung des Wassers. Ich kann als Anhaltspunkt hierfür nur mit bestem Gewissen die Anweisung Fellners wiedergeben, der als günstigstes Moment empfiehlt, mit dem lebenden Köder dann zu angeln, wenn das Wasser, von oben gesehen, etwa auf einen halben Meter sichtig ist. Ich habe das durch langjährige Erfahrung erproben können und kann die Richtigkeit dieser Ansicht nur vollinhaltlich bestätigen.

Die Forelle
(Trutta fario — Brown Yellowtrout — Truite de rivière).

Diese von allen Salmoniden gedrungenste hat in seiner typischen Färbung einen olivgrünen Rücken, die Seiten zeigen eine gelblichgrüne Tönung mit der typischen Forellensprenkelung, rote, mehr oder weniger leuchtende Flecken, ebensolche schwarze, beide häufig mit einem blauen Saume und einem messingglänzenden Bande. Allein die Farbe der Forelle wechselt nach ihrem Stande und ihrer Lebensweise, die Töne sind oft verwaschen, oft ungemein dunkel (Schwarzforellen), sogar die Flecken können hie und da fehlen, was zu einer Verwechslung mit Seeforellen führen kann, wenn beide zusammen eine Wasserregion bewohnen, nur ihre Lebensweise ist verschieden.

Die Forelle bewohnt kalte, klare, sauerstoffreiche Gewässer der Gebirge, Vorgebirge und sogar der Ebene — und die kalten Seen der Gebirge bis auf 1200 m. Sie ist oft in den kleinsten Bächen und Gräben zu finden, geht aber in manchen Flüssen auf große Strecken bis tief in die Aschenregionen herunter.

Ihre Laichzeit fällt in die Zeit von Oktober bis Februar, je nach der Höhe des Aufenthaltes und infolgedessen erholt sie sich sehr langsam von den Strapazen derselben. Möglicherweise beeinträchtigt das ihre Schnellwüchsigkeit, die vielfach auch von den Ernährungsverhältnissen beeinflußt wird. In nahrungsarmen Gebirgsbächen, wo sie als „Steinforelle" bezeichnet wird, gilt ein Exemplar von 25 cm schon als gut, während in guten Wassern diese Länge kaum das knappe Mittelmaß ist. An und für sich ist sie ein arger, gefräßiger Räuber, der auch seinesgleichen nicht schont, wenn auch ihre Hauptnahrung Insekten und deren Larven, Würmer, Schnecken und sonstige Wassertiere bilden. Ihr Stand ist wohl im ganzen Wasser, hier und dort, die größeren und großen aber haben ihre bestimmten Stände. Überall dort, wo das Wasser über große Steine braust, unter dem Holzwerk von Wehren, unter den Einbauten der Mühlen, in Turbinen und Radkästen, unter hohlen Ufern und versunkenen Bäumen in den großen Rückläufen und Tümpeln, im Stauwasser der Wehre, da hat man den großen Fisch zu suchen. Erst recht dort, wo kein Zugang ist und nichts seine Ruhe und Sicherheit stört, da sind die Unterstände der großen Räuber, die meist nur noch von Fischnahrung leben und auch unter ihresgleichen erbarmungslos aufräumen.

Ihr Fang ist eigentlich die Domäne der kunstvollen Angelei mit der Fliege, in zweiter Linie mit der Spinnangel.

Wenn ich ihren Fang mit der Grundangelei beschreibe, so tue ich es nicht, um diese Methode zu propagieren, — im Gegenteil: ich möchte sie soweit als möglich eingeschränkt wissen, und rate auch an dieser Stelle dem Leser zur weisen Beschränkung auf vereinzelte Ausnahmsfälle und Ausnahmszeiten, besonders dort, wo man den köstlichen Fisch auf kunstvolle Art erbeuten kann. Anderseits kann man es nicht in Abrede stellen: es gibt ganze große Wasserkomplexe, in denen die Fische nicht auf die Fliege steigen, infolge Überflusses an Bodennahrung faul und fett werden — und nur zu erbeuten sind, wenn man ihnen eine Pfrille oder einen Wurm oder Koppen am Grunde präsentiert. Das ist vor allem an vielen künstlichen Stauanlagen der Fall. Des weiteren gibt es fast an jedem größeren Wasser, besonders den großen Alpenflüssen Stellen, die nahezu unzugänglich sind, den Gebrauch der Fliege oder des Spinnzeuges nicht gestatten und der Stand schwerer Raubforellen sind, deren Erbeutung zur Hege des Wassers Gebot ist.

Außerdem gibt es zahlreiche kleine Wasserläufe, Rinnsale, Gräben, Bächlein, eng und schmal, seicht und vielfach von Gras und Pflanzen überwachsen, wo man weder mit der Fliege noch mit der Spinnangel fischen kann und gerade diese oft unscheinbaren Wässerchen beherbergen oft stattliche Fische, die man schon nicht anders erbeuten kann als mit dem Wurm- oder der Senkpfrille.

Wer hierfür und nur in solchen Fällen zur Grundangel greift, handelt völlig sportgerecht.

Aber noch eines: An manchen Gewässern, besonders sind es jene der Ebene oder der niedrigen Mittel- und Vorgebirge, kann man die Beobachtung machen, daß in warmen, trockenen Sommern die Forellen von Mitte Juni ab nicht mehr nach der Fliege steigen, vornehmlich in solchen, wo die Maifliege in Menge vorkommt und die Fische sich an ihr direkt gemästet haben.

Für diese Gewässer hat sich in England eine spezielle Art der Wurmfischerei ausgebildet, die unter dem Namen „Klar-Wasserwurmfischerei" sich Bürgerrecht erwarb und zu deren Ausübung man tatsächlich fast ebensoviel Geschick benötigt wie zum Fliegenfischen.

Je nach der Größe des Wassers verwendet man hierzu leichte Gerten von 10—14 Fuß Länge. Hervorragend für diesen Zweck eignen sich die sog. „Seerohrgerten", welche bei großer Länge federleicht sind. Feine Schnüre von ca. 6—8 lbs. Tragkraft, Vorfächer 1 Yard lang von gezogenem Gut, Stärke: 1×, 2×, sogar 3×, und feindrähtige Haken Nr. 1 oder das Stewartsystem mit 2 Haken Nr. 10. Als Köder für erstere den als „Pinktail" bezeichneten Tauwurm abgeködert wie Abb. 89 zeigt die Anköderung am Stewartsystem. Für das letztere diesen sowie den Gelbschwanz. Man fischt stromauf, ohne Senker oder höchstens mit einem kleinen Schrot 35 cm über dem Haken.

Vorsichtig am Ufer stromauf pürschend oder watend, wirft man den Köder stromauf mit nicht längerer Schnur, als die Gerte lang ist, und läßt ihn von der Strömung zu sich heruntertreiben, dirigiert ihn unter Anheben der Spitze und Verkürzung der Schnur hinter Steine neben Grasbetten unter die hohlen Ufer und haut an, sobald der Köder irgendwo stehenbleibt, um zu vermeiden, daß der Fisch den Wurm verschlucke. Bei Windstille fischt man nur die Strömung ab und die Wirbel, bei Wind dagegen die stillen Hinterwasser und Tümpel.

Die beste Tageszeit für diesen Sport ist der zeitige Morgen, wenn man ebenso viel sieht, daß man den Wurm anködern kann, — bis ca. 7 oder 8 Uhr Wind ist günstig —, wenn aber Nebel im Wasser liegt, beißen die Fische nicht, solange bis er sich verflüchtigt hat. Absolut ungünstig ist aber heißer Westwind bei klarem Himmel und weißen dicken Wolken an demselben. Die gefangenen Fische brillt man stromab in das bereits abgefischte Wasser.

Für die Grundangel im allgemeinen, unter Bedingungen, wie ich sie im vorhergehenden beschrieben habe, wird es sich empfehlen, statt des Wurmes eine Pfrille oder einen Koppen anzuködern, — an Rundhaken Nr. 1—$^1/_0$, an dessen Schenkel ein großes Schrot angeklemmt wurde. Man führt den Haken beim Maule ein durch die Leibeshöhle und seitlich durch die dicke Muskulatur heraus, das Maul schnürt man mit Zwirn oder dem Schrot an und stülpt eine Bleikappe darüber. Nun fischt man erst das Ufer und seine nächste Umgebung ab, die Köder bis zum Grunde senkend und in kurzen Rucken hebend und hin und her führend, — erst wenn hier kein Biß erfolgt, macht man weitere Würfe. Der Biß einer großen Forelle ist im allgemeinen unverkennbar, — ein oder zwei heftige Risse, denen sofort der Anhieb zu folgen hat, um den Fisch im Mundwinkel zu treffen, — allein ebensooft und gewöhnlich bei den schwersten Fischen glaubt man hängen geblieben zu sein, bis eine kräftige Gegenbewegung uns den Beweis gibt, daß unser Köder genommen wurde. Manchmal spucken die Forellen den Koppen aus, dann empfiehlt sich die Anköderung des „umgedrehten Koppens". Man schneidet einem großen Koppen den Kopf ab und stülpt, an der Wirbelsäule ziehend, das Fleisch von dieser abstreifend, den Koppen direkt um wie einen Handschuhfinger. Den so entstandenen Sack bindet man nun, das weiße Fleisch nach außen, über dem Schrotkorn fest, und führt die Hakenspitze durch die zähe Haut soweit, daß man die Spitze fühlt, sonst bringt sie beim Anhieb nicht durch. Eine kleine Bleikappe dient als Senker, auch eine kleinste durchbohrte Bleikugel. Diese dann 40 cm über dem Haken. Im übrigen fischt man wie eben beschrieben, unter Heben und Senken, nur noch langsamer und mit viel kürzeren Rucken. In Gewässern, wo neben der Forelle auch das Aitel vorkommt, wird man oft einen solchen Unhold miterbeuten.

Zu gewissen Zeiten macht der Fliegenfischer die Wahrnehmung, daß die Forellen unter Wasser raubend hin- und herschießen oder direkt auf dem Kopfe stehend den Boden absuchen, — und das ist für ihn ein unsympathisches Zeichen —, sie verschmähen seine Fliegen und jagen nach Nymphen, — in solchen Fällen kann er aber doch noch gute Beute machen, wenn er sich die Larven solcher Wasserinsekten verschaffen kann, besonders jene der Steinfliege — Creepes — und der Köcherfliege, und dann diese an der Grundangel seinen Fischen anbietet. Die Anköderung ist in Abb. 78 illustriert. Man fische stromauf, werfe stromauf und sei bemüht, sich so wenig wie möglich sehen zu lassen.

In gewissen Zeiten ist die „Tippfischerei" die „Methode der Wahl", — der manche schöne, alte Forelle zum Opfer fällt, die Kunstfliegen als ungenießbares und gefährliches Futter kennengelernt hat. Immerhin sei auch sie diesem Edelfische gegenüber immer nur eine Hilfe in der Not und nie Selbstzweck.

Die Äsche (Grayling. L'ombre).

Auffallend ist an diesem Fische, den seine Fettflosse als Salmoniden kennzeichnet, die große Rückenflosse in den Farben des Regenbogens und seine großen, silberweiß glänzenden Schuppen. Der langgestreckte, schlanke Leib zeigt unregelmäßige feine, schwarze Tupfen, die Schweifflosse ist gegabelt, der Kopf länglich und spitz. Der frischgefangene Fisch hat einen irisierenden goldigen Schimmer und einen Geruch, der an wilden Thymian erinnert. Ihre Verbreitungsgebiete sind die größeren Flüsse der Alpen, Mittel- und Vorgebirge; sie geht in manchen oft weit in die Barbenregion hinunter und erreicht hier eine respektable Größe. Ihre Laichzeit währt je nach der Höhenlage der Gewässer von März bis einschließlich Mai, ist aber meist Mitte April beendet und der Fisch bereits im Mai in guter Kondition.

Im Flusse steht sie gewöhnlich neben der stärksten Strömung, besonders im Auslaufe derselben und im Rücklaufe, — im Winter zieht sie sich in die tiefen, ruhigen Tümpel und Gumpen zurück.

Da sie in der Hauptsache von Luftnahrung lebt, ist sie ein begehrtes Objekt für den Flugfischer.

Für den Grundangler hat sie als Beuteobjekt im Winter besonderes Interesse, denn gerade dann fängt er die größten und fettesten Exemplare, und an dem feinen Zeug, das man für ihren Fang verwenden muß, liefern sie ihm oft erbitterte Kämpfe; ihr Drill erfordert Vorsicht und Geschick, denn sie wehren sich verzweifelt, unb nur zu häufig schneidet der Haken aus ihrem zarten, weichen Maule aus.

Im Sommer wird man mit der Grundangel nur Erfolg haben nach einem Hochwasser, wenn der Fluß fällt und sich zu klären beginnt. Im Winter dagegen hat man großartigen Sport an der Angel mit dem rinnenden Floß. Feinste, gut schwimmende Schnur, — ein winziger Schwimmer, ein kleines Schrot, ein Vorfach von gezogenem Gut 1× oder 2× und feindrähtige Haken Größe 10 oder 9 für Rotwurm oder Gelbschwanz — Nr. 12 für Maden.

Letzte sind ein unter allen Umständen sicherer Köder, nur eben im Winter nicht überall zu haben.

Das Floß stellt man einmal seicht, einmal tief, bis man den Stand der Äschen gefunden hat und beangelt den Tümpel vom Einlauf her nach der Sheffield-Methode. Wenn die Äschen nicht gleich zu beißen beginnen, dann ist noch nicht gesagt, daß sie an der beangelten Stelle nicht stehen; man muß eben Geduld haben und die Wassertiefe, in der sie momentan sind, ermitteln. Auch zu dieser Art Angeln empfiehlt sich eine längere leichte Gerte bis zu 4½ m Länge, und wenn man Watstiefeln benützt, kann man in größeren Gumpen dem jeweiligen Standorte der Äschen noch um ein beträchtliches näherkommen. Hauptsächlich hat man sein Augenmerk darauf zu richten, daß die Leine stets die nötige Spannung habe, — die Äsche beißt schnell, aber vorsichtig, und der Anhieb muß sofort beim leisesten Tauchen, eventuell nur Erzittern oder Stehenbleiben des Floßes erfolgen.

Ich habe die Wahrnehmung gemacht, daß auch große Äschen im Momente des Anhiebes ganz überrascht sind und fast keine Befreiungsversuche machen, — wenn man diesen Moment ausnützen kann, gelingt es oft, schwere Fische ohne Kampf ins Netz zu führen, andernfalls muß man einen harten Kampf ausfechten; trotz allem, was dagegen gesagt wird, geht mein Rat dahin, nicht zu nachgiebig zu sein, sonst erlebt man es nur zu oft, daß nach langem Drill die schon ermattete Äsche doch noch vom Haken loskommt, — man übe soviel Druck, als man kann, und trachte, sie so rasch wie möglich ins Netz zu bringen.

Im Sommer, wenn die Äschen launig sind und faul nach Fliegen steigen, wird man oft überraschende Erfolge mit der Tippangel haben, besonders mit großen Erlfliegen gegen Abend und Heupferdchen und Bremsen bei Tage.

Unter allen Bedingungen aber ist das Angeln auf Äschen mit der Floßangel ein Wintersport ersten Ranges, und wer die Gelegenheit ausnützen kann und einen guten, milden oder trüben Tag trifft, wird mit vollem Korbe heimkehren. Ich muß aber ganz entschieden der Behauptung widersprechen, daß die Winterfischerei eine Beschäftigung für Stümper sei, — wie man das vielfach zu hören und zu lesen bekommt —, einmal ist die Äsche im Winter genau so launenhaft wie im Sommer, — andrerseits ist das Angeln

mit so feinem Zeuge genau so kunstvoll und anregend wie mit irgendeiner anderen Methode, so daß der oben erwähnte Vorwurf tatsächlich unberechtigt erscheint.

Trotzdem betone ich aber nochmals ausdrücklichst, daß die Salmoniden unbedingt und in erster Reihe der kunstvollen Fischerei
mit der Fliege vorbehalten bleiben sollen, und nur in den hier eingehend besprochenen Sonderfällen Objekte der Grundangelei und
auch dann nur der mit den zulässig feinsten Geräten betriebenen
bilden mögen.

Ich glaube, das Kapitel über das Angeln auf Salmoniden
hiermit abschließen zu dürfen, um so mehr, als das Grundangeln
auf Regenbogenforellen, Bachsaiblinge usw. unter ganz gleichen
Bedingungen und Voraussetzungen und Geräten betrieben wird.
Der Fang von Renken und ähnlichen Fischen hat mehr oder minder
nur lokale Bedeutung und hat für den weitaus größten Teil der
Leser wohl nicht viel Interesse. Wer gerade die Gelegenheit hat,
darauf zu angeln, wird mit seinen Geräten mit einiger Anpassung
an lokale Besonderheiten auch für diese sein Auskommen finden.

Hechte und Barsche

Der Hecht (Pike).

Die meisten unserer Gewässer, sogar Flüsse und Seen der
Alpen, letztere sogar bis zu einer ganz beträchtlichen Höhenlage,
beherbergen den Hecht. — Während er in Salmonidenwassern
mehr oder weniger, wenn auch vielfach mit Unrecht und kritiklos,
als Schädling angesehen wird, ist er in den meisten anderen der
edelste Fisch, an dem Unverstand und Unkenntnis seiner Lebensbedingungen viel gesündigt haben und auch heute noch sündigen.
In den mehr oder minder kalten Seen der Alpen bewohnt er nur
das wärmere Wasser der Ufer — kaltes Wasser behagt ihm nicht,
ebensowenig die felsigen Steilufer der Alpenseen —, sein Heim
ist hier das flachere Ufer, wo reichlicher Bewuchs ihm Deckung und
Nahrung gewährleisten. Wie in der Schweizer Fischerei-Zeitung
Dr. Susbeck ganz richtig feststellt, ist er in solchen Seen ein bio-
logischer Faktor, da er das Gleichgewicht im Fischleben reguliert, indem er den Überhandnehmen der Barsche, welche viel
ärgere und gefährlichere Brutvertilger sind, steuert, weshalb er
sich in der Region der Koregonen und Saiblinge sowie der
Seeforelle nicht aufhält. In solchen Gewässern versieht er den
Dienst der Sanitätspolizei und verdiente aus diesem Grunde
mehr Schonung als die rücksichtslose Verfolgung, der er vielfach
ausgesetzt ist.

In den kalten Wässern der eigentlichen Forellenregion ist er
in Flüssen auch nicht zu finden, sein Vorkommen reicht hier höchstens
bis in die Äschenregion und auch nur dann, wenn das Wasser dort
wärmer geworden ist; allerdings ist er hier ein Schädling, dessen

Bestand man nicht überhand nehmen lassen darf. Aber auch hier und in der Übergangszone zur Barbenregion muß der Fang des Hechtes mit einiger Beschränkung geschehen, denn er ist es, der hier dem Überhandnehmen der Döbel einen Riegel vorsetzt.

Richtig zuhause wird er erst in der Barbenregion, auch in solchen Gewässern, wo schon der Huchen vorkommt, aber nur, wenn er da günstige Lebensbedingungen findet, d. h. ruhige Ausstände und Altwässer, in denen sich das Wasser mehr erwärmt als im Hauptflusse, dessen schwere Strömung ihm ganz und gar nicht behagt.

Sein wahres Lebenselement ist das warme Wasser der großen Bäche, der Flüsse und Seen der Ebene und des Vorlandes. Dort, wo das Wasser nicht mehr wild und tosend in Fällen und Wirbeln sich zu Tale wälzt, — donnernd gegen Felswände schlägt und sich an den großen Gesteinsbrocken im Flußbette bricht —, sondern mehr geruhsam daherströmt, breite Buchten bildend, wo Schilf und Seerosen üppig gedeihen und breite, tiefe Grasbetten den Boden des Flusses bedecken, — wo Schwärme von Lauben und Rotaugen ihr Spiel in der Sonne treiben und das Wasserhuhn durch das Schilf schreitet oder wo ein See seine schilfumgürtete Fläche spiegelt. Dort sonnt sich der alte Räuber gern, den breiten, grauen Rücken halb von einem Seerosenblatt verdeckt. Manchmal ist seine Farbe auch graugrün mit grauen Marmorierungen; ganz ans Ende des Rückens verschoben trägt er eine kleine Rückenflosse. Seine Flossen sind rötlichgelb, oft schwärzlich gefleckt. Der mächtige Schädel läuft in eine entenschnabelartig flache Schnauze aus, heimtückisch funkeln die kleinen, schief gestellten Augen und mächtige Hundszähne bewehren Ober- und Unterkiefer.

In solchen Gewässern, bei reichlicher Nahrung, wächst der Hecht schnell und erreicht hohe Gewichte. Leider hat rücksichtslose Verfolgung und Verkennung seines wirtschaftlichen Wertes die großen Exemplare vielfach stark dezimiert, und viele ideale Hechtwässer gibt es heutzutage, die kaum einen einzigen guten Hecht beherbergen. Es ist noch ein Glück zu nennen, daß er sich sehr reichlich vermehrt. Seine Laichzeit fällt in die Monate Februar, März und April, je nach der Lage seines Wassers.

Im Mai ist er von den Anstrengungen des Laichgeschäftes schon ziemlich erholt und geht auch ganz gut gegen Ende des Monats an die Angel. Die richtige Saison beginnt jedoch im August und wird immer besser, je mehr das Kraut abstirbt, um im Oktober-November den Höhepunkt zu erreichen. Das soll aber nicht heißen, daß man in den späteren Monaten keinen Hecht mehr erbeuten könnte, — vielleicht besser als in den vorhergehenden, doch spielt das Wetter, besonders die Eisverhältnisse, eine bestimmende Rolle, ebenso wie die individuelle Neigung und Widerstandsfähigkeit des Anglers selbst gegen Kälte und widriges Wetter.

Gerade die Herbst- und Wintermonate sind die Erntezeit für den Angler, der die Fischchenangel zu führen weiß, — sei es die Schnappangel mit Floß, sei es die kunstvolle Paternosterangel,

9*

solange das Gewässer eisfrei bleibt. Man stellt zwar dem Hechte auch unter dem Eise mit der Angel nach, jedoch sind die hierbei verwendeten Methoden nicht als kunstgerecht anzusehen, zum wenigsten halten sie keinen Vergleich aus mit der kunstvollen Führung von Gerte und Leine, außerdem fällt der Hauptreiz des sportlichen Angelns — der aufregende Drill — bei ihnen weg, so daß ich mir ihre Beschreibung erübrigen darf und den Raum hierfür lieber den höher stehenden Angelmethoden zuwende.

Die Spinnangelei auf Hechte ist ein Kapitel für sich. Uns interessiert hier nur der Fang mit der Floßangel und dem Bodenblei bzw. der Paternosterangel. Mit Ausnahme jener total vertrauteten Gewässer, welche überhaupt nur mit der Schluckangel und totem Köder zu befischen sind, solange das Kraut steht, ist die Floßangel in jedem anderen Wasser, gleichviel ob fließend oder stehend, anwendbar, und ganz besonders dort und zu jenen Zeiten, wenn der Hecht für die Spinnangel schon zu tief steht oder in solchen Wässern, deren Tiefe die Verwendung der Spinnangel von Hause aus ausschließt, in denen aber gerade zumeist die allerschwersten Fische stehen.

Die Angelei mit der Floßangel ist ebenso reizvoll wie die Spinnfischerei, — wenigstens an fließenden Gewässern, und wird sowohl mit der Schnappangel wie mit der Schluckangel betrieben.

Ich gebe im folgenden die Beschreibung der letzteren, der Vollständigkeit halber, nicht um ihre Verwendung als sportliches Gerät zu preisen, denn in meinen Augen ist die Schluckangel mit dem lebenden Köder eine Beschäftigung für denkfaule Menschen oder jene, welche die Führung eines lebenden Köders nie erlernen können oder wollen, oder aber für jene, die rücksichtslos jeden Fisch erbeuten wollen. Das Wesen der Schluckangel ist, wie ihr Name sagt, darin gelegen, daß der Raubfisch den Köder vollständig schluckt, so daß der Haken statt im Maule in den Eingeweiden faßt. Es ist einleuchtend, daß ein solcher Fisch absolut keine Chance hat, sich wieder in Freiheit zu setzen, außer der einzigen, daß das Zeug abreißt.

Zum Schluckangeln mit lebendem Köder benützt man eigene, flach gehaltene Doppelhaken (Abb. 88), an Gimp, Galvans oder Punjabbraht befestigt, welche dem Köderfisch mittels einer Ködernadel von der Brustflosse bis zum Ansatz der Rückenflosse unter der Haut hindurchgeführt werden (Abb. 89). Das Vorfach ist ca. 60 cm lang, aus Gimp oder Draht, mit einem Einhängewirbel unten und oben. Der Senker ist beiläufig in der Hälfte des Vorfaches angebracht, — am besten ein kleines olivenförmiges Blei —, so daß er ungefähr 50 cm vom Köder entfernt sei. Das Floß wird auf $^2/_3$ bis $^3/_4$ der zu befischenden Wassertiefe gestellt. Oftmals werden oberhalb desselben 2—4 Notflosse, sog. Piloten angebracht, welche die Schnur schwimmend erhalten sollen. Man verwendet gerne größere Köderfische, wie handlange Plötzen, Hasel oder Aitel, auch Barsche. Der beißende Fisch zieht mit dem Floße in die Tiefe, man wartet fünf Minuten und setzt dann den Anhieb, nachdem man vorher die Schnur durch Aufrollen gespannt hat. Der in den Eingeweiden gehakte Fisch ist so gut wie wehrlos und kann ohne nennenswerten Kampf gelandet werden, — selbstredend ist auch jeder armselige Schneider oder untermäßige Fisch seinem Schicksal rettungslos verfallen, denn ein Rückversetzen ist ausgeschlossen.

Darum soll kein gerechter Angler diese Art Fischerei in sein Programm aufnehmen.

Der Gebrauch der Schnappangel setzt dafür eine Menge anglerischer Kenntnisse und Fähigkeiten voraus. Vor allem einmal eine ziemliche Beherrschung der Wurftechnik, Ruhe und kaltes Blut beim Drill und beim Landen und — was dieses Angeln besonders reizend macht — ein entsprechendes Maß von Beweglichkeit, denn mit der Schnappangel muß man den Fisch suchen, im fließenden Wasser unbedingt.

Zum Schnappangeln, ebenso zur Paternosterfischerei genügt im allgemeinen eine leichte, nicht zu steife Spinngerte von gewöhn-

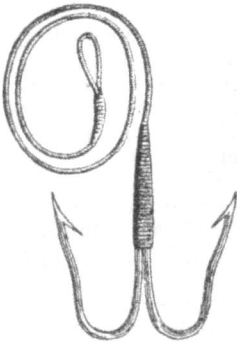

Abb. 88.

Abb. 89.

licher Länge, — d. i. 3—3½ m. Wenn man vom Boote aus angelt, kann man mit einer kürzeren auskommen. Wer hingegen nur vom Ufer aus angeln kann und große Ströme oder Flüsse zu befischen hat oder aber Gewässer mit stärkerem Uferbewuchs, wird sich vorteilhafter mit einer längeren Gerte, etwa 5—6 m lang, ausrüsten. Unsere Industrie muß und wird imstande sein, solche in erster Qualität in einem handlichen Gewichte herzustellen. Kombinationen von Whole cane bzw. dem leichteren Pfefferrohre mit einer greenheart oder gespließten Spitze sind hierfür hervorragend geeignet, allererstklassiges Material vorausgesetzt. Leit- und Endringe aus Achat oder Porzellan sind sehr empfehlenswert. Die Schnurlaufringe seien aber möglichst weit, die engsten seien nicht unter 12 mm im Durchmesser. Brückenringe sind allen anderen unbedingt vorzuziehen, da sie die Möglichkeit einer Umschlingung mit der Schnur und deren üble Folgen nahezu sicher ausschließen. Die Rolle steht vor der Hand, ich bin aber bei diesen Gerten erst recht für die beliebig stellbaren Rollenhaltringe und den parallelen Handgriff.

Die käuflichen fertigen Schnappangelzeuge sind meist durchwegs unmögliche Phantasiegebilde, darauf berechnet, unwissende Kunden zu fangen, aber keinen Hecht. Vor allem ist schon das Floß meist eine Monstrosität. Für unsere Zwecke genügt vollständig ein 15—20 cm langes, dünnes Korkfloß oder ein kleines, höchstens mittelgroßes Nottingham=Gleitfloß. — Ersteres ist mir persönlich das liebere —, grau oder grün gestrichen, mit rotem bzw. weißem Kopfe.

Die Schnur sei fein, dünn und von ca. 12—17 lbs. Tragfähig= keit, nicht imprägniert (dressed), aber dafür gut gefettet; das Fetten soll man womöglich unter dem Angeln wiederholen, wenn die Schnur Neigung zeigt, Wasser anzusaugen. Man nehme ruhig 100 m Schnur auf die Rolle, denn dünne Schnüre verbrauchen sich am unteren Ende ziemlich rasch, wenn sie stark im Gebrauch sind.

Als Rolle ist eine 3½—4 Zoll leichtlaufende, im Nottingham= system mit ausschaltbarer Knarre und kräftiger Hemmung zu emp= fehlen. Es gibt Autoren, die hemmungslose Rollen empfehlen. Ich gestehe, daß ich dem nicht zustimmen kann, denn nur zu leicht überläuft eine solche Rolle beim Angeln selbst oder beim Drill, und die Folgen davon sind dann unberechenbar, meist endet so ein Zwischenfall mit dem Verlust des Fisches oder eines Teiles des Angelzeuges dazu. Alte Angler haben früher ohne Rolle geangelt, — die Schnur ist dabei auf ein Windebrettchen aufgeschlagen —, aber das hat sich überlebt und bei unseren heutigen gut durchkon= struierten Rollen haben wir einen derartigen Primitivismus nicht mehr nötig, der ja doch letzten Endes nur in der Mangelhaftigkeit der damaligen Rollen begründet war, die vielfach den Verzicht auf ihre Verwendung gerechtfertigt erscheinen ließ.

An die Rollschnur kommt ein kleiner Einhängewirbel, Nr. 7 genügt, in diesen wird ein ¾—1 m langes Vorfach, das am Ende einen ebenso großen Einhängewirbel trägt, eingeführt und in let= teren der Vorschlag mit dem Haken. Das Vorfach kann aus Punjab= draht bestehen, — notwendig ist es nicht —, ich ziehe eines aus starkem Gut von der Stärke Marana I oder II vor. In letzterer Zeit verwendete ich nur noch Silkcastgut der starken Nummern, eventuell grün gefärbt. Das letztere hat vor dem Gut den großen Vorteil, aus einem Stück zu bestehen, ohne die immer leicht reißen= den Knoten, und den weiteren, vielmals billiger zu sein. Ein schad= haftes oder nicht mehr vertrauenswürdiges Stück kann selbst am Wasser in ein paar Minuten durch ein neues ersetzt werden. Silkcast ist auch viel billiger als Punjabdraht, der trotz der gegenteiligen Versicherungen sich bei starkem Zuge rollt und ringelt und trotz allem doch abgeknickt werden kann, — man muß ihn, dem Gebote der Vorsicht folgend, ebensooft ersetzen wie das billige Silkcastgut.— Heute aber würde ich nur noch die unendlich fein gesponnenen Stahldrahtvorfächer und Vorschläge verwenden, seien es die selbst gesponnenen, von denen 2 Faden oder höchstens 3 Drähte von 0,12 mm Durchmesser genügen, — seien es die so schmiegsamen Längen der „Stahlseide“, welcher ich schon bei Besprechung des Vorfaches gedachte, die so unendlich fein und haltbar sind.

Am Vorfach bringen wir den Senker an; eine kleine Olive oder eines der „Archer“schen Eindrehbleie, — ein solcher im Ge= wicht von 10 g wird fast allen Verhältnissen entsprechen —, nur in stärkerer Strömung nehme man einen schwereren — und auch da

dürfte einer von 15 g ausreichen. Man vergesse nie, daß der Köder=
fisch das Gewicht von Senker und Vorfach, eventuell einige Meter
Schnur zu tragen hat, wenn er im Wasser spielt. — Je leichter alle
diese Dinge sind, desto länger lebt das Fischchen und um so lebhafter
bleiben seine Bewegungen, welche ja den Raubfisch zum Anbisse
verleiten sollen.

Der Senker sei 50—60 cm vom Köderfisch entfernt.

Dieser selbst wird auf mannigfache Art am Haken befestigt.
Es gibt eine ganze Menge von Systemen, mit Drillingen und Doppel=
haken, von denen die Systeme von Jardine und Bicker=
dyke die bekanntesten sind (Abb. 90 u. 91). Alle aber
— auch die vorgenannten — verletzen das Köderfischchen
mehr oder weniger oftmals und stark. Trotz einigen ver=

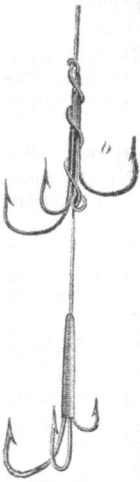
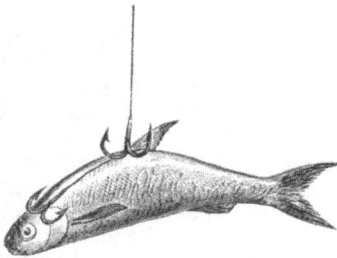

führerischen Eigenschaften bin ich
aber immer und immer wieder zu
der altbewährten Anköderung am
Einhaken zurückgekehrt und — wie
ich glaube — meine Erfolge damit
stehen hinter den mit anderen er=
zielten nicht zurück. In klarem
Wasser aber sind sie im Vergleich

Abb. 90a.   Abb. 90b.   Abb. 91a.   Abb. 91b.

zu den mit Vielhakensystemen erzielten überlegen. Beim Ein=
hakensystem verwendet man einen einfachen Sneckbendhaken
mit nicht zu langem Schafte, aber breitem Bogen oder den
für Huchen empfohlenen Farlowschen=Haken, beide in der Größe
$^1/_0$ oder $^2/_0$. Diese sind zum gedachten Zweck die besten, da sie
dem Fischchen das ungestörte Atmen gestatten; weniger gut sind
die Rundhaken oder Limericks.

Früher befestigte man diese Haken am Gimp oder Galvano=
draht, ich bin davon längst abgekommen. Beides ist ein plumpes,
sichtliches und unzuverlässiges Material. Gut von der Stärke
Marana II tut es vollauf, wenn man weiß, worauf es ankommt,
d. h. den Haken so zu plazieren, daß er im Mundwinkel des Hechtes
sitzt, dann kann dem Gut nichts passieren, schon gar nicht, wenn

man die Vorsicht gebraucht, in der von mir angegebenen Weise das Gut durch Verdoppelung auf 3—4 cm über dem Haken zu verstärken. Übrigens kann auch der größte Hecht einen Gutfaden nicht zerbeißen, er kann ihn nur bei längerem Zerren an seinen Zähnen durchscheuern, eventuell kann man bei brüskem Anhieb das Gut an einem Zahne abprellen, — aber, wie gesagt, wenn der Anhieb richtig und rechtzeitig gesetzt wird, gleitet das Gut durch die Zähne, ohne Schaden zu nehmen, und der Haken allein sitzt zwischen ihnen im Mundwinkel.

In der allerletzten Zeit verwende ich nur ganz feinen Punjab= draht, der allerdings weich und schmiegsam sein muß wie Gut. — Es gibt auch solchen, der starr und steif ist, dieser ist nicht zu gebrauchen, — und Ohrhaken. Der Draht wird einfach eingeschlauft und an= gedreht, was man auch am Wasser in wenigen Augenblicken machen kann. Am oberen Ende wird eine Öse gedreht. Das Ganze ist 12—15 cm lang und entspricht den weitestgehenden Anforderungen an Unsichtlichkeit, Stärke und Sicherheit gegen Bruch und üble Zu= fälle. Wie schon erwähnt, würde ich heute nur die feinen Stahlfäden= vorfächer benützen.

Ich gewinne dadurch auch noch eine Entlastung meines Ge= päckes. Eine Rolle von 5 m Stahlseide, ein paar Wirbel, ein paar Haken verschiedener Größe, das ist alles und findet Platz in einem Fache der Brieftasche.

Der Köderfisch wird einfach durch beide Lippen hindurch an den Haken befestigt, man trachte nur beim Einführen des Hakens gut in der Mittellinie zu bleiben, und die Anköderung ist beendet (Fig. der Lippenköderung). Die Vorteile dieser Köderung sind folgende: erstens wird der Köderfisch fast gar nicht verletzt und bleibt sehr lange gebrauchsfähig, zweitens hat er volle Bewegungsfreiheit nach allen Richtungen, was für den Raubfisch äußerst anreizend ist, und drittens, wenn ich ihn gegen den Strom einhole oder führe, staut sich das Wasser nicht an ihm, im Gegenteil, er schwimmt in ganz natürlicher Weise zu mir heran, ohne eine verdächtig auf= fällige Bewegung, wie sie alle am Rücken und vom Angler weg geköderten Fischchen haben.

Das Floß stellt man je nach den Strömungsverhältnissen und der Tiefe seichter oder tiefer, je weiter vor im Jahre, desto tiefer, immer aber denke man daran, daß gerade die großen und größten Fische ganz in der Tiefe stehen und man sie deshalb auch zuerst dort zu suchen hat. Andrerseits: wenn der Köderfisch bei voller Kraft bleibt, wird er das ganze Wasser durchflüchten, um so besser, je leichter sodann Vorfach und Senker sind; er wird sogar in recht oberflächliche Wasserschichten heraufkommen und sich so dem höher stehenden Fische zu Gesicht bringen.

Nie aber lasse man es außer acht, daß das Leben und die Beweglichkeit des angeköderten Fischchens durch nichts mehr ge= schädigt wird als durch zu häufige, weite und harte Würfe. Man vermeide daher solche nach Möglichkeit und trachte den Fisch solange im Wasser spielen zu lassen, als nur angängig. Das Anködern an sich schädigt schon manche, namentlich zarte Fische, wie z. B. die Lauben, und es wäre verfehlt, mit einem solchen Fische sofort einen Wurf zu machen, ohne ihn vorher einige Minuten ins Wasser gesetzt zu haben, bis er sich erholt hat; im anderen Falle ist der Fisch infolge des Wurfes, wenn schon nicht getötet, so doch schwer betäubt.

Wo nur angängig, suche man den Köderfisch ohne besonderen Weitwurf in die Strömung zu führen und dieser dann das Weiterbringen zu überlassen, was eben die im vorigen empfohlene lange Angelrute besser gestattet als eine kurze. In gleichmäßig rinnendem Wasser läßt man Schnur ablaufen, 15—20 m, ja auch 50 m und mehr. Diese muß gut gefettet sein und schwimmen, denn auch das trägt dazu bei, den Köder lange aktionsfähig zu halten; eine schwimmende Schnur belästigt ihn nicht, wohl aber eine schwere, voll Wasser gesogene, deren Gewicht ihn hindert, sich frei zu bewegen, ihn ermüdet und endlich tötet. Auch der beißende Fisch nimmt die Angel vertrauter, wenn er kein besonderes Gewicht zu schleppen hat, besonders wenn er nach dem Anbiß stromauf geht.

Bei dieser Gelegenheit drängt sich die Frage auf: Wieviel Schnur soll man jeweils ausrinnen lassen? Auf Meter genau läßt sich das nicht beantworten, aber jedenfalls ist das eine sicher: Je mehr, desto besser. Schier bei keinem anderen Fische gilt das Gesetz vom „fine and far off" mehr als beim Hechte und vielleicht ebenso beim Zander. Und in dieser Hinsicht ist die Floßangel der Spinnangel weit überlegen. Ein Wurf auf 30 oder mehr Meter mit der Spinnangel ist, abgesehen von dem nicht immer vorhandenen Können, einen so weiten Wurf zu machen, angeltechnisch ein Unsinn, weil auf solche Distanzen der Anhieb nicht zur Wirkung kommen kann. Angle ich dagegen mit Floß und lebendem Köder, so macht es nichts aus, wenn ich auch 70 und mehr Meter Leine draußen habe, weil der Hecht eben Zeit genug hat, den Köder so in den Rachen zu nehmen, daß ich ihm den Haken sicher einrennen kann. Allerdings muß auf solche Distanzen der Anhieb mit einem besonderen Schwung durchgeführt werden. Denn man hat zu bedenken, daß die Elastizität und das Gewicht der ausgegebenen Leine überwunden werden müssen.

Besonders in großen Flüssen mit Ufereinbauten, Buhnen, Köpfen u. dgl. kann man beobachten, daß die Fische häufig im Strome am Kopfe der Buhne stehen, statt in derselben, und wenn man ihnen da beikommen will, muß man eben von der oberen Buhne ihnen den Köder zurinnen lassen, und das ist oft eine stattliche Anzahl von Metern, 50, 70, ja auch 100.

Man wird vielleicht einwenden: Auf solche Distanzen habe ich kein Urteil über die Beschaffenheit des Grundes, die Tiefenverhältnisse usw., riskiere eine Menge Hänger und den Verlust von viel Material.

Diese Einwendung ist richtig, aber — erstens: alle diese Möglichkeiten riskiere ich auch bei einer Distanz von nur 10 m, besonders in einem Wasser, das ich nicht genau kenne. Zweitens: das Risiko, eventuell einmal eine Länge von sagen wir 50 m Schnur samt Schwimmer und Vorfach zu verlieren, wird reichlich aufgewogen durch die viel größere Wahrscheinlichkeit, einen kapitalen Fisch zu erbeuten.

Wer es nicht übers Herz bringt, dieser Chance auch gelegentlich mal ein Opfer zu bringen, dem kann man eben nur den Rat geben, es einfach bleiben zu lassen und auf einen guten Fang zu verzichten.

Wenn es angängig ist, geht man am Ufer mit, verhält hie und da das Floß und hebt den Köderfisch durch Anziehen zur Oberfläche, läßt ihn wieder versinken, dirigiert ihn gegen das Ufer, führt ihn eventuell eine Strecke weit entlang demselben zu sich herauf, besonders wenn sich da irgendwelche Unterstände, wie Steine, Baumstrünke, hohle Ufer usw., befinden, in denen ein Hecht stehen könnte, dann läßt man den Fisch wieder mit dem Strome hinaustreiben. Widerläufe, Wirbel und Gumpen fische man besonders vorsichtig und sorgfältig ab, immer Schnur einholend, wenn der Strom das Floß zurückbringt.

Es ist von großer Wichtigkeit, sich zu merken, daß das Einholen der Schnur nicht wie beim Spinnen durch Einrollen, sondern durch Einziehen in Klängen erfolgen soll. Die Erklärung hierfür liegt darin, daß ein kleiner, noch dazu durch beide Lippen geköderter Fisch beim Einrollen einfach ersticken würde. Der jeweilige Zug betrage ca. 1 m, danach macht man eine längere Pause, sowohl, damit der Köderfisch wieder Atem schöpfe, als auch deshalb, damit er am neuen Platze eine Zeit verweile und der Raubfisch Zeit zum bequemen Angriff gewinne, ebenso, damit jeder Quadratmeter Wasser gründlich durchgefischt werde. Während dieser Pause bringt man das eingezogene Stück Schnur auf die Rolle. Es ist sehr wichtig, bis zum letzten Meter vor seinen Füßen der Führung größte Aufmerksamkeit zu schenken; in vielen Fällen läuft der Hecht dem Köderfisch nach, um erst im allerletzten Moment zuzugreifen. Wer das vergißt und haftig unrichtige Bewegungen ausführt, wird sich manchen Hecht vergrämen, der ihm sonst sicher zur Beute gefallen wäre.

Der beißende Hecht zieht mit dem Floß zur Tiefe ab; man lasse ihn abziehen und hüte sich, ihn zu verhalten! Gewöhnlich bleibt er früher oder später stehen, um den Fisch im Maule umzudrehen und zu schlucken. Man rollt dann vorsichtig ein, bis man Fühlung mit dem Fische hat, und kann versuchen, leicht anzuziehen. Das veranlaßt den Hecht, wenn er den Schluckakt noch nicht begonnen hat, diesen zu beschleunigen und den Köderfisch gegen den Schlund zu drücken; in diesem Zeitpunkt — durchschnittlich ½ Minute nach dem Stehenbleiben — ist der Anhieb zu setzen, nicht brüsk und gewaltsam, wohl aber zügig, was den Haken in den Mundwinkel treibt.

Man darf nicht vergessen daß der Hecht den Fisch quer ergreift, über die Leibesmitte, so daß der Haken außerhalb seines

Maules liegt. Wollte man daher anhauen, wenn der Hecht das Floß unter Wasser zieht oder wenn er stehenbleibt, so würde man dem Köderfisch den Haken aus den Lippen reißen und der Anhieb würde ins Leere gehen.

Angelt man mit einer Hakenflucht nach Jardine oder Bicker-dyke oder mit dem Lippenhakensystem und einem Drilling, so kann man den Anhieb sofort setzen, wenn das Floß verschwunden ist und man die Schnur gestrafft hat.

Unter keiner Bedingung aber haue man je mit schlaffer Schnur an, ohne mit dem Hechte Fühlung zu haben. Das hätte den sicheren Verlust des Fisches zur Folge, sei es, daß der Hecht den Köder im letzten Moment ausspeit, sei es, daß die Haken zwar irgendwo fassen, aber nicht eindringen und dann während des Drills ausreißen oder vom Hechte herausgeschüttelt werden.

In Gewässern mit stark wechselnden Tiefenverhältnissen oder an Stellen mit Tiefen über 4—5 m wird man sich mit Vorteil der Paternosterangel bedienen. Bei Verwendung des von mir angegebenen „Bosporus"-Paternosters braucht man nur das Floß abzunehmen und jenes einfach ins Vorfach einzuhängen, ohne irgendeinen anderen Wechsel am Geräte, und kann so jede geeignete oder einladende Stelle auf diese Weise befischen.

Zur Paternosterfischerei als solcher verwendet man in strö-mendem Wasser gerne ein Vorfach aus Draht, in dessen untere Öse der Haken eingezogen wird. Das Blei hängt an einem dünnen Gut von 40—50 cm Länge, — man kann dazu alte ausrangierte Längen ganz gut verwenden, denn im Falle eines unlösbaren Hängers soll es eben abreißen, so daß man nur das Blei verliert. Das Drahtvorfach sei 1½—3 m lang.

Diese Art Vorfach hat aber einen unangenehmen Nachteil: der Köder verschlingt sich vielfach gerne beim Wurfe in das das Blei tragende Gut, ebensooft durch seine eigenen Bewegungen im Wasser. Diesem Nachteile begegnet man durch Anbringung eines 10—15 cm langen rotierenden Armes, sei es, daß man den-selben auf eine durchbohrte Perle aufmontiert, sei es, daß man ihn nach Art der zur Meeresfischerei oder Schleppangel verwendeten „Booms" in einem Wirbel anbringt. Die Montierung an einer rotierenden Perle oder Walze ist unsichtlicher. Seit ich die Vor-züge meines Bosporus-Paternosters voll kennengelernt habe, ver-wende ich spezielle Paternoster-Vorfächer überhaupt nicht mehr, weil das Bosporus-Paternoster alle Vorzüge in sich vereint: Unsichtlich-keit, Kompendiosität, und vor allem, weil es den geraden Zug beim Anhieb, den „straight pull", wie die Engländer es bezeichnen, und auf welchen mit vollem Rechte soviel Gewicht gelegt wird, hemmungs-los ermöglicht. Auch bin ich von dem steiferen Messingdraht ab-gekommen und verwende seit letzter Zeit das vollständig ausreichende Silkcastgut oder gesponnenen Stahldraht bzw. Stahlseide.

Die Paternosterangel hat den Zweck, dem in der Tiefe stehenden oder ruhenden Fische den Köder ebendaselbst direkt vorzuführen,

eignet sich demzufolge hauptsächlich für jene Stellen, wo das Flußbett tiefe Löcher besitzt, oder für die Befischung langgestreckter, tiefer
Gumpen und Wirbel, Orte, an denen erfahrungsgemäß große oder,
besser gesagt, die größten Fische stehen, und für jene Stellen, an
denen man auch die Floßangel nicht gut verwenden kann, wie z. B.
zwischen versunkenen Bäumen und Wurzelstöcken, großen Fels-
stücken u. dgl. Auch Mühlgerinne, Wehrdurchlässe und Turbinen-
ausläufe sind Plätze, an denen die Paternosterangel mit größtem
Vorteil anzuwenden ist.

Man fischt zunächst die nähere Umgebung des Ufers ab, immer
Fühlung mit dem Boden behaltend, läßt man den Köder immer
einige Zeit an seiner Stelle spielen und geht dann um ein kleines
Stückchen weiter, nach rechts, nach links, stromauf und stromab,
bis man den ganzen Platz gründlich befischt hat. Dann macht man
weitere Würfe, — quer über's Wasser, stromauf oder stromab. Die
Wurfweite beim Paternosterangeln dieser Art ist vom Ufer aus
ziemlich begrenzt; sobald der Winkel, den Schnur und Flußbett
bilden, kleiner als 45° wird, liegt der Köder direkt am Boden, wo
er sich leicht verkriechen oder verhängen kann. Je kürzer die Angelrute, desto kürzer ist ganz naturgemäß der Aktionsradius, außer
man fischt von einem Boote aus. Zum Angeln vom Ufer aus ist
daher die vorerwähnte lange Gerte entschieden vorteilhafter.

Auch die Wahl des Köderfisches ist nicht ohne Bedeutung, vor-
ausgesetzt, daß man eine Wahl hat. Unbedingt vorzuziehen sind
Fische des Mittelwassers oder der Oberfläche, also vor allem Lauben,
Hasel, Strömer und Schneider, ferner kleine Plötzen und Aitel.
Koppen und Gründlinge, besonders die großen, haben zu viel
Neigung, zu Boden zu gehen und sich hier zu verbergen.

Die beste Köderung ist die durch die Lippen, weil für den Fisch
am schonendsten, mit dem einfachen Einhaken. Da man öftere
Würfe machen muß wie bei der Floßangel, werden die Köderfische
viel früher verbraucht als bei dieser.

Die für die Schnappangel verwendeten Systeme, besonders
das von Bickerdyke verbesserte Jardinesystem sowie das Lipphaken-
system mit einem Drilling, finden auch beim Paternoster Anwendung, wenn man die Absicht hat, sofort beim Anbisse anzuhauen.
So vorteilhaft dies einerseits erscheinen und gegebenenfalls vielleicht auch sein mag, so ist andrerseits nicht zu leugnen, daß die
Köderfische viel mehr verletzt werden, namentlich durch die Bickerdyke-
Jardine-Flucht, man in verkrautetem Wasser viel leichter und öfter
Hänger hat infolge der vielen freistehenden Hakenspitzen, und schließlich und endlich der Köderfisch viel mehr in seiner freien Bewegung
gehemmt ist und man viel mehr von ihnen verbraucht als bei der
einfachen Lippenköderung.

Auch ist es eine Erfahrungstatsache, daß die großen Fische in
der sicheren Tiefe den unauffällig bewehrten Köder viel energischer
nehmen und rascher schlucken wollen.

Der Anbiß verläuft ebenso wie bei der Floßangel, der Raub=
fisch zieht mit dem Köderfisch mehr oder weniger weit ab und der
Anhieb folgt nach Spannung der Schnur und Fühlungnahme mit
dem Fische beiläufig nach ½ Minute; beim Gebrauch von Drillings=
systemen natürlich sofort.

Wie schon erwähnt, hat die Paternosterangel den Nachteil,
daß bei weiten Würfen der Köder nicht mehr an der senkrecht herab=
hängenden Schnur im Wasser schwebt, sondern auf den Boden
zu liegen kommt. Diesen Übelstand kann man teilweise beheben,
indem man an der Rollschnur ein kleines, gleitendes Pilotenfloß
anbringt, etwa von der Größe eines Kiebitzeies, das nach dem Ein=

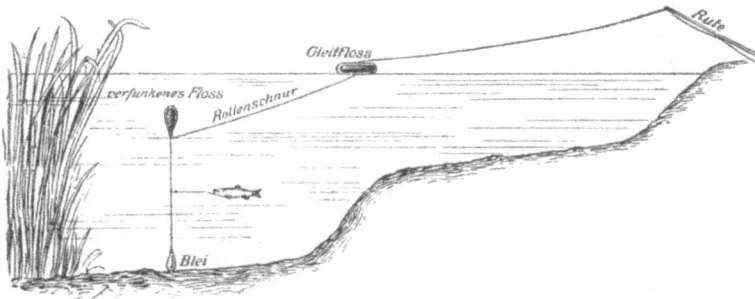

Abb. 92.

wurf an der Schnur zur Oberfläche emporgleitet und so die senk=
rechte Spannung der Schnur bewirkt. In ruhigem Wasser kann
man sogar zeitweise die Angel auf diese Weise auslegen, wenn man
sich ausruhen oder sonst etwas anderes tun will. Das Floß zeigt
dann durch seine Bewegungen auch den etwa erfolgten Anbiß an.
Der Aktionsbereich des Gerätes wird zwar dadurch ziemlich erweitert,
aber auch nicht ausreichend, wenn es sich um eine größere Wasser=
fläche handelt. Diese Umstände brachten den englischen Angler
Mr. Nolt dazu, eine Paternosterangel zu konstruieren, die es er=
laubt, das Wasser im weitesten Umkreis abzufischen, ohne die vor=
erwähnten Mängel des gewöhnlichen Paternosters in Kauf nehmen
zu müssen. (Abb. 92.)

Sein Angelgerät besteht aus folgenden Bestandteilen: einem
Vorfache von 1¼ m Länge aus feinem Punjabdraht in 2 Teilen,
einem ¾ m langen mit je einem Einhängwirbel an den Enden.
In diesen wird der kürzere, ½ m lange Teil eingehängt, der am
Ende auch einen Einhängewirbel trägt, in welchem das Blei mit
einem längeren oder kürzeren Ende Gut oder eventuell mit einem
Seidenfaden eingehängt wird, welche bei einem Hänger mühelos
abreißen.

In die Öse des obersten Wirbels wird die Rollenschnur ein=
geknüpft, in den Einhänger ein birnförmiges Floß einge=
führt. Ein flaches, schwarz gefärbtes Floß gleitet an der Roll=
schnur und wird gegen das eventuelle Verklemmen am Knoten
bzw. Wirbel des Vorfaches dort mittels einer Umwicklung oder
Einbindung eines Gummifadens gesichert. Das birnförmige Floß
muß soviel Auftrieb haben, um das Vorfach stets senkrecht ge=
spannt zu erhalten, das Blei dafür so schwer sein, daß es das
Floß unten hält.

Der längere Teil des Vorfaches läuft durch eine kleine
Walze aus Bein, an welcher der Arm angelenkt ist und der
Haken angeschlauft wird. Die jeweilige Stellung der Walze
wird durch je zwei ober= und unterhalb angeklemmte Schrot=
körner fixiert bzw. geändert, je nachdem der Köder tiefer oder
höher arbeiten soll.

Man wirft nun ein, wie gewöhnlich, näher oder weiter, wie
es die Situation erfordert. Das Blei sinkt zu Boden, das birn=
förmige Floß hält das Vorfach in senkrechter Lage, das scheiben=
förmige Gleitfloß dagegen rutscht bis zur Oberfläche und hält hier
die im Wasser befindliche Schnur in Spannung, so daß sie weder
von der Strömung vertragen werden kann, noch durch ihre
Schwere den unteren Teil der Angel irritiert. Der Köderfisch
läuft um das Vorfach herum, ohne sich aber infolge des Armes
mit demselben verschlingen zu können. Der Anbiß wird durch das
Gleitfloß angezeigt.

Man fischt wie mit der gewöhnlichen Paternosterangel, immer
den Ort des Köders wechselnd, bis man das ganze Wasser abge=
sucht hat.

Ich habe mit diesem Geräte viel geangelt und habe es zur Be=
fischung großer Altwässer und Flüsse unvergleichlich verwendbar
gefunden, weil es erlaubt, dem Standplatze der Fische auch dort
beizukommen, wo die gebräuchlichen Methoden nicht ausreichen,
d. h. es erlaubt eben auch den Weitwurf. So hat es mir auf der
oberen Elbe unter anderem zu ganz außergewöhnlichen Fängen von
Zandern verholfen. Selbstredend müssen für diese die Floße kleiner
gewählt werden. Es ist ratsam, eine doppelte Garnitur Flöße zu
haben, eine größere und eine kleinere, um sie den gegebenen Ver=
hältnissen anzupassen.

In vielen Gewässern findet man mehr oder weniger ausgedehnte
Stellen, an denen das Gras und verschiedene Wasserpflanzen bis
zur Oberfläche wuchern, oft wie eine Mauer das ganze Wasser
sperrend, und gerade da stehen die meisten und größten Hechte,
um diese Stellen zu verlassen, sobald das Kraut abgestorben ist und
die kleinen Fische unterstandslos geworden sind und andere Stellen
aufsuchen.

Spinnen, Floßangelei, selbst das Paternoster sind an solchen
Plätzen unmöglich anzuwenden wegen der sofortigen Verstrickung

des Köders in den Pflanzen. Hier, aber auch nur hier ist die Schluckangel mit dem toten Köderfisch das einzige Mögliche. Obzwar
ich ein abgesagter Gegner dieser Angelmethode bin, läßt sie sich
an derlei Orten durch keine andere ersetzen, wenn man
dieselben eben zu dieser Zeit befischen will oder muß.

Sie besteht aus einem besonders geformten Doppelhaken, sog. „Blitzhaken", an dessen Schaft eine ungefähr 5—7 cm lange Schleife aus starkem Messingdraht
angewunden wird. Haken und Schleife werden mit
Blei umgossen, so daß nur das Ende der Schleife
als Ohr heraussieht. Das Blei soll am Haken nicht
weiter herunterreichen, als bis übers obere Drittel des
Schaftes (Abb. 93), und nicht länger sein als 5—7 cm.
Es soll im Magen des Köderfisches liegen, nicht im
Maul und Rachen, damit es die Kiemen nicht auf-
spreizt. Dieser Haken wird an ein ca. 20 cm langes
Stück Punjabdraht befestigt und dieser dann entweder
an ein 50 cm langes Vorfach aus demselben Material
in den Einhängewirbel eingeführt oder direkt in den
Wirbel am Ende der Rollschnur. Der Köderfisch, — am
besten eine 10—15 cm lange Plötze oder ein Aitel,
eventuell auch ein ebenso langer Barsch —, wird
mittels einer Ködernabel aufgezogen, indem man diese
durch den ganzen Körper durch= und bei der Mitte
der Schweifwurzel herausführt. Hier kann man sie durch
eine Bindung mit Zwirn oder Seidenfaden noch besonders festmachen, unbedingt nötig ist es nicht, ebensowenig als das Stutzen oder Wegschneiden der Flossen,
auch nicht der Rückenflosse beim Barsch.

Vorzügliche Köder für diese Art Fischerei sind die
großen, grünen Wasserfrösche, nur muß man in Anbetracht ihres breiten Maules größere Haken verwenden
als für Fische. Der Draht wird beim After herausge-
führt und die Hinterbeine kreuzweise, aber locker an
diesem angebunden, damit sie daran auf- und nieder-
gleiten und Schwimmbewegungen vortäuschen.

Die Haken liegen, zu beiden Seiten aus den Mund-
winkeln herausragend, zur Seite des Kopfes. Sie sollen
nicht zu eng an diesem anliegen, da sie sonst nicht fassen,
und auch nicht zu weit abstehen, wegen des Verhängens.

Man wirft stromauf in fließendem Wasser, in die Lücken zwischen den Pflanzen, läßt den Köder bis zum Boden sinken, hebt
ihn ruckweise zur Oberfläche, läßt ihn wieder zur Tiefe schießen
und sucht so die ganze Umgebung ab.

Der Hecht beißt meist gierig mit einem scharfen Riß, oft aber
nimmt er den Köder ganz zart, so daß man glaubt, irgendwo hängen
geblieben zu sein, bis einen ein mehr oder weniger starkes Zucken
an der gespannten Leine belehrt, daß ein Hecht am anderen Ende

Abb. 93.

sich mit dem Köberfisch befaßt. Je nachdem: Zieht der Hecht nach
dem ersten Riß mit dem Köber ab, kürzer oder weiter, — meist
sind das die mittelgroßen Stücke, die mit dem Köber oft weit ins
Schilf flüchten und die Schnur um Schilfbüschel und Wurzeln
winden, so daß man sie oft ohne Boot kaum mehr losbekommt.
Große Hechte gehen meist nicht weit, vielfach bleiben sie am Ort
des Anbisses am Boden stehen. Hat der Hecht den Fisch geschluckt,
geht er weiter, in diesem Momente ist auszuhauen. In jenen Fällen,
wo der Hecht mit dem Köber fortgezogen
ist und sich nicht rührt, wartet man 5 Mi=
nuten, strafft dann die Leine und haut an.
Vielfach macht man dann die betrübende
Entdeckung, daß der Hecht 25—30 m Schnur
kreuz und quer durch und um zähstengliges
Schilf oder Seerosen herumgezogen hat und

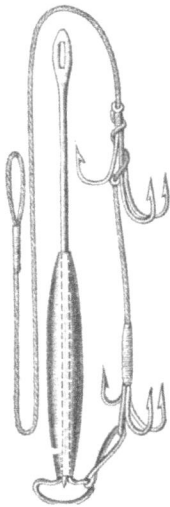  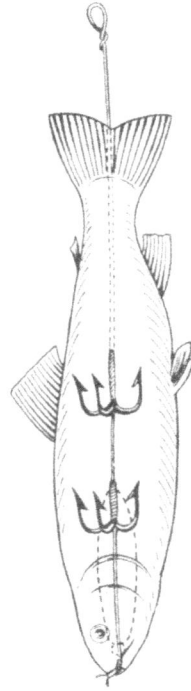

Abb. 94.   Abb. 95 a.   Abb. 95 b.

zum Schluß den Köber ausgespuckt hat. Dafür hat man dann Müh'
und Not, seine Schnur wieder frei zu bekommen, welche durch das
Reiben und Scheuern sehr stark in Mitleidenschaft gezogen wird, oft=
mals auch am Ende abgeprellt ist. Im günstigen Falle kommt der
Hecht nach kurzem Drill, — denn er ist wehrlos —, in unseren Besitz.
Wenn die Verkrautung nicht gar zu arg ist und man nicht mit jedem
Wurfe einen und auch mehrere Hänger riskiert, empfiehlt sich die Ver=
wendung der Schnappangel mit totem Köber. Das erste Modell dieser
Art (Abb. 94), von Marston angegeben, ist etwas plump, und der

dicke Einführungsstift daran macht den Köderfisch steif, so daß er wie
ein Stein durch das Wasser schießt. Die zweite Abbildung zeigt ein
von mir abgeändertes Modell. Der Bleizapfen kommt in den Bauch
des Fisches und wird mit Draht mit der Öse des Vorschlages verbunden. Gut ist es, mit demselben Drahte das Maul des Fisches zu
vernähen. Der Punjabdraht wird mit Hilfe einer Ködernadel ungefähr in der Hälfte des Fisches von außen eingeführt, die Nadel dann
durch den Fisch durch und in der Mitte der Schwanzwurzel heraus.
Die Drillinge liegen außen dem Köderfisch an; ich verwende jetzt nur
mehr einen einzigen großen Drilling zu diesem Zweck (Abb. 95).

Die Führung ist dieselbe wie bei der Schluckangel, nur haut
man sofort an, wenn der Hecht beißt, und hat nicht nur das Vergnügen, seinen Fisch jetzt kunstgerecht drillen zu können, sondern
auch die Möglichkeit, kleine Fische unbeschädigt ihrem Element
zurückgeben zu können, was einen mit dieser, ansonsten kunstlosen
Methode zu angeln, versöhnen kann.

Jedenfalls betrachte man die eine und die andere nur als
„ultima ratio", nie aber als Selbstzweck.

In gras- und seerosenbestandenen Wässern kann man mitunter eine Angelmethode anwenden, die sportlich entschieden höher
einzuschätzen ist als die beiden vorerwähnten und zuweilen ganz
schöne Erfolge zeitigt. Sie wird in einzelnen Gegenden Böhmens
geübt und heißt tschechisch „Souračka" (von šourati = hinziehen).
Man fischt mit einer sehr langen, leichten Rute, Rollschnur, Drahtvorfach von 2—3 m Länge, am Ende ein kleiner Einhängewirbel
und ein kleiner Senker, Olive oder Bleikugel. Man nimmt als
Köder ganz kleine, eventuell tote, aber frische Fische, 5—6 cm lange
Gründlinge, Lauben, Aitel u. dgl., die man durch die Lippen am
einfachen Haken ködert, welcher an doppeltes Gut angewunden
ist. Stromaufwärts dem Ufer entlang pürschend, wirft man den
Köderfisch in Lücken im Schilf, unter Seerosenblätter oder in Zwischenräume der Wasserpflanzen oder wo man sonst einen Hecht
vermutet, läßt ihn sinken, hebt ihn, führt ihn im Zickzack hin und
her, jede verlockende Stelle absuchend.

Dem beißenden Hechte gibt man Schnur und haut nach einer
Viertelminute an, da er ja so kleine Fische meist voll in den Rachen
nimmt. Länger zu warten ist nicht ratsam, besonders wenn man
mit totem Köder angelt, da der Hecht, wie viele Raubfische, einen
toten Köder gerne ausspuckt.

Wichtig bei der Hechtfischerei ist, stets darauf bedacht zu sein,
sich nicht sehen zu lassen und dem Wasser ohne Geräusch und ohne
Erschütterung des Bodens zu nahen, ebenso den Köder so geräusch-
los wie möglich einfallen zu lassen. Je seichter und heller das Wasser,
desto vorsichtiger muß man sein und jede mögliche Deckung ausnützen, besonders im Sommer, wo der Hecht, im Nahrungsüber-
fluß schwelgend, bedeutend scheuer ist als in späterer Zeit und sich
auch vielfach mit dem Anbiß Zeit läßt. Zu solcher Zeit kann man
oft beobachten, wie er vorsichtig an den Köderfisch ankommt und

ihn oft lange zwischen den Zähnen hält, ehe er ihn zum Verschlucken umwendet. Darum möchte ich an dieser Stelle den Rat wiederholen, den mir in jungen Jahren ein alter Hechtangler gab, und den ich hunderte Male bewährt gefunden habe: Wenn man das Malheur hatte, daß einem ein bestimmter Wurf mißlang — warten! Warten, bis sich das Wasser beruhigt hat, und dann erst nach einer geraumen Zeit den Wurf mit aller Vorsicht wiederholen. Die Befolgung dieses Rates hat mir verschiedene Male zu einem unerwarteten Fange verholfen, den ich mir durch übereiltes Herausziehen des Köders und einen sofort gesetzten neuen Wurf höchstwahrscheinlich verdorben hätte. Große Wärme, Klarwasser, Niederwasser und Sonnenbrand sind kein gutes Hechtwetter, ebenso sind die Aussichten gering, wenn ein plötzlicher Barometersturz eintritt und bei effektivem Hochwasser.

Sehr günstig sind im Sommer kühle Tage und Wind, sogar mäßiger Sturm. Im Herbst sind es wieder die milden Tage, an denen die Sonne die kleinen Fische zur Oberfläche lockt, besonders jene des Oktober und hie und da im November. Späterhin sind die milden nebligen Tage in der fortschreitenden Jahreszeit Beute verheißend, auch leichter Regen oder Schneefall tut dem Erfolg meist keinen Abbruch.

Dagegen habe ich einen plötzlichen scharfen Frosteinfall mit Eisbildung nie für günstig befunden, aber doppelt günstig ein darauf einsetzendes Tauwetter, mit leichtem Steigen des Wassers, aber ohne merkliche Trübung desselben.

Überhaupt ist ein höherer, etwas übernormaler Wasserstand zu jeder Jahreszeit dem niederen vorzuziehen, sinkendes Wasser nur nach einem starken Hochwasser, und auch da nur erst dann, wenn es nur mehr bis höchstens 50 cm über das Normale gefallen ist und das Wasser sich soweit geklärt hat, daß es auf ca. $^1/_2$ m durchsichtig ist.

Wenn es mir glückte, diesen Zeitpunkt zu treffen und auszunützen, so hatte ich jedesmal exorbitante Resultate, besonders hinsichtlich der Größe der erbeuteten Fische.

Wenn auch im allgemeinen an günstigen Tagen, wie sie vorhin erwähnt wurden, der Hecht den ganzen Tag an die Angel geht, so macht man doch die Bemerkung, daß es immer bestimmte Stunden sind, in denen er besonders gierig beißt, — Stunden, für die sich keine sicheren Regeln aufstellen lassen. Ich erinnere mich eines Tages an der Elbe, eines jener Tage, an denen die Luft frostig und der Himmel trübe ist und das Wasser beim Hineinfühlen warm zu sein scheint. Es war Ende November und nach einem Hochwasser, — alles stimmte, nur die Hechte ließen es an Beißlust fehlen. Wir erbeuteten ja wohl ein paar Stücke, aber unsere Erwartungen, welche wir in den Tag gesetzt hatten, erfüllten sich nicht.

Mein Freund hörte um 3 Uhr zu angeln auf, wir machten eine kleine Rast und gingen dann den langen Weg zur Station entlang dem Flusse stromauf zurück. Zeit hatten wir genügend, denn unser Zug ging sehr spät abends, und so beschloß ich, da und

dort an günstigen Stellen noch einen Wurf zu machen. Gegen
3¾ Uhr kamen wir zu einer bekannt guten Stelle, einem langen,
tiefen Rücklaufe hinter einer Uferverbauung. Hier versuchte ich
mein Glück, trotzdem wir vorher an der gleichen Stelle vergebens
geangelt hatten. Es dauerte gar nicht lange, so riß ein Hecht mein
Floß zur Tiefe und hing nach aufregendem Drill endlich am Gaff,
und am Ende des Rücklaufes ein zweiter, noch stärkerer, beides Bur=
schen von vielen Pfunden, und im Verlaufe zweier weiterer Stunden
hatten sich noch einige andere starke Hechte den beiden zugesellt.

Ein gleiches Erlebnis hatte ich während des Krieges an einem
Spät=Oktoberabend an einem Flusse in Galizien, wo die Hechte
auch erst während zweier Stunden bei hereinbrechendem Abende
zu beißen begannen und immer gieriger bissen, um dann ganz auf=
zuhören, als es völlig Nacht geworden war.

In Galizien habe ich während zweier Jahre wiederholt ver=
sucht, die Bestätigung der Behauptung zu finden, daß die Hechte
in Vollmondnächten jagen und dann am Tage darauf den Köder
nicht oder schlecht nehmen; das letztere ist meist richtig, weniger das
erstere. Viele Mondscheinnächte habe ich draußen am Flusse ver=
lebt und mit Spinner, Floßangel und Paternoster — keinen Hecht
gefangen, weder im Sommer noch im Herbst noch im Frühwinter,
wohl aber hatte ich jedesmal und zu jeder Jahreszeit hervorragende
Anbisse und kapitale Fänge bei Sonnenaufgang bis ungefähr zwei
Stunden darauf. Dann war wohl, wie ich mich wiederholt über=
zeugen konnte, den Tag über Ruhe und erst gegen Abend zeigte
sich neue Beißlust.

Ich neige nach diesen Erfahrungen, welche ich an einem mit
sehr großen und äußerst zahlreichen Hechten besetzten Wasser ge=
sammelt habe, zu der Ansicht, daß man die Erfahrungen, die man
beim Fange von Forellen, die allerdings nur im Hochsommer bei
Nacht und Vollmondschein gut erbeutet werden können, teilweise
auch jene beim Huchen, der im September wenigstens mit einiger
Sicherheit und auch nicht in jedem Wasser bei Vollmond gefangen
werden kann, kritiklos auf den Hecht übertragen hat.

Noch eines möchte ich über das Hechtangeln vom Boote aus
sagen:

Wer ein solches zur Verfügung hat, ist hinsichtlich seiner Fang=
möglichkeiten dem Uferfischer weit überlegen, aber nur unter der
Bedingung, daß er einen Bootsführer hat, der sein Handwerk
aus dem ff versteht. Ein Paar zu harte Ruderschläge, ein hartes
Aufstoßen der Stange auf dem Grunde, ein zu hastiges Fallenlassen
des Ankers — und die Aussicht auf einen Fang ist dahin. Da man
im Boote viel weniger Deckung hat als am Ufer und auch viel
weniger Bewegungsfreiheit als dort, sei man doppelt vorsichtig
und bedacht in allen Bewegungen und besonders beim Drill großer
Fische. Wenn nur möglich, lasse man die Anker heben und das Boot
nur mit der Stange halten, denn ein Hecht, der die Ankerleine erfaßt
oder mit der Schnur umwickelt hat, ist nahezu totsicher verloren,

ehe es gelingt, die Schnur zu befreien. Unbedingt vermeide man alle forcierten Landungsversuche, drille vielmehr seinen Fisch bis zur völligen Erschöpfung, ehe man ihn langseits des Bootes dem Handnetze oder Gaff zuführt.

Der Drill des Hechtes ist, wenn er einmal eine annehmbare Größe erreicht hat, ziemlich aufregend, wenn man mit feinem Zeuge angelt. In älteren Angelbüchern kann man die Anleitung lesen, mit dem Hecht kein Federlesens zu machen und ihn so rasch als möglich ans Land zu bringen; das hatte vielleicht eine Berechtigung mit Hinsicht auf das schwere Zeug, welches man damals zum Hechtfange benützte, und die nicht ganz hervorragenden Haken.

Heutzutage mit unseren elastischen Gerten von fast unverwüstlicher Federkraft, den elastischen, feinen Seidenschnüren und den haarscharfen, erstklassigen Stahlhaken dürfen wir uns getrost auch mit einem sehr schweren Fische in einen langen Kampf einlassen. Gewiß — den Kopf darf man nicht verlieren, wenn ein großer Hecht den Anhieb mit einem böswilligen Gegenriß quittiert und dann in einem Saus eine gehörige Länge Schnur mit sich hinausnimmt. Darum muß man auch im Augenblicke des Anhiebes die Rolle gesperrt haben, damit sie nicht überlaufe, und von der Arbeitskraft der Gerte den weitestgehenden Gebrauch machen.

Wenn der Hecht, was er meistens tut, in Schilf- oder Krautbetten flüchten will, muß man ihn daran unter allen Umständen verhindern, aber ja nicht etwa versuchen, ihn auf feiner Flucht durch einen gewaltsamen Ruck aufhalten zu wollen. Nein, — man verstärke den Widerstand der Rolle durch stetig stärkeres Aufpressen des Daumens auf den Rand der Trommel und in gleichem Maße lasse man die Federkraft der Gerte auf ihn wirken.

Wenn er nach dem Grund bohren will, so verhindere man ihn daran durch stetes Heben und Steilhalten der Gerte, die man aber sofort zum Wasserspiegel senken muß, sowie er die geringsten Anstalten macht, heraufzukommen, was er am liebsten tut, um über Wasser zu springen und mit offenem Rachen sich zu schütteln, um sich so von den Haken zu befreien. Es gilt demnach fast als Regel, den Drill des Hechtes mit der zum Wasserspiegel geneigten Gerte durchzuführen, selbst wenn deren Spitze ins Wasser taucht. Selbstredend muß auch dabei die richtige Drillstellung der Gerte eingehalten werden, in welcher sie und die Schnur einen Winkel von 45° bilden sollen. Je weiter vom Angler der Kampf ausgefochten werden kann, wobei als günstigste Entfernung 20—25 m angenommen werden, desto leichter und müheloser ist der Drill. Selbstredend ist das Vorhandensein von Hindernissen in Rechnung zu stellen und unter Umständen muß man den Drill auf viel kürzere Distanzen ausführen, was von den Geräten das Maximum an Widerstandsfähigkeit verlangt. Man beeile sich nicht, den Hecht hereinzuholen, ehe er Symptome von Ermüdung zeigt, und sei auch da noch vorfichtig, — oft genug macht ein ftärkerer und scheinbar abgekämpfter Fisch noch im letzten Moment eine Flucht von ungeahnter Kraft und wird vielfach dabei frei. Starke Hechte wiederholen zuweilen ein solches Spiel einige Male, und der Drill kann ein recht langer werden. Man lasse sich dadurch aber nicht irritieren, jede Flucht und jeder neue Widerstand des Fisches bringt ihn um so rascher seiner Niederlage entgegen und Sieger bleibt stets „der Mann mit den besseren Nerven".

Manchmal kommt es vor, daß ein starker Hecht nach dem Anhieb sich fast widerstandslos heranrollen läßt. Das ist meist dann der Fall, wenn der Haken in der Zunge oder in den Kiemen gefaßt hat. Man lasse sich durch dieses scheinbare Ergeben in das Schicksal nicht täuschen, denn sobald er den Angler erblickt, oder dessen verfrühte Bewegungen mit Gaff oder Unterfangnetz wahrnimmt, nimmt er den Kampf mit der Wut der Verzweiflung auf und kämpft gewöhnlich viel härter als alle anderen. In solchen Fällen gelingt es manchmal, wenn das Ufer dazu günstig ist, durch rasches Zurückgehen ins Land aus dem Gesichtskreise des Fisches zu kommen und ihn rasch und entschlossen zu stranden, ehe er an Widerstand denkt; aber diese Fälle sind leider nicht die Regel.

Zum Landen des Fisches ist der Gaff das sicherste Instrument; das von manchen empfohlene Ausheben mit der Hand unter den Kiemen ist mitunter eine gefährliche Geschichte, und Hechtzähne oder Angelhaken im eigenen Fleisch gehören nicht zu den größten Annehmlichkeiten des Anglerlebens.

Auch sei man vorsichtig beim Herausnehmen der Haken aus dem Maule der Hechte und bediene sich dabei eines Hakenlösers und eines Holzkeiles, den man dem Hechte zwischen die Kiefer schiebt, um ein Zuklappen derselben und eine unangenehme Verletzung zu vermeiden, wenn man nicht schon einen eigenen Rachenöffner (Abb. 96) hierzu benützt.

Abb. 96.

Der Flußbarsch. (Perch.)

Der Barsch, wie er allgemein kurz genannt wird, ist einer unserer bekanntesten und farbenschönsten Fische. Er gehört zu den Stachelflossern, wie seine Rückenflosse, welche harte Stacheln oder Strahlen trägt, beweist. Sein Leib ist gedrungen, muskulös, hochrückig, die Augen sind groß und sein Maul breit gespalten, mit feinen Zähnen bewehrt. Die Schuppen sind klein, äußerst fest sitzend, und tragen am Rande eine kammartige Zähnung. Der gezahnte Kiemendeckel endet hinten in eine dornartige Spitze.

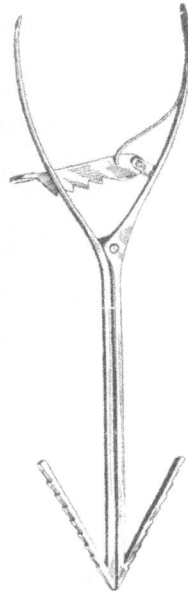

Die Farbe des Rückens ist dunkelolivgrün mit schwarzen Rändern. Die Seiten sind weißlichgelb, ebenso der Bauch, oder auch messinggelb, mit einem Schimmer von Grün überhaucht.

Die Rückenflossen stehen unmittelbar hintereinander. Die erste Rückenflosse zeigt am Ende einen schwarzblauen runden Fleck. Die Brustflosse ist gelbrot, Bauch= und Afterflossen zinnoberrot.

Sein Fleisch ist fest, weiß, wenig grätig und wird hochgeschätzt.

Der Barsch laicht im Mai und Juni und vermehrt sich zahlreich. Die Fische eines Jahrganges stehen in Schwärmen beisammen. Erst die älteren und großen Exemplare sondern sich etwas ab, stehen jedoch im Spätherbst auch zusammen. Dieser Umstand und die große Gefräßigkeit der Barsche lassen es erklärlich erscheinen, daß man mitunter ganz exorbitante Fänge macht.

Der Barsch bewohnt mit Ausnahme der kältesten Alpenseen fast alle fließenden und stehenden Gewässer von Europa, von der Barbenregion angefangen bis ins Brackwasser hinein. Je wärmer und nahrungsreicher das Wasser, desto größer wird er; im allgemeinen nimmt seine Größe nach Norden und Osten hin zu. Er wird bis und sogar über 2 kg schwer.

Seiner Lebensweise nach ist er ein äußerst gefräßiger Räuber, dessen Hauptnahrung kleine Fischchen, aber auch Fischlaich, Schnecken, Würmer und andere Wassertiere bilden.

In Gewässern, wo Salmoniden vorkommen, was besonders in manchen Seen der Fall ist, ist er ein vielleicht bislang viel zu wenig beachteter Schädling, dessen Räubereien vielfach zu Unrecht auf das Konto des Hechtes gebucht werden. Schon die Tatsache, daß er sich enorm vermehrt und ein Allesfresser ist, macht das Gesagte glaubwürdig. In Flüssen, in denen das Wasser an und für sich kälter ist und bleibt, wird er dem Salmonidenbestande im allgemeinen keinen großen Schaden tun, weil ihm einmal kaltes Wasser nicht zusagt, zum anderen der dann auch mit ihm zusammen vorhandene Hecht dafür sorgt, daß er nicht zu sehr überhand nimmt.

Anders aber liegen die Verhältnisse in Seen, welche in den flachen Uferregionen im Sommer sich stark erwärmen und in dieser Zone reichen Bewuchs aufweisen, der vorzugsweise von der Jungbrut der Edelfische als Nahrungsspender bevölkert wird. Hier kann der Barsch durch Vertilgen derselben ganz unberechenbaren Schaden anrichten. Kommt hierzu noch der Umstand, daß die Hechte in unvernünftiger Verkennung ihres Wertes sowohl als Marktfisch wie auch als Gleichgewichtsfaktor im biologischen Haushalte der Natur übermäßig abgefangen oder gar ausgerottet werden, dann ist der Übervölkerung der Barsche kein Einhalt geboten. Das hat aber wieder zur Folge, daß diese mit der Zeit zu einer Zwergrasse degenerieren, und das betreffende Wasser ist dann in doppelter Hinsicht geschädigt: einmal durch die Verminderung des Standes und des Zuwachses an Salmoniden und das andere Mal durch die Verkümmerung der Barsche, welche für den Markt wertlos werden.

Diese Erscheinung hat man bereits an einzelnen Gewässern mit Sicherheit einwandfrei festgestellt.

Als Beuteobjekt für den Angler nimmt der Barsch eine hervorragende Stellung ein, — einmal deshalb, weil er ein flotter Beißer ist und mit jeder Methode der Angelei zu erbeuten ist, sodann, weil er das ganze Jahr über an die Angel geht.

In Flüssen liebt er die stillen, tiefen Gumpen und Rückläufe unter Schleusen und Mühlanlagen, Wasserlöcher, tiefe Stellen hinter Schilf und große Krautbetten, Steine, versunkenes Holz usw. am Grunde. Auch steht er gerne unter Brücken und unter Floßholz, in Häfen und Altwässern, hier besonders am Ein- und Auslauf, wenn diese mit dem Hauptflusse zusammenhängen, an der Grenze zwischen Strömung und tiefem, stillem Wasser, wo die Nahrung zusammengetrieben wird. An Buhnen und Einbauten steht er meist am Kopf oder am Ende derselben. Bei Hochwässern steht er zu den Ufern zu und sind es namentlich kleine Wirbel in der Nähe derselben oder am Einlauf eines Seitenwassers, wo man ihn dann zu suchen hat.

In Seen steht er im Sommer in seichterem Wasser, wo Schilf, Binsengelege und Seerosen wachsen; später geht er in größere Tiefen. Die besten Plätze sind die vielfach sog. „Barschberge", hügelartige Erhebungen des Seegrundes, an deren abfallenden Seiten er zieht.

Man angelt auf den Barsch sowohl mit der Floßangel wie auch mit dem Bodenblei und der Paternosterangel.

Trotzdem, wie schon erwähnt, der Barsch sehr gefräßig ist und den dargebotenen Köder flott, ja sogar oft mit wilder Gier ergreift, wäre es ganz falsch, zu seinem Fange starkes Geräte verwenden zu wollen. Im Gegenteil: haltbar ja, aber so fein wie möglich; eine Schnur von höchstens 10 lbs. Tragkraft ist vollkommen genügend, auch für einen guten Hecht, der zufälligerweise einmal anbeißt, wenn man mit lebendem Köder fischt; ein zartes, schlankes Floß, Gutvorfach von 1—1½ m Länge, eventuell Silkcast und einfache Haken, nicht zu stark im Draht, aber von bester Qualität. Das Gut nehme man für die Wurmangel bei klarem und niederem Wasser von der Stärke Fina, eventuell Refina, bei trübem und hohem Wasser Regular, eventuell Padron, letztere beide Arten auch für die Fischchenangel. Die äußerst feine „Stahlseide" dürfte aber, außer vielleicht bei sehr klarem Wasser, das Gut ersetzen können, besonders dort, wo man auch mit dem Anbiß eines Hechtes zu rechnen hat.

Bezüglich der Feinheit des zu benützenden Zeuges möchte ich ein eigenes Erlebnis als Beispiel wiedergeben.

An einem milden Novembertage des Jahres 1916 angelte ich mit einem Freunde in einem galizischen Flusse Köderfische. Das Wasser war ziemlich klar und bildete, unter einer Brücke hervorströmend, einen großen Rücklauf von mehr als 3 m Tiefe. Wir benützten Leinen der alten Numerierung ½, winzige Floße und die feinsten Vorfächer, die wir hatten, nebst sehr kleinen Haken, und Rotwürmer als Köder, — und fingen große Plötzen, für die wir keine Verwendung hatten, aber fast keine Köderfische. Dagegen machten wir die Bemerkung, daß öfters unsere Floße langsam in die Tiefe gezogen wurden, ohne daß der Anhieb saß. Beim nächsten derartigen Anbiß wartete ich geduldig, bis der Fisch so weit abgezogen war, daß die Leine sich gestrafft hatte, — und nun saß der Anhieb und ein mächtiges Sträuben zeigte mir, daß ein großer Fisch am anderen Ende hänge. Nach einem vorsichtigen Drill von vielen Minuten führte ich einen kapitalen Barsch ins Netz, bald darauf einen zweiten. Mein Freund wechselte daraufhin Floß, Vorfach und Haken, und das Resultat dieser Umstellung auf stärkeres Zeug war, daß ich noch ein paar Barsche erbeutete, er aber nicht einen einzigen Anbiß mehr hatte, so daß er wieder zum feinen Zeug zurückging, worauf auch bei ihm die Fische wieder bissen.

Welche Nutzanwendung wäre demnach aus dem Gesagten zu ziehen? Erst einmal die, auf Barsche überhaupt das feinst zulässige Zeug zu nehmen, und weiter die, wenn die Fische schlecht oder nicht beißen, es mit immer feinerem Zeuge zu versuchen, als man es eben führte, und letzteres ganz besonders, je niederer und heller das Wasser und je klarer das Wetter ist.

Das gilt auch von den Senkern; lieber mehrere kleine unsichtliche als einen großen. Wenn man mit der Wurmangel fischt, so ködert man je nach Jahreszeit und Wasserverhältnissen: Tauwürmer im Frühjahre, Herbst und Winter sowie bei hohem und trübem Wasser; Rotwürmer und Brandlinge bei klarem und niederem Wasser im Sommer und bei hellem Wetter. Von den letzteren empfiehlt es sich, 2—3 ganz kleine oder kleinere an den Haken zu stecken, so daß die vielen Enden sich lebhaft bewegen.

Man stellt das Floß so tief, daß der Köder möglichst nahe am Grunde sei, und lasse das Floß bis auf $1/5$ oder $1/6$ seiner Länge tauchen; der Barsch liebt keine großen Widerstände. Ebenso achte man darauf, daß die Schnur gut schwimme. Die kleinen Barsche ziehen unter lebhaftem Rucken das Floß nach der Tiefe, die großen, wie ich oft und oft zu bestätigen Gelegenheit hatte, in bedächtigem, stetem Zuge; finden sie zu großen Widerhalt, sei es durch ein zu großes und wenig tauchendes Floß oder hinterher schleppende, schwere oder voll Wasser gesogene Schnur, lassen sie den Köder gerne aus.

Das ist namentlich wichtig zu bedenken, wenn man mit langer Leine angelt. Der Anhieb darf nicht hart sein, sondern nur ein zügiger Ruck, denn die Barsche haben ein weiches Maul, und trotz ihrer Raubgier sind sie bald vergrämt, wenn einige beim Anhieb verletzt werden oder im Drill abkommen, während man andererseits einen nach dem anderen an derselben Stelle erbeuten kann.

Für die Fischchenangel verwendet man meistens die Angel mit dem Floß, besonders im Spätsommer und Herbst, nicht zu starkdrähtige Haken an einfachem Gut, einen sehr kleinen Senker,

50 cm ober dem Haken und nur einen ganz kleinen Einhängewirbel, Größe 9, an der Rollschnur. Die Hakengröße variiert zwischen Nr. 6—1, je nach Größe der Köderfische. Am besten sind Rundbogen- oder Snekbenthaken. Das Köderfischchen wird durch die Lippen geködert, außer man hat lebende Neunaugen zur Verfügung, die man dann nach den im Kapitel Köder gegebenen Anweisungen anködert. Als Köderfische nehme man nur ganz kleine Lauben, Aitel, Gründlinge, Bachgrundeln, Pfrillen oder Karauschen; letztere sind mir die liebsten, leider sind sie nicht überall zu haben. Jedenfalls nehme man keine Köderfische über 7 cm Länge, weil in der freien Wildbahn der Barsch eben mit Vorliebe nur dem kleinen und kleinsten Fischzeug nachstellt und große Köder meist nur im Maule herumträgt, ohne sie zu schlucken.

Ich konnte einmal einen großen Barsch beobachten, der eine ca. 12 cm lange Bachgrundel, die allerdings nicht für ihn bestimmt war, minutenlang im Maule hin und her schleppte, ehe er sich ruhig auf den Grund stellte, um sie zu wenden und zu verschlucken.

Beim Gebrauche der Paternosterangel kann man oft mit Vorteil zwei Haken verwenden, deren einer mit einem Fischchen, der andere mit Wurm beködert ist. Die beiden Haken sind auf 30—35 cm übereinander eingeschlauft, statt des bei der Hechtangel verwendeten Armes ist es besser, 5—7 cm lange Schleifen ins Gut zu binden, welche die Angeln genügend weit weg vom Vorfach halten, um ein Verhängen zu vermeiden und die Zwischenfächer höchstens 10—12 cm lang zu nehmen. Dort, wo man eventuell mit dem Biß eines Hechtes zu rechnen hat, wird es sich empfehlen, den Haken, welcher mit Fischchen oder Neunaugen beködert wird, an Stahlseide zu montieren.

Immer aber trachte man mit der einen oder anderen Angel möglichst am Grunde oder in dessen Nähe zu sein, besonders im Frühjahre sowie im Spätherbste bzw. im Winter. Und auch hierbei übereile man sich nicht mit dem Anhiebe. Beißen die Barsche gierig, so verschlingen sie den Köder gleichsam auf den ersten Schluck und hauen sich meist selbst an, beißen sie vorsichtig oder träge, lasse man ihnen Schnur und warte ein paar Sekunden nach dem Bisse, ehe man anhaut, was einfach durch Erheben der Gertenspitze geschehen soll. Das genügt, „um den Haken nach Hause zu bringen", wie der Engländer sagt.

Ich habe einmal den Versuch gemacht, Barsche am Paternoster zu fangen und als Köder große künstliche, weiße Fliegen zu verwenden. Der Erfolg, den ich hatte, ermutigt mich, dieses Verfahren zur Nachahmung zu empfehlen.

Wie ich schon erwähnte, beißt der Barsch das ganze Jahr hindurch, jedoch nicht bei jedem Wetter: Hochsommerhitze, heller Himmel, Niederwasser und große Klarheit desselben sind absolut ungünstig, ebenso im Winter klingender Frost, Eisbildung an den Rändern bei klarem Wasser und dazu Nord- oder Ostwind bei hellem Himmel.

Im Sommer sieht man oft die Barsche jagen, kleine Fischchen springen hoch übers Wasser oder sogar ans Land. An solchen Stellen und Zeiten kann man den Barsch leicht erbeuten mit der leichten Spinnangel, sogar mit der Kunstfliege bzw. den kleinen Fliegenspinnern.

Die Aussicht, ihn an der rinnenden Floßangel im Strome zu fangen, ist ziemlich gering, außer an einem recht kühlen und windigen Tage, womöglich mit leichtem Strichregen.

Günstiger wird es schon, wenn starke Regengüsse das Wasser steigen machen und etwas trüben, wo er sich dann knapp an das Ufer stellt und an diesem seiner Nahrung nachgeht. Man wird aber die besten Erfolge mit dem festliegenden Floße haben.

Die beste Zeit aber ist das Frühjahr nach der Schneeschmelze bis gegen die Laichzeit und dann vom September angefangen. Milde Oktober= und Novembertage bringen oft große Strecken, besonders mit der Fischchenangel oder am Paternoster. Der Drill des Barsches ist nicht schwer, auch nicht aufregend, er macht keine Fluchten wie der Hecht oder die Schläge des Zanders, meist strebt er nur nach der Tiefe, und es genügt, ihn stramm hochzuhalten und die Elastizität der Gerte ihr Werk verrichten zu lassen, um ihn bald zu ermatten und ins Netz zu führen. Man hüte sich nur vor hastigem Drill und Reißen, sonst kann man leicht dem Fisch den Haken aus dem weichen Maule schneiden. Deshalb empfiehlt es sich auch, zum Barschfischen eine zwar gut federnde, aber nicht zu steife Gerte zu verwenden.

Der Zander oder Schill (Hechtbarsch), (pike-perch).

Der Zander ist ein weiterer Vertreter der Stachelflosser. Von seinen beiden Rückenflossen, die unmittelbar nebeneinanderstehen, trägt die erste harte Strahlen. Am Kiemendeckel ist nur der Vorderdeckel gezahnt, und zwischen den Bürstenzähnen stehen in seinem Maule auch einzelne längere Hundezähne.

Sein Körper ist langgestreckt, spindelförmig; am Rücken und an den Seiten grünlich=grau, der Bauch weißlich, die Schuppen sind klein und tragen wie beim Barsche kammartige Zinken am Hinterrande. Über Rücken und Seiten ziehen dunkle, vielfach verwaschene Bänder oder Flecke.

Die Rückenflosse ist stets, die Schwanzflosse manchmal schwarz punktiert. Die übrigen Flossen sind von schmutziggelber Farbe.

Männchen und Weibchen lassen sich vom Aussehen unterscheiden: im Profil gesehen haben die ersteren eine konkave Einbuchtung der Vorderschnauze, während bei letzteren die Linie ungebrochen von der Schnauze zur Rückenflosse ansteigend verläuft. Das eigentliche Verbreitungsgebiet des Zanders ist der Nordosten Europas von der Elbe angefangen — nach dem Westen wurde er künstlich verpflanzt, und zwar mit Erfolg, ebenso in einigen Seen. Er kommt aber auch im Donaugebiet vor, und zwar schon mit dem Huchen zusammen.

Er ist der typische Fisch des großen Stromes, der Seen und der warmen Wasser — deshalb gedeiht er im Plattensee so hervorragend, da dieser weithin flache Ufer und sonnendurchwärmtes Wasser besitzt. Er kommt aber auch in Brackwasser häufig und in großen Exemplaren vor. Der Zander laicht im April, Mai und Juni an seichten kiesigen Stellen, wo das Wasser rasch warm wird — und da die fehlerhaften Flußregulierungen, wie z. B. die der Donau, die meisten seiner Laichplätze vernichtet haben, ist in seinem Bestande vielfach eine merkliche Abnahme zu verzeichnen.

Der Zander ist in ihm zusagendem Wasser recht schnellwüchsig und erreicht hohe Gewichte, wie z. B. im Plattensee, aber auch in der Elbe werden noch häufig sehr große Fische erbeutet und die Flüsse des nordöstlichen Deutschlands und die Haffe beherbergen noch stattliche Exemplare.

Seiner Familienzugehörigkeit nach ist er ein Raubfisch und noch dazu ein sehr gefräßiger, der außer Fischen auch Würmer und Schnecken verzehrt. Klares kaltes Wasser sagt ihm nicht zu, daher ist er ein Bewohner der Mittel- und Unterläufe der großen Flüsse, der Vorlande und Ebenen, deren Wasser nie eigentlich ganz klar wird. Hier steht er in der Tiefe, hinter großen Steinen, in Löchern am Grunde, unter versunkenem Holze und Wurzelwerk, meist weit draußen vom Ufer, dem er sich nur in der warmen Jahreszeit meist gegen Abend und in der Dämmerung sowie um Sonnenaufgang und eine Zeit danach nähert, um hier zu jagen. Deshalb findet man ihn nahe der Oberfläche und im Mittelwasser nur zu dieser Zeit; später zieht er sich immer mehr in die Tiefe zurück und um so weiter vom Ufer, je mehr der Wasserspiegel sinkt.

Seine Lieblingsstände sind bis zu 6 und 7 m tiefe Stellen zwischen oder neben Strömungen und Wirbeln oder in Rückläufen, speziell die tiefen Auswaschungen am Grunde, wo das Wasser wieder ruhig geht — hinter Brückenpfeilern und Einbauten oder an den Buhnen. Besonders liebt er tiefe Altwasser, welche mit dem Strome zusammenhängen, hier steht er in der Nähe der Ein- und Ausflüsse, je nach der Jahreszeit höher oder tiefer, auch Häfen liebt er und ist besonders an und um den Hafenmund zu finden, vorausgesetzt, daß daselbst eine entsprechende Tiefe ist. Er steht meist gesellig und wo man einen Schill gefangen hat, kann man deren einige erbeuten, wenn man vorsichtig ist.

Die beste Saison für den Zanderfang an der Angel beginnt nach Mitte August und dauert bis tief in den November, wenn der Winter nicht zu zeitig und zu hart hereinbricht.

Man erbeutet ihn auch mit der Spinnangel — aber die beste Fangmethode ist die Floßangel mit den lebenden Fischchen, die Grundangel mit Bodenblei und die Paternosterangel. Letztere habe ich jedoch meistens nur dann mit vollem Erfolge betrieben, wenn ich ein Boot zur Verfügung hatte.

Die Spinnfischerei auf Zander ist eigentlich undankbar — obzwar mit feinem Geräte zu betreiben, stehen die Erfolge weit

hinter den Erwartungen zurück —, weil eben der Schill ein Fisch
der Tiefe ist, in die man kaum mit der Spinnangel hinunterkommt
ohne sehr viel Beschwerung, welche wieder dem scheuen Fisch verdächtig vorkommt, und wenn man schon hinunterkommt, so hat
man eine Unmasse Hänger, denn wie erwähnt, steht der Schill
am meisten unter großen Steinen und Holz.

Dagegen kommt man mit der Floßangel, noch mehr aber mit
dem Bodenblei und der Paternosterangel in jede gewünschte Tiefe
und riskiert viel weniger Hänger als beim Spinnen.

Da der Zander nur in großen Wasserläufen lebt, die vielfach
reguliert sind, und diese noch meterweit Steinwurf in den
Fluß hinein besitzen, so ist zu seinem Fange eine lange elastische
Gerte äußerst empfehlenswert, mit der man weit hinauslangen
kann — mit kurzen Gerten kommt man viel zu rasch ans Ufer und
in den Steinwurf an demselben. Ich habe mich mit größtem Erfolge
seinerzeit einer 18 Fuß langen Lachsrute aus Greenheart bedient
und würde mir heute, wenn ich wieder Schille zu angeln Gelegenheit hätte, unbedingt eine solche wieder dazu anschaffen, bzw.
eine solche mit Angabe des Zweckes extra bauen lassen mit dem
Verlangen, das Gewicht in die Hand zu verlegen und die Gerte
weniger schwungvoll zu bauen als zum Wurfe mit der Fliege —
eine solche hätte dann die richtige Aktion bei genügender Elastizität.
Selbstredend müssen bei einer solchen Gerte die Ringe etwas weiter
sein, besonders der Kopfring. Nun zur Schnur: die alten Schill-
fischer meiner Zeit verwendeten recht dicke Schnüre, die allerdings
zu den langen schweren Bambusgerten, die sie führten, paßten;
ich bin aber bald davon abgekommen, meine Greenheart allein
zwang mich schon dazu und tatsächlich: eine Schnur von maximal
10—12 lbs. Tragkraft genügt für den schwersten Schill vollauf, man
darf natürlich mit ihr nicht jahrelang angeln wollen, denn sie
verbraucht sich im Laufe einer Saison, oft noch früher, wenn man
viel angelt. Ich finde diese meine Erfahrung bestätigt in dem Buche
von Otto Fellner, der ein in jeder Beziehung prächtiger Angler ist
und im Zanderfischen große Erfahrungen besitzt. Und daß Fellner
und ich diese Erfahrungen unabhängig von einander machten,
spricht noch mehr für deren Richtigkeit.

Unsere Schnüre von heute sind ja unvergleichlich feiner als
jene vor 25 und 30 Jahren waren, viel dünner und glätter bei viel
größerer Tragkraft als die damaligen. Von größter Wichtigkeit ist
es auch hier, daß die Schnur gut schwimme; ans Ende der Rollschnur kann man einen kleinen Einhängewirbel Nr. 9 einbinden,
unbedingt nötig ist es aber nicht, da der Zander sich nicht wälzt,
wie es Huchen und manchmal große Hechte tun.

Auch das Floß sei so leicht und klein, vor allem schlank wie möglich, denn der Zander liebt noch viel weniger als alle anderen Fische
das Verhaltenwerden beim Anbiß, und läßt beim geringsten Ver-
dachtsmomente den Köder fahren.

Das Vorfach sei 1—1½ m lang, von starkem einfachen Gut, Stärke Padron bis Marana, ebenso wird der Haken nur an einfaches Gut gebunden — die Größe 3—1/0, je nach der Größe des Köders und der Sichtigkeit des Wassers, genügen. Aber auch hier wird man meines Erachtens, fast immer das Gut durch „Stahlseide" oder ein feinstes gesponnenes Vorfach ersetzen können.

Der Senker sei möglichst unsichtig — eine kleine Olive — noch besser Bleidraht 50—60 cm vom Köder — im Gewichte von 8—10 g im Durchschnitt; nur für starke Strömung braucht man etwas schwerere Senker, aber bestimmt nie mehr als 15 höchstens 20 g. Da der Zander ebenfalls kleinere Köder bevorzugt, so gehe man auch bei ihm nicht über eine Größe von höchstens 7—8 cm hinaus. Lauben, Schneider, Grundlinge, Karauschen, Aitel sind von ihm sehr gerne genommen. Die beste Köderung ist die durch die Lippen, doch sollen die Haken zwar kräftig aber nicht zu dick im Drahte sein. Man wirft in den Strom und dirigiert das Fischchen in demselben hin und her, besonders in die Wirbel und Rückläufe und sehe darauf, daß das Fischchen möglichst lange an Stellen verweile, wo man Zander erwarten kann. Hat man keinen Anbiß, versuche man immer tiefer zu senken — eventuell wechselt man das Vorfach und den Haken und versucht feinere Sorten. In der wärmeren Jahreszeit führe man nach Abfischung der weiter draußen gelegenen Stellen das Fischchen in Zügen — nicht einrollend! neben dem Ufer zu sich zurück — vielfach beißt der auf Raub ausgehende Zander bei dieser Gelegenheit. So fischt man jede einladende Stelle ab. Solche Stellen, an denen größere Tiefen sind als die Gerte lang ist, wo man das Floß so hoch stellen muß daß es beim Wurfe stört, beangelt man am vorteilhaftesten mit dem Bodenblei oder Paternoster. Allerdings empfiehlt es sich, für diese Art zu angeln, eine Schleife abgezogener Schnur in der Hand zu halten und diese beim Biß aus den Fingern gleiten zu lassen, damit der Fisch keinen Widerstand findet. Der beißende Zander zieht mit dem Fischchen in die Tiefe und zieht das Floß oder die Leine nach — meistens bleibt er dann einen Moment stehen, zum Schlucken zu wenden und zieht dann weiter. — In diesem Augenblick ist dann der kurze aber zügige Anhieb zu setzen — oft aber besonders bei scheuen Fischen empfiehlt sich der Anhieb, wenn das Floß in der Tiefe verschwindet oder der Fisch die Leine durch die Finger zieht und eine Weile in der Tiefe bleibt. — Das ist Erfahrungssache oder besser Sache des instinktiven Empfindens, das sich weder beschreiben noch lehren läßt.

Auch bei der Verwendung der Paternosterangel ist es rätlich, eine Schleife Schnur in der Hand zu halten und diese im Augenblicke des Anbisses freizugeben, damit der Zander unbehindert abziehen kann, ev. ihm noch Schnur zu geben bis er stehen bleibt. Der Anhieb erfolgt hierbei unter gleichen Bedingungen wie bei der Floßangel. Ich habe auch mit dem Paternoster von Nolt mit gutem Erfolg auf Zander gefischt, nur müssen natürlich die Dimensionen der Schwimmers kleinere sein, was mit Rücksicht auf das feinere Zeug auf keine Schwierigkeiten stößt; ich erinnere mich, einmal in der Elbe damit dem Zander beigekommen zu sein, an einer Stelle, wo die anderen Angelzeuge versagten.

Was ich im Kapitel über den Hecht betonte — das „Weit-weg-vom-Fisch"-Angeln, das gilt auch hier vom Zander. In den großen Flüssen stehen Hechte und Zander in der späten Jahreszeit an den gleichen Stellen, besonders an und in den großen Buhnen, wo man ihnen nur mit sehr lang ausschwimmender Leine beikommen kann.

Wenn ich die Floßangel beim Hechte schon in solchen Gegenden und Verhältnissen als der Spinnangel überlegen bezeichnete, gilt dies doppelt und dreifach vom Zander, der eigentlich für die Spinnangel der am wenigsten geeignete Fisch ist.

In Anbetracht der Kleinheit der zum Zanderfang verwendeten Köderfische und deren Zartheit vermeide man es soviel als möglich, unnötige Weitwürfe zu machen; in stillen Altwässern vermeide man es soviel als möglich, unnötige Weitwürfe zu machen; in großen Altwässern werden sich solche allerdings nicht vermeiden lassen, aber dann werfe man so wenig als möglich, weil jeder Wurf das Leben der Köderfische verkürzt.

Noch wichtiger wie beim Hechte ist beim Zurückholen des Köderfisches das schrittweise Einziehen der ausgegebenen Schnur in Klängen und die Pausen zwischen den einzelnen Zügen seien so lang wie möglich, ganz besonders in stillem Wasser oder in schärferen Strömungen.

Der Drill eines größeren Schills von sagen wir 3—4 kg aufwärts bietet eine Summe von Aufregungen und Vergnügen, an seinem Geräte natürlich. Ein Schill wehrt sich ganz ansehnlich — flüchtet und drückt in die vertraute Tiefe, spreizt sich und schlägt nach dem Vorfach — ein Verfahren, das man durch strammes Heben und das Federspiel der Gerte zu parieren hat, bis er endlich klein beigibt und ins Netz gebracht wird. Ich möchte es nicht empfehlen, wie Fellner es tut, den Schill mit der Hand auszuheben — die Gefahr einer bösartigen Verletzung an den Stacheln der Rückenflosse ist für den Ungeübten zu groß — eines der großen zusammenklappbaren Landungsnetze, wie man sie zum Forellenangeln benützt, ist entschieden sicherer und ohne Unbequemlichkeiten mitzunehmen.

Sonstige Raubfische.

Der Wels (Waller oder Schaiden).

Unter den Raubfischen unserer Gewässer ist er nicht nur der einzige Vertreter seiner Art, sondern auch der größte von allen, denn sein Gewicht erreicht die Schwere von Meterzentnern und seine Länge bis zu zwei Metern; darin wird er nur noch vom Stör übertroffen, welcher aber als mit der Handangel zu fangender Fisch für uns nicht in Betracht kommt. Das Äußere des Welses ist ungemein charakteristisch. Sein Leib ist walzenförmig, seine Haut an der Oberseite olivgrün bis schwarzgrün, auch schwarzbraun gefärbt, an der Bauchseite schmutzigweiß. Außerdem sind zahlreiche dunklere

Flecken wie eine Marmorierung über seine Seiten verstreut. Diese Färbungen wechseln sowohl in den einzelnen Farben und ihren Nuancen, als auch in der Intensität; jedenfalls spielen da Boden= farben des jeweiligen Standortes mit, wie wir ja bei vielen Fischen, besonders bei den Koppen und Flundern eine mimikryartige An= passung an die Umgebung beobachten können. In der Tat werden in manchen Gegenden die heller gefärbten Welse mit dem Namen „Steinwaller" bezeichnet, die dunkelfarbigen dagegen „Sumpf= waller" genannt.

Auffallend ist die schier winzig zu nennende, dreieckige Rücken= flosse, und die sehr lange, schmale Afterflosse. Das Charakteristischeste des Fisches ist aber sein mächtiger breiter Schädel, mit den sehr kleinen Augen und dem tiefgespaltenen geräumigen, weiten Rachen und den Bartfäden, von denen die Oberlippen ein Paar sehr lange, die Unterlippen vier kurze tragen.

Das Fleisch des Welses ist weiß, fett und arm an Gräten; das junger Exemplare ist sehr wohlschmeckend, ältere Tiere schmecken tranig.

Der Wels bewohnt die großen Ströme Europas, besonders jene des Nordens und Ostens sowie des Donaugebietes, aber er wird auch in vielen Seen gefunden.

Über seine Bedeutung als Angelobjekt gehen die Ansichten aus= einander. Sicher ist das eine, daß die Wahrscheinlichkeit, ihn zu fangen im allgemeinen keine allzugroße ist, am geringsten aber doch schon für einen Angler, der ihm zuliebe eine weite Reise unter= nehmen wollte. Es gibt zwar Gewässer, in denen er recht häufig vorkommt, so in einigen Seen Deutschlands, auch in den Flüssen Polens und Rußlands, aber die Berichte über seinen Fang sind sehr spärlich. Auch die Kenntnis seiner Naturgeschichte ist noch ver= hältnismäßig mangelhaft. Wir wissen von ihm nur, daß er im Mai oder Juni laicht, über den Vorgang beim Laichen aber wissen wir so gut wie nichts. Auch über seine sonstige Lebensweise haben wir nicht allzuviel Kenntnis.

Im allgemeinen gilt er als nächtlicher Räuber, der bei Tage nur selten seinen Stand verläßt. Es ist dies aber nicht richtig, denn er raubt auch am Tage. Es ist sogar nachgewiesen, daß er nach Badenden geschnappt hat. Allerdings werden nur verhältnismäßig wenige Angler je einen Wels bei Tage beobachtet haben oder die Gelegenheit dazu gefunden haben. Als ich das erste Mal einen Wels im freien Strom zu sehen bekam, hielt ich ihn für einen treibenden Baumstamm, bis mich eine mächtige Bewegung der scheinbar unbeweglichen Masse eines anderen belehrte.

Seinen Standort in einem großen Strome zu erkunden, dürfte auch nicht ganz einfach sein, denn er ist vor allem ein Bewohner der Tiefe. Große Felsen unter Wasser, versunkenes Holz und ausge= dehnte Grasbetten, ferner tiefe Unterwaschungen der Ufer sind seine Lieblingsstellen. Außer diesen kommen noch die sogenannten „Wasserlöcher" in Betracht, das sind jene Stellen im Flußbette, an

denen die Strömung oder andere Gewalten den Grund zu einer
Tiefe bis zu zehn und mehr Meter ausgehöhlt haben. Solche
Stellen muß man natürlich genau kennen, was eine jahrelange Bekanntschaft mit dem Wasser, oder eine verläßliche Führung durch
einen kundigen Einheimischen voraussetzt. Meinen ersten Fang des
Welses verdankte ich dem zufälligen Finden eines solchen Wasser-
loches.

Für den Grundangler werden in der Hauptsache zwei Methoden
in Frage kommen: die Angel mit dem Bodenblei und die Schnappangel mit lebenden Ködern.

In Anbetracht der Größe und Wehrhaftigkeit des Fisches wird
man zu einem etwas stärkeren Zeuge greifen müssen als man gewöhnlich benutzt. Eine kräftige Spinnrute oder auch eine Barben-
gerte werden hierfür die besten Dienste leisten, ebenso darf die
Leine ca. 30 Pfund Reißfestigkeit besitzen, namentlich wenn man
bei Nacht angelt. Für das Angeln mit dem Bodenblei empfiehlt
es sich, ein Vorfach von bestem, starkem, doppeltem, eventuell dreifachem Gut zu nehmen, oder aber eines von gesponnenem Stahldraht. Letzteres aber nur wegen seiner Festigkeit, denn der Wels
besitzt nur kleine kegelförmige Zähne, mit denen er nicht imstande
ist, einen Gutfaden zu zerbeißen. Das Vorfach sei reichlich einen
Meter lang und durch einen Wirbel mit der Rollschnur verbunden.
Das Blei wird an dieser angebracht, entweder in Form eines durch-
lochten Bodenbleies beliebiger Gestalt oder als sogenanntes Lauf-
blei, das mit einer dünnen Schnur an die Hauptleine angeknüpft
ist oder aber man bedient sich direkt der Paternosterangel; ich würde
heute nur meine Bosporuspaternoster in die Rollschnur einführen.
Für das Fischen mit der Paternosterangel kann man besonders in
ruhig strömendem Wasser, in Altwässern und in Seen auch ein
kleines gleitendes Pilotenfloß anbringen. Von Vorteil ist der Kniff,
den mich ein Berufsfischer von der unteren Donau lehrte: In der
Länge des Vorfaches in je einem Drittel der Länge einen längsgespaltenen Weinkorken anzuklemmen. Diese Korke verhindern,
daß der Köder in den Schlamm oder ins Gras versinke, und erhalten
ihn in geringer Höhe über dem Boden schwebend.

Der Haken sei groß und kräftig im Draht. Die Nummern 3/0
bis 6/0 sind keinesfalls als zu groß anzusehen. Als Köder nimmt man
das Fleisch der Flußmuschel, von denen man je nach der Hakengröße
zwei oder drei anspießt; auch entsprechend große Stücke von Fischen,
besonders vom Aal, den man zuvor enthäutet hat, oder ein abge-
häuteter großer Wasserfrosch sind hervorragende Köder.

Für das Fischen mit der Schnappangel empfiehlt sich sowohl
die gewöhnliche Form derselben mit Schwimmer, als auch die
Paternosterangel. An und für sich wird diese Art zu angeln mehr
oder minder auf ruhige Wasserstrecken mit nur wenig oder gar keiner
Strömung beschränkt bleiben, also auf Altwässer oder Seen oder
große Buhnen, wogegen das Bodenblei die gegebene Methode für
die freie Strömung bedeutet.

Das Angeln mit dem feststehenden oder gleitenden Floße setzt aber immer eine genaue Kenntnis der Tiefe der zu beangelnden Stellen voraus, die man sich nur durch vorheriges Loten verschaffen kann, was an und für sich zeitraubend ist und immer einige Zeit vorher ausgeführt werden sollte, um den Fisch nicht zu beunruhigen. Denn um Erfolg zu haben, muß man den Köder in möglichste Nähe des Grundes bringen. Die Paternosterangel gestattet mir dagegen, jeden Platz ohne Loten zu befischen. Die im Kapitel Hecht beschriebene Paternosterangel nach Rolt ist meines Erachtens gerade für den Fang von Welsen besonders geeignet, da sie es gestattet, ein weites Terrain abzusuchen, dabei immer am Grunde zu bleiben und jedem Fische in ihrem Bereiche den Köder verlockend vorzuführen.

So wie zum Hechtfange empfehle ich auch zum Fischen auf Welse nur den einfachen Haken und die Anköderung des Fischchens durch die Lippen oder nur die Oberlippe, schon mit Rücksicht auf die leichte Möglichkeit des Verhängens im Kraute usw. Der Größe des Hakens entsprechend darf man schon ziemlich große Köderfische verwenden und ebensolche Frösche, welche man ebenfalls durch die Lippen anködert. Wenn der Haken im Maule des Welses gefaßt hat, dann ist keine Gefahr, daß er ausschneide oder ausreiße, denn der Wels hat ein sehr fleischiges Maul, in dem der Haken allemal gut faßt und eindringt; viel eher bricht er beim Drill. Und wenn der Wels beißt, dann tut er es so gierig, daß er den Köderfisch voll im Rachen hat, so daß der Anhieb kaum fehl gehen kann. Über den Anbiß eines Welses braucht man nicht lange im Zweifel zu sein, denn vielfach erfolgt er mit einem derartigen Ungestüm, daß man kaum die Gerte in der Hand behalten kann. Einigemale habe ich es gesehen, daß er im Ufer festgesteckte Gerten mit ins Wasser hinausgerissen hatte, ehe der Angler Zeit fand, seine Gerte zu ergreifen.

Der Drill eines Welses ist außerordentlich schwer und aufregend, wenn der Fisch nur halbwegs groß ist. Gewöhnlich beginnt er damit, daß der Fisch mit einem Saus eine große Länge Schnur hinauszieht, oft 50 Meter oder mehr. Dann wirft er sich mit dem ganzen Gewicht gegen den Strom, und jeder Versuch, ihn zu wenden, ist erfolglos, bis er auf einmal mit aller Gewalt stromabwärts geht. Wehe dem, der ihm nicht folgen kann, so rasch ihn seine Füße tragen, oder der stolpert oder der gar den letzten Meter Leine von der Rolle gegeben hat. Der hat gewöhnlich den Verlust von Gerät und Fisch zu beklagen, denn einen solchen Riesen, der noch im Vollbesitze seiner wilden Kraft ist, kann keines unserer Geräte „halten". Wer vom Boote aus angelt, der ist im Vorteil, denn er kann dem Fische folgen und ihn müde werden lassen, ohne sich und seine Geräte überanzustrengen.

So interessant und nervenerregend der Drill eines schweren Welses auch ist, so ist und bleibt doch sein Fang mehr oder weniger ein Lotteriespiel und eine Geduldprobe, ganz besonders an ausgedehnten Gewässern, in denen vielfach auch die Berufsfischer nicht sichere Kenntnis von seinem Stande oder Vorhandensein besitzen.

Selbst wenn man den Fisch an einer Stelle rauben oder steigen sah, ist sein Fang noch immer keine beschlossene Tatsache; das habe ich wiederholt erproben können, und trotzdem mir ab und zu ein guter Fang glückte, stand der eigentliche Erfolg in keinem Verhältnis zu der aufgewendeten Zeit und Mühe.

Cypriniden.

Der Karpfen. (Carp, Carpe) Cyprinier.

Das charakteristische Kennzeichen aller Fische, welche zu dieser Familie gehören, sind Zähne, welche nur auf dem unteren Schlundknochen aufsitzen, während die Mundhöhle, besser alle ihre Bewegungsknochen vollständig zahnlos sind. Ihr volkswirtschaftlich wichtigster Repräsentant ist der Karpfen, der schon in prähistorischer Zeit eine Rolle in der Ernährung der Menschen Europas gespielt hat, wie die Funde aus jener Zeit beweisen.

Seine hervorragenden Qualitäten als Speisefisch, vor allem seine enorme Widerstandsfähigkeit gegen verschiedene Schädlichkeiten und die leichte Möglichkeit ihn zu züchten, haben schon frühzeitig zu seiner weiten Verbreitung und Einführung in andere Länder geführt. Uns interessiert er in erster Linie als Sportobjekt und tatsächlich ist er ein prächtiger Fisch, dessen Fang viel anglerisches Können bedingt, sowohl um ihn überhaupt an die Angel zu bringen, als auch um den gehakten Fisch zu besiegen — denn er ist ein wilder Kämpfer, der oft einen erfahrenen Angler auf eine harte Probe stellt.

Sein mächtiger Rücken, je nach der Rasse gewölbt oder länger gestreckt, wechselt vielfach in der Farbe — je nach Klima und Standort ist er dunkel-grünlich, grau-bläulich, sogar braun-grau — die Seiten weißlich-gelb, manchmal fast matt messingartig gefärbt — auch grünliche Färbungen kommen vor. Mit Ausnahme der heller oder dunkler bräunlich farbigen Rückenflosse haben die anderen meistens einen blaß rötlichen Anflug, ebenso die Lippen — deren Grundfarbe ein helleres oder dunkleres Ockergelb ist. Die Oberlippe trägt hier Bartfäden — ein weiteres sicheres Kennzeichen des Karpfens. Die Schuppen sind golbig glänzend mit zartem schwarzen Saum am Hinterrande. Schuppenlose, besser schuppenarme Arten sind bekannt unter dem Namen Leder- bzw. ·Spiegelkarpfen.

Seine Laichzeit fällt in die Monate Mai und Juni — es gibt aber Gegenden und Gewässer, in denen er keine Schonzeit hat. Er ist ungemein fruchtbar — aber in offenen Wässern und Wildteichen laicht er oft überhaupt nicht. Sein Laich und seine Brut sind vielen Schädigungen ausgesetzt und deshalb sind offene Wasser mit guten oder gar reichlichen Karpfenbeständen ziemlich rar — am besten sind solche, die ausgedehnte Altwässer haben, welche mit dem Flusse zusammenhängen und gute Laichplätze bieten. Zugleich muß das Wasser „warm" sein — das Temperaturoptimum für sein Gedeihen ist 18—22°C —; nur in solchen Gewässern entwickelt er sich zu guter Form und beträchtlicher Größe.

Obzwar ein Allesfresser und in Anbetracht seiner Größe auf eine starke Nahrungsaufnahme angewiesen, ist der Karpfen, namentlich der ältere und größere, einer der vorsichtigsten, scheuesten und launenhaftesten Fische, deren Erbeutung viel Geduld und Warten erfordert. Darum genießt er auch im Wiegenlande des Angelsportes kein Ansehen als Sportobjekt. Wenn wir ihn zwar in dieser Hinsicht höher einschätzen, so muß doch zugegeben werden, daß er nicht der Fisch ist, dessen Erbeutung zuliebe jemand eine lange Reise unternehmen möchte. Eine Aussicht, ihn mit verhältnismäßiger Sicherheit zu erbeuten hat man im allgemeinen nur durch reichliches langes Auffüttern, um ihn einmal an einen bestimmten Ort zu gewöhnen, namentlich dort, wo der Bestand kein allzu reichlicher ist oder in sehr ausgedehnten Wässern.

Je nahrungsreicher ein Gewässer ist, je mehr sein Grund mit Pflanzen bewachsen ist, desto länger und reichlicher muß das Anködern erfolgen. Wenn man dem Karpfen seine Nahrung am Grunde anbieten will, darf natürlich der Köder nicht in diesem oder in den Pflanzen versinken.

Man hat zu diesem Zwecke vorgeschlagen, ein Stück des Grundes mit einem Rechen zu säubern; dieser Vorschlag ist nicht zu verwerfen, aber umständlich und nicht überall durchführbar. Besser ist das Versenken des Grundköders in einem Netze — aber auch dieses kann in den Wasserpflanzen untergehen. — Ich habe einen alten Karpfenfischer gekannt, der zu diesem Behufe das Netz an einer Stange befestigte, und zwar derart, daß der Netzbeutel unter allen Bedingungen über dem Grunde bzw. über dem Kraute schwebte, wenn das Ende in denselben eingerammt wurde. Die aus dem Wasser herausragende Stange bezeichnete ihm genau die Lage des Grundköders und war meterweise markiert, um sofort die richtige Tiefe für die Floßstellung ablesen zu können. Derlei Stangen setzte er an alle Plätze, die er angefüttert hatte. Aber das läßt sich nicht überall durchführen, ganz bestimmt nicht ohne Zuhilfenahme eines Bootes. In größeren Flüssen oder in Seen muß man die Stellen kennen, an denen sich Karpfen sich gerne aufhalten — andernfalls ist es eine sinnlose Zeit- und Materialverschwendung, in solchen Wassern aufs Geratewohl anzufüttern und ein ev. Erfolg eines solchen Handelns ist mehr einem zufälligen Lotteriegewinn gleichzustellen als der Folge eines zweckbewußten Tuns.

Der Karpfen liebt tiefe, ruhige oder langsam strömende Stellen im Flusse, Altwässer, langsame große Kehren und Rückströmungen, Kraut- und Seerosengehege und Schilfbänke, vor allem warmes Wasser und weichen Grund. An solchen Stellen sieht man ihn zuweilen im Sommer aufschlagen, ja oft direkt aus dem Wasser herausspringen, und muß sich solche Plätze gut merken. Im Frühjahre, wenn die Hochwasser im Ablaufen sind und die Sonne warm zu scheinen beginnt, liebt er die Nähe des Ufers, besonders wenn dieses unterwaschen ist. In der warmen Jahreszeit dagegen steht er gerne an der Sonne in mäßig tiefem Wasser von ca. 1—1½ m,

11*

namentlich dort, wo eine Strömung in eine Krümmung auslaufend sich verflacht und Schilf und Seerosen wachsen. Wenn das Wasser hoch und trüb wird, geht er wieder in die Nähe des Ufers, wenn er dort einen ruhigen Stand finden kann.

Dementsprechend muß der Angler sein Verhalten einrichten, seinen Grundköder einlegen und seine Angel auswerfen — niemals darf er die größte Vorsicht außer Acht lassen und stets den Grundsatze des „Fein-und-von-Weitherfischens" beherzigen.

Gerade gegen diesen wird oft vielfach gefehlt. Ich will gar nicht von den geradezu irrsinnig zusammengestellten Zeugen reden, die man in Geschäften als „Karpfenzeuge" zu sehen und zu kaufen bekommt: 3—4 m dicker Schnur, einen in den Farben des Regenbogens strahlenden dicken Schwimmer, einen großen Einhängewirbel mit ditto Bleikugel und einen Tarponhaken an dickem Gimp oder dreifachem Gut. Aber auch viele Angler sind heutzutage von dem Wahn befangen, zum Fange eines Karpfens gehöre zum minsten ein feineres Huchenzeug und wenn schon gar nichts anderes, also wenigstens extra starke Haken an doppeltem oder dreifachem Gut. In meiner Jugendzeit war eine solche kräftige Ausrüstung gang und gäbe und die Resultate ziemlich spärlich — Gottlob — heutzutage ist man anderer Ansicht geworden. Ob man eine lange oder eine kurze Gerte benützt, hängt vor allem von den Uferverhältnissen ab bzw. von der Möglichkeit, diese auch im Boote benützen zu können. Für das Angeln vom Ufer rate ich aber entschieden zu einer langen, aber nicht allzusteifen Gerte, da man in vielen Fällen gezwungen ist, recht weit über Gras, Seerosen usw. hinauslangen zu müssen. Nur sind die im Handel befindlichen langen sog. „Karpfenruten" in der Mehrzahl viel zu massiv und schwer, dabei ungemein steif und für das Fischen mit feinem Zeuge direkt unverwendbar. In der Hand eines geübten und kaltblütigen Anglers wird sogar die leichte und zarte Seerohrgerte auch für schwere Fische die besten Dienste leisten, was ich aus eigener Erfahrung bestätigen kann. Viel wichtiger ist die Frage der Schnur — diese sei so fein wie möglich, aber von ca. 12 lbs. Tragkraft — und das Gutvorfach 1 Yard lang. Über die Stärke „Pabron" braucht man im allgemeinen nicht hinauszugehen. Dagegen empfiehlt es sich mancherorts, das Gut grün oder braun zu färben. Hakengrößen zwischen 6—9 genügen. Für Würmer ist der Rundbogenhaken beliebt, für Teig oder Kartoffel der Senkband — obzwar durchaus nichts dagegen spricht, letzteren nicht auch mit Würmern beködern zu können. Ich liebe als speziellen Karpfenhaken den „Gladia"-Haken. Ich habe es nicht für unvorteilhaft gefunden, noch einen zweiten Haken 30—40 cm oder auch noch höher oberhalb des ersten im Vorfach einzuschleifen, besonders bei stark bewachsenem Grunde — ein Verfahren, das sich auch zum Angeln auf Schleie empfiehlt. Ich tue das weniger in der Hoffnung, eine Doublette zu erbeuten — es ist mir bislang noch nie geglückt — als in der Annahme, daß, wenn der untere Haken sich in Gras usw. vergräbt, wenigstens der obere den futtersuchenden

Fischen bemerkbar bleibt. Dagegen kann ich die sog. „Karpfenhaken"
meist kurzstielig mit ausgebogenen Spitzen, nach meinen Erfahrungen nicht empfehlen. Wenn man, und das wird meistens der Fall
sein, mit dem Floße angelt, so sei dieses so klein, schlank und unauffällig wie möglich, aber auch für den leisesten Biß empfindlich. Um
es möglichst empfindlich zu machen, lasse man es bei windstillem
Wetter so tief wie möglich tauchen, bei Wind und Wellenbildung
kann man ein größeres Floß verwenden und dieses zu einem größeren Teile aus dem Wasser sehen lassen.

In einem Flusse in Galizien, der sehr reich an großen Karpfen
war, und viele Stellen aufwies, wie ich sie vorhin beschrieben, an
welchem die Karpfen im Sommer sich im seichten Wasser tummelten
— hat sich mir nachstehendes Verfahren stets bewährt — ich näherte
mich diesen nur im Boote, das 20—25 m oberhalb lautlos verankert
wurde. Dann ließ ich die mit Teig oder Kartoffel beköderte Schnur
vom Strome zu den Karpfen hintreiben. Die Schnur war stets
gut gefettet, so daß sie klaglos schwamm — als Floß benützte ich
nur eine Sprosse von Schilf mit einem kleinen Schlitz am Ende,
worin ich die Schnur bzw. das Vorfach einklemmte — denn ich
stellte nie tiefer ein als 50—60 cm. Beim Anhieb fiel dann dieser
improvisierte Schwimmer ab, ohne aber weiter hinderlich zu sein.
Ich verfiel auf diese Idee, als ich sah, daß die Karpfen meinen Köder
nicht nehmen wollten, trotzdem ich nur ein ganz kleines Federkiel-
floß verwendete — das Stückchen Schilf dagegen scheint ihnen vertraut und ganz unverdächtig gewesen zu sein. Wenn man solche
Stellen vom Ufer aus befischt, ist man meistens auf den Weitwurf
angewiesen. — Mit Rücksicht auf das leichte Zeug hat man sogar
ein Wurfblei erfunden, welches nach dem Wurf allein wieder ab-
fallen sollte — ich habe es nie verwendet, weil ich stets vom Boote
aus gefischt habe — heute würde ich es noch weniger verwenden,
weil die Wenderolle mir seine Anwendung unbedingt erspart. Eine
Beschwerung mit einer Kugel aus Pulverköder dürfte dem Blei
entschieden überlegen sein und noch den Vorteil haben, die Fische
anzulocken. Ich habe vorhin das Fetten und Schwimmen der Schnur
betont, weil ich es für einen wesentlichen Faktor beim Angeln mit dem
Floße halte. Der Karpfen beißt in den seltensten Fällen so gierig, daß
der Schwimmer mit einem Ruck unter Wasser geht. Meistens beißt
der Karpfen vorsichtig den Köder betastend, daran schlürfend und
kostend und ganz zuletzt ihn förmlich ins Maul hineinsaugend.

Diese Phasen des Anbisses gibt das Floß getreu wieder — zuerst ein leises Zittern, dann kurze Tauchbewegungen, zum Schlusse
stärkere und endlich zieht der Karpfen mit dem voll im Maul ge-
haltenen Bissen ab — das Floß verschwindet in der Tiefe oder
segelt langsam aber stetig weiter. Wenn nun der Karpfen einen
Widerhalt spürt, sei es ein zu großes und plumpes Floß, eine dahinter hängende schwere, voll Wasser gesaugte Schnur, so läßt er oft
schon im Anfang, aber vielfach auch noch im Momente des vollen
Zufassens den Köder aus. Ein ganz leichtes Floß, eine gefettete

schwimmende Schnur bieten ihm keinen Widerstand. Von Vorteil ist es, 1—2 m Schnur in offenen Ringen am Boden des Kahnes oder am Lande auszulegen und zu warten, bis der Karpfen diese mit hinausgezogen hat und dann erst den Anhieb zu setzen, wenn sich die Leine gestrafft hat.

Angelt man ohne Floß, dann zeigt die Gertenspitze den Biß an, eine leise zitternde Bewegung, allmählich stärker werdend, bis die Gertenspitze zum Wasserspiegel abgebogen wird — oder wenn man die Gerte in der früher beschriebenen Schaukelstellung über den Bootsrand gelegt hat, senkt sich der ganze hinausragende Teil in stetem Zuge zum Wasserspiegel — worauf anzuhauen ist.

Beim Angeln vom Ufer aus wäre es wohl auf die Dauer ermüdend, die Gerte immerwährend in der Hand zu halten — man steckt sie entweder mit dem Erdspeer ins Ufer oder legt sie über eine kleine Astgabel (Zwiesel, trachte sie aber immer möglichst parallel zur Oberfläche des Wassers zu stellen. Man bemerkt das zarte Beißen viel besser und der Fisch findet viel weniger Widerstand als wenn die Gerte steil ins Ufer gesteckt ist, wie man es so manchmal sehen kann. Da man ja auf den Karpfen in ganz ruhigen Strömungen angelt, verwende man so wenig Bodenblei als möglich. Es ist besser wenn der Köder über dem Boden schwebt und vom klaren Wasser etwas bewegt wird als daß er von einem schweren Blei in den Schlamm oder in Pflanzen gezogen wird. Nun wird mich der Leser fragen: „Wann beißt der Karpfen?" auf welche Frage man lediglich antworten kann: „Wenn er gerade will!" Heute zeitig bei Tagesgrauen, morgen in der brennendsten Mittagshitze und übermorgen wenns schon fast stockfinster ist. Im allgemeinen gelten als gute Beißzeiten sonnige warme Tage des Frühlings sowie der Herbstmonate, trübes mildes Wetter und leichter Strichregen; nahezu sicher ist ein Anbiß, wenn ein Gewitter heranzieht oder nach demselben. Im Sommer der frühe Morgen, schon vor Tagesanbruch, und der späte Abend. Im Sommer habe ich kühles windiges Wetter oder laue Strichregen vorteilhaft gefunden, dagegen lang dauernde Landregen selbst bei warmen Temperaturen stets ungünstig. Anhaltend hoher Wasserstand bei nicht zu starker Trübung ist nach meiner Erfahrung günstiger als klares Niederwasser. Die Fische stehen auch näher beim Ufer und beißen weniger mißtrauisch. Wenn das Wasser draußen im Flusse steigt, kann man an den Ausgängen von Häfen und Altwässern mitunter große Fänge machen, ebenso wenn das Wasser wieder zu fallen beginnt. Bei hohem trüben Wasser ist der Wurm der verläßlichere Köder, bei hellem Wasser Teig oder Kartoffeln. Von den Teigen sind es besonders Polenta sowie die Weißbrot- und Kartoffelteige, welche zum Karpfenfange Verwendung finden. Als Grundköder bewähren sich am besten Kartoffel, Polenta, Rinderblut und vielfach Erbsen. Noch erübrigt es mir, den Drill des Karpfens zu besprechen. Nach dem Anhieb schalte man sofort die Sperre der Rolle ein, wenn dies nicht schon vorher geschah — denn gewöhnlich zieht der angehauene Karpfen mit einem mächtigen Zuge ab — dem schützenden Kraut oder Schilf zu. Gelingt es ihm unter dieses zu kommen und kann man es nicht durch die straffgespannte Schnur bei steil gehaltener Gerte zerschneiden, dann ist der Fisch regelmäßig verloren — man muß immer trachten ihn zu heben und in der Mitte des Wassers zu halten. Die Gerte soll immer so steil als möglich gehalten werden. Wenn man am Ufer laufen kann, trachte man stromab unter ihn zu gelangen, ihn zu wenden und stromabwärts zu führen um ihn rascher zu ermüden — im stillen Wasser und im Boote heißts ihn eben drillen bis er ermattet ist. Vor allem aber vermeide man einem noch frisch kämpfenden Karpfen gegenüber Gewalt — er ist trotz seiner Kraft ein nicht ausbauernder Schwimmer und verhältnismäßig bald abgekämpft. Man erkennt seine Ermüdung daran, daß er mit dem Schweif voraus nach oben kommt und sich dann auf die Seite legt. Man halte ihn so stramm wie möglich bei steil gehaltener Gerte, lasse ihn nicht in den Grund bohren, halte ihn von Kraut und Schilf fern, und benütze jede Pause im Kampfe um Schnur zu gewinnen. Das Ausschneiden des Hakens ist bei seinem leberzähen Maule nicht zu fürchten, umso weniger, als der Haken immer in den dicken Lippen festsitzt und der Karpfen auch nicht die Neigung hat zu springen und sich zu schütteln wie Salmoniden oder Hechte es tun. Dagegen schlagen große Karpfen häufig nach der Schnur; diesem Schlagen muß man begegnen, indem man mit der Schnur ausweicht, das läßt sich ebensowenig mit Worten erklären, als wie die Parade beim Fechten. Übung und Gefühl für die Fechtweise des Gegners sind da allein ausschlaggebend.

Heintz hat als Landungsgeräte den Gaff empfohlen — eine Ansicht, der ich nicht zustimme — denn nur zu leicht rutscht dieser an dem sehr harten Schuppenkleide ab oder wird von diesem am Eindringen gehindert. Ich ziehe ein geräumiges Landungsnetz vor, das ohnehin nicht durch seine Größe stört, weil man ja beim Karpfenfischen oft stundenlang geruhsam an einer Stelle sitzen bleibt.

Die Schleie (Tench).

Dieser Fisch fällt vor allem durch seine gedrungene Gestalt seine stumpfen Flossen und die kleinen tief in der Lederhaut sitzenden Schuppen auf, die mit einer reichlichen Schicht Schleim überzogen sind. Der Rücken ist schön olivgrün, ebenso die etwas helleren Seiten, der Bauch messinggelb. Das Maul trägt zwei kurze Bartfäden.

Die Schleie laicht erst im Juli. Obzwar sie in ganz Mitteleuropa, auch in England in stehenden und auch fließenden Gewässern vorkommt, so glaube ich nach meinen Erfahrungen zu schließen, daß sie nach Osten zu an Zahl und Größe zunimmt. Ist der Karpfen schon ein Freund des ruhigen warmen Wassers, so ist's die Schleie erst recht und ist der Karpfen ein launischer Beißer, so ist's die Schleie noch weit mehr.

Sie lebt am Grunde, wo sie im Schlamm wühlend ihre Nah=
rung sucht, ein Allesfresser wie der Karpfen. Aus stehenden oder
stagnierenden Gewässern gefangen, besitzt ihr Fleisch vielfach einen
unangenehmen Schlammgeschmack — dagegen sind Schleien aus
strömenden Wässern ein vorzügliches Essen.

Leider fängt man sie verhältnismäßig selten an der Angel, meist
mit dem Karpfen zusammen, wenn man letzteren angefüttert hat.

In der Regel beißt sie furchtbar langweilig, kostet und saugt am
Köder herum, und eigens nur auf Schleihen zu angeln, dünkt mich
fürwahr ein langweiliges Vergnügen, selbst dort, wo sie recht zahl=
reich vorkommen.

Ich habe meine meisten und größten Schleien in Galizien
gefangen, wenn ich mit Würmern auf Karpfen angelte, es scheint,
daß sie den Wurm, besonders Rotwürmer und Gelbschwänze,
dem Teige usw. vorziehen, und eigentümlicherweise fast alle, insbe=
sondere aber die größten habe ich bei kaltem, windigem oder regne=
rischem Wetter gefangen, immer nur an sehr feinem Zeuge — viel=
fach Stücke im Gewichte einiger Pfunde. Darum ist es mir unbegreif=
lich, wie man in Wien zum Angeln auf Schleie in den Donau=
ausständen und Altwässern ein Zeug verwendet, welches für gute
Hechte stark genug ist — einen Schwimmer von 15—20 cm Länge
und dahinter drei bis vier Pilotenkorke. Auch für die Schleie gilt,
was ich beim Karpfen betonte, ein sehr empfindliches schlankes Floß
von möglichst kleinen Dimensionen. Da die Schleie im Flusse die
stillsten Stellen bewohnt, braucht man sehr wenig oder besser
gar kein Blei, am wenigsten in stehenden Gewässern. Muß man in
solchen einen weiten Wurf nach deren Standplatze machen, dann
ist es vorteilhafter, eine Grundköderkugel an das Vorfach zu knoten,
was namentlich bei Verwendung einer Wenderolle einen sehr weiten
Wurf ermöglicht. Die Schleie ist ein ausgesprochener Bodenfisch,
weshalb man den Köder dort anbieten muß. Wo Kraut und Gras=
betten im Wasser sind, trachte man, den Köder in Zwischenräume
zwischen diese zu bringen.

Je klarer und niederer das Wasser, desto mehr zieht die Schleie
nach der Mitte — bei hohem Wasserstand und etwas Trübung nach
dem Ufer. Dort wo ein Altwasser mit dem Flusse zusammenhängt,
wird man auf einen guten Fang rechnen können, wenn im Flusse
das Wasser steigt und am Auslaufe sich in das Altwasser zurückstaut.
In diesem Rückstau ziehen die Schleien ziemlich ufernahe auf Nah=
rungssuche; sobald aber das Wasser auch nur um ein geringes fällt,
ziehen sich die Schleien wieder vom Ufer und in das schützende Kraut
zurück. Wer diesen Umstand nicht berücksichtigt, wird sich wundern,
wenn er an einem Tage eine gute Strecke machte und am nächsten
keinen Anbiß hat.

Hinsichtlich der zu verwendenden Gerten werden dieselben
Längen und Stärken in Anwendung kommen wie beim Karpfen
und auch hier wird die Seerohrgerte gut zu brauchen sein, wenn
man eine lange Gerte zu führen gezwungen ist.

Im allgemeinen beißt die Schleie, wie schon erwähnt, recht langweilig — in Galizien bissen sie meist gierig; mit einem scharfen Ruck fuhr das Floß in die Tiefe, mir so beweisend, daß kein Karpfen den Köder gefaßt habe. In einer Nummer der vorjährigen „Fishing Gazette" berichtet ein englischer Angler über seine Erfahrungen mit Schleien in einem englischen Flusse; er hat dort ähnliche Beobachtungen gemacht. Auch er fand, wie ich, daß eine Schleie von über zwei Pfund sich ganz energisch wehrt und einen guten Drill erfordert. Man angelt auf sie wie auf den Karpfen, nur muß der Köder unmittelbar auf, bzw. über dem Grunde sich befinden, und verwendet dieselben Geräte. Vorteilhaft ist die Verwendung von zwei Haken, wie ich es beim Karpfen beschrieben habe. Auch angelt man auf den gleichen Stellen und haut an, sobald das Floß verschwunden ist und in die Tiefe geht. Der Drill einer großen Schleie ist dem des Karpfens ähnlich, vielleicht weniger aufregend und kürzer.

Der Brachsen oder Blei.

Im Gegensatze zu den beiden vorigen nimmt der Blei eine hervorragende Stellung unter den Fischarten ein, welche den Angler als begehrenswerte Beute interessieren. Sein hoher Rücken, seine flache Körperform geben ihm ein ganz charakteristisches Aussehen. Sein Rücken ist blaugrau, die Seiten und der Bauch weißlichgraubleifarben, was ihm auch seinen Namen verschafft hat. Seine Flossen sind bläulichgrau. Ein weiteres Charakteristikum ist seine lange schmale Afterflosse mit 22 Strahlen. Englische Ichthyologen geben an, daß es eine Kreuzung zwischen Blei und Plötze gebe, die unfruchtbar sei, von Form und Farbe des Bleis, und von diesem nur dadurch unterschieden, daß die Afterflosse mehr bzw. weniger als 22 Strahlen besitze. Ich habe diese Behauptung in deutschen Werken bisher weder erwähnt noch nachgeprüft gefunden, zweifle aber nicht daran, daß ein derartiges Vorkommen möglich ist, da ich selbst schon wiederholt Blei und Plötzen an denselben Laichstellen zusammen beobachtet habe. Von anderer Seite wird die Beobachtung gemeldet, daß die Bleie die Plötzen verdrängen — ähnlich wie die Äschen die Forellen verdrängen sollen. Unwahrscheinlich oder unmöglich ist das nicht, denn der Blei ist der größere und stärkere von beiden und beansprucht naturgemäß mehr Nahrung — was den Schwächeren zum Abwandern zwingt. Auffallend ist beim Blei das halbunterständige und im Verhältnisse zu seiner Größe sehr kleine Maul.

Er kommt in ganz Europa vor, in Seen und Flüssen, bevorzugt vor allem die größeren und großen Wasserläufe mit warmem Wasser und weichem Grunde. Er geht aber auch nicht in kleine Seitenwässer oder Bäche, wie vereinzelt behauptet wird, selbst wenn diese ihm zusagende Bedingungen aufweisen.

Seine Größe nimmt nach dem Norden und Osten des Kontinents zu — in kalten Wässern gedeiht er nicht besonders gut, wenn

er sie überhaupt aufsucht. Er erreicht ein hohes Gewicht — Stücke
von 6 und mehr Pfund sind keine Seltenheit — und eine beträchtliche
Größe, lebt in Scharen und geht gerne und gut an die Angel. Ruhig
strömendes Wasser, tiefe Rückläufe, Altwässer, besonders deren
Mündungen sind seine Lieblingsplätze. In den Seen aber auch in
größeren Flüssen gibt es Stellen, wo das Flußbett oder der Seegrund
einen mehr oder weniger geneigten Abfall zur Tiefe haben — solche
Stellen werden von den Bleien mit Vorliebe besucht und die Kenntnis derselben ist von großem Nutzen. Im Sommer steht er gerne im
Mittelwasser. Bei stärkerem Winde kann man von einem erhöhten
Standpunkte aus häufig die Bleie wandern sehen — es mag das
vielleicht nicht in jedem Wasser der Fall sein, aber ich habe das wiederholt beobachten können, und zwar immer in der Richtung gegen den
Wind. Die Fische ziehen dann in Massen ganz an der Oberfläche,
und wenn man Gelegenheit hat, ihnen in einem Boote den Weg zu
verlegen und ihnen den Köder anzubieten, kann man, solange der
Zug dauert, enorme Strecken erzielen. Wenn das Beißen aufhört,
muß man die Fische wieder suchen, um das Spiel von neuem beginnen zu können. Ich erinnere mich eines solchen Tages an der Elbe,
wo wir, ein Freund und ich, so viele Bleie fingen, daß unser Boot
voll Fische war. Mit der vorschreitenden Jahreszeit zieht er sich in
die Tiefe zurück. Die Laichzeit ist im Mai bis Juni.

Sein Fang beginnt Ende Juli, die besten Monate sind aber
August, September und Oktober, teilweise auch der November,
wenn die Tage warm und sonnig sind und noch keine scharfen
Fröste eingefallen waren. Er beißt zu jeder Tageszeit, im Hochsommer jedoch am besten am frühen Morgen und Abend, oft aber
auch unter Tags, wenn ein frischer Wind weht oder der Tag trüb und
heiß ist. Wichtig ist es, ihn gut anzufüttern; Kartoffeln, sehr klein zu
Würfeln geschnitten, Weizenkörner, Hanfsamen sind ausgezeichnete
Grundköder. Ebenso zerschnittene Regenwürmer, wozu sich die
überall zu findenden hellrosafarbigen Würmer mit dunklen Knoten
hervorragend eignen, da sie in Mengen leicht zu graben sind; man
knetet sie vorteilhaft in Lehm oder Grundköderkugeln. Bei klarem,
niedrigem Wasser ködert man an den Haken Teig oder Maden,
letztere besonders im Herbst. Nicht bald ist ein Fisch bei klarem
Wasser so dankbar mit dem Pulverköder anzulocken wie der Blei;
man knetet einige wenige Maden mit dazu. Bei trübem Wasser
und höherem Stande desselben ist der Rotwurm bzw. der Schwanz
des Tauwurmes als Köder zu bevorzugen.

Es ist von größter Wichtigkeit, zum Angeln auf Bleie sich des
feinstmöglichsten Gerätes zu bedienen, feine Schnüre und Gutfäden
zu verwenden, besonders zum Angeln mit Maden. Selbst zum
Wurmangeln bei trübem Wasser nehme man keine größeren Haken
als höchstens Nr. 8. Wie ich vorhin erwähnte, hat der Blei ein auffallend kleines Maul und liebt keine großen Brocken und wenn er
auch bei weitem nicht in dem Maße scheu und vorsichtig ist wie der
Karpfen, mit welchem er, nebenbei gesagt, häufig an der gleichen

Stelle zusammen gefangen wird, so kann man die Beobachtung machen, daß man viel öfters beim Angeln auf Bleie einen Karpfen dingfest macht, als umgekehrt — es scheint das ein analoges Verhältnis zu sein, wie zwischen Huchen und Zander, wo diese beiden nebeneinander vorkommen. Mein Rat geht dahin, zum Wurmangeln bei trübem Wasser nicht über die Hakengröße 10—8 hinauszugehen — für die Teig- und Madenköderung aber nur Haken von 10—13 zu gebrauchen; als Gutstärken für ersteres die Stärke Fina, höchstens Regular, für letztere aber Refina bis 2$\times$ sogar 3$\times$, wenn das Wasser sehr klar und niedrig ist. Das Vorfach sei mindestens 1, besser 1½ Yards lang, und das Floß sei so leicht und klein wie möglich. Der Blei wird sowohl mit rinnender Floßangel wie auch mit dem festliegenden Floße und mit dem Bodenblei erbeutet. Mit der ersteren wenn er im Mittelwasser zieht oder nahe dem Grunde — ev. verwendet man auch das festliegende Floß —, mit dem letzteren dort, wo er in der Strömung herumzieht. Ebenso wie man kleine und kleinste Haken verwendet, soll auch die Beschwerung so leicht als möglich sein. Die im betreffenden Kapitel eingehend beschriebene „laufende Grundangel" bringt zu Zeiten an gewissen Stellen reichste Beute, besonders wenn der Grund etwas sandig und nicht zu schlammig ist. Ich kann ihre Verwendung speziell in dem Falle empfehlen, wenn die Bleie den nach anderen Methoden angebotenen Köder refusieren.

Einen weiteren wichtigen Punkt finde ich in unseren Büchern auch nicht betont: den vom „Weither"-Angeln, gleichviel ob vom Ufer, ob vom Boote aus. Wenn eine Schar Bleie sich bei den ausgestreuten Grundködern versammelt hat, kann man oft Schlag auf Schlag mit jedem Wurfe einen erbeuten — vorausgesetzt — daß man die Fische nicht durch das zu nahe Drillen eines gehakten Artgenossen beunruhigt. Der Blei wehrt sich bei weitem nicht so wie der Karpfen, darum ziehe man ihn sofort aus dem Gesichtskreise der anderen und hüte sich, ihn an die Oberfläche zu bringen, ehe er nicht ermüdet, selbst zu dieser heraufkommt, sonst verscheucht er durch sein Plätschern die übrigen. Der Blei macht nicht die zügigen Fluchten des Karpfens, schlägt auch nicht nach dem Vorfach, sondern sucht meist sein Gewicht zur Geltung zu bringen, indem er sich quer zur Strömung stellt und diese auf seinen breiten Leib drücken läßt — er ermüdet aber bei ruhiger Führung sehr rasch. Wenn der Blei an der Floßangel beißt, so geschieht dies in verschiedener Weise — im stillen Wasser legt das Floß um, ehe es in die Tiefe geht — in der Strömung taucht es erst ein- bis mehrere Male gleichmäßig, vielfach aber segelt es gleich vom Anfang an schräg in die Tiefe. Man lasse sich Zeit mit dem Anhieb — der Blei ist nicht so argwöhnisch wie der Karpfen und spuckt den Köder nicht so rasch aus wie dieser, wenn er einen Verhalt fühlt. Ich habe es immer für besser gefunden, einmal einen Anhieb zu verpassen als zu bald anzuhauen und den Fisch nur schlecht zu haken, ihn im Drill zu verlieren und dadurch die übrigen zu beunruhigen und zu vergrämen.

Angelt man ohne Floß, so zeigt die Spitze ein 2—3maliges gleichmäßiges langsames Abgebogenwerden, ehe sie zum Wasserspiegel niedergezogen wird, hie und da geschieht dies allerdings auch wie beim Floß sofort. Dasselbe Bild zeigt die schaukelnde über den Kahnbord ausgelegte Gerte. Immer aber ist das mehrmalige, weiche, stetige und bedächtige Niederbiegen der Spitze ein sicheres Kennzeichen für den Biß des Bleis.

Auch hier wartet man mit dem Anhieb, bis die Spitze zum Wasserspiegel herabgezogen wird. Ich habe es für diese Art zu Fischen immer für äußerst vorteilhaft gefunden, wenn die obersten 20 bis 30 cm der Spitze aus Fischbein bestehen. Diese Spitzen sind so empfindlich, daß sie den leisesten Biß anzeigen und auch den weichen zugigen Anhieb in weitestgehendem Maße ermöglichen.

Die Barbe (Barbel).

Wenn die Barbe die liebenswürdige Eigenschaft der Plötze hätte, jederzeit den ihr gebotenen Köder willig zu nehmen, so wäre sie in Anbetracht ihres häufigen Vorkommens, ihrer Größe und Kraft und der energischen Art zu kämpfen als ein Beuteobjekt von hoher Klasse einzuschätzen. Sie bewohnt Flüsse und Ströme mit kiesigem und grobschotterigem Boden weit hinauf in die Äschenregion und hinunter ins Gebiet des Bleis.

Ihre Gestalt ist langgestreckt, der Kopf spitz, das Maul trägt zwei Bartfäden. Ihre Schuppen sind klein, messingglänzend an den Seiten und am Bauche, der Rücken ist braunoliv, die erste Strähne der Rückenflosse ist hart.

Die Barbe ist ein Allesfresser und im Salmonidenwasser ebenso unbeliebt wie der Döbel, da sie ebenfalls ein Laichfresser ist. Große Barben nehmen auch Koppen, besonders gerne Neunaugen, und ohne Zweifel vergreifen sie sich auch an Jungfischen edlerer Arten.

Die Laichzeit dauert von Mai bis Juni, wo man an durchschnittlich 1—1½ m tiefen Stellen mit feinem Kiesgrund die Hochzeitszüge dieses Fisches beobachten kann. Sein Rogen ist giftig; speziell in diesem Jahre wurden mehrere einwandfreie Vergiftungen, einige davon sogar mit töblichem Ausgange, festgestellt. Jedenfalls ist vor seinem Genusse auch außerhalb der Laichzeit zu warnen, er ruft ruhrartige Darmkatarrhe hervor, was zu beobachten ich selbst wiederholt Gelegenheit hatte.

In den ihr zusagenden Gewässern erreicht die Barbe ein großes Gewicht. Stücke von 3—4 kg und darüber sind keine Seltenheit.

Der Fang der Barbe mit der Angel beginnt unter Umständen im April, nach Ablauf der Frühjahrshochwässer, und dauert bis zur Laichzeit, dann vom Juli ab bis tief in den Spätherbst hinein; wenn dieser frost- und eisfrei ist, oft bis gegen Weihnachten.

Im Frühjahr und bei hohem Wasserstande hat man die Fische in der Nähe des Ufers zu erwarten, späterhin, wenn das Wasser sinkt, gehen sie immer mehr der Strommitte nach und sind es besonders Löcher und Ausschwemmungen im Strombett, welche sie dann als Aufenthalt bevorzugen. Wenn die Luft- und Wassertemperaturen sinken, so ziehen sich die Barben in tiefe, gleichmäßig strömende Stellen zurück, beißen aber, wie gesagt, Eisfreiheit vorausgesetzt, hier oft noch im späten Dezember.

Immer aber muß man die Barbe in der Strömung suchen, vielfach in den großen Wirbeln hinter Buhnen und Wehren, neben den Schleußen, Mühlschüssen und am Einlaufe scharf rinnender Seitenwässer.

Die allergrößten Exemplare findet man aber in den tiefen Löchern, welche das Bett fast aller Flüsse, wenigstens so weit sie nicht rinnenartig reguliert sind, aufweist. Allerdings muß man diese Stellen genau kennen und trachten, meistens vom Boote aus, Grundblei und Köder hineinzubringen. Da das erstere in diesem Falle oft von sehr beträchtlichem Gewichte sein muß, darf das ganze Angelzeug etwas massiver sein, als wir es sonst verwenden.

Je grobsteiniger der Boden, desto lieber ist er ihr.

In großen Flüssen ist es nicht immer leicht, die Aufenthaltsstellen der Barben zu finden, es erfordert dies viel Erfahrung und Beobachtung, wenn anders man nicht durch die Lokalkenntnis eines Einheimischen unterstützt wird.

Das Angelzeug für die Barbe sei fein, aber kräftig. Wer vom Ufer angelt, muß sich in größeren Strömen, wie Donau, Elbe, Moldau usw., mit einer längeren, steiferen und kräftigeren Gerte (siehe Kap. 1) ausrüsten, schon wegen der oft unvermeidlichen schweren Senker, welche da in Anwendung kommen müssen; 5½ bis 8 m Länge sind da oft nicht zu viel. In solchen Gewässern ist eine derart lange und kräftige Gerte auch zum Angeln mit dem lebenden Köder recht vorteilhaft. So wenig ich im allgemeinen für überlange und demzufolge naturgemäß sehr schwere Gerten eingenommen bin, für den Gebrauch an solchen Gewässern kann ich sie gern und gut empfehlen.

Für kleine und mittlere Flüsse langt man mit einer 3—4½ m langen Gerte vollkommen aus.

Das Vorfach sei von einfachem, aber kräftigem Gut, Padron I bei trübem, Regular bei hellerem Wasser, und 1 Yard lang. Der Haken kräftig, seine Spitze stets haarscharf, Größe 8—1, je nach dem Helligkeitsgrade des Wassers und des verwendeten Köders.

Wenn man angebundene Haken verwendet, so empfiehlt sich zum Fischen auf Barben wie bei keinem anderen Fische die im betreffenden Kapitel geschilderte Verstärkung des Guts oder dem Hakenschenkel. Es ist eine Tatsache, daß die Barbe das Gut eben meist an dieser Stelle absprengt. Wenn man Ohrhaken verwendet, ist es ratsam, den Haken öfters neu einzubinden, um ein Durchscheuern des Guts am Ohr zu vermeiden.

Die Schnur sei fein, aber von ca. 10—15 lbs. Tragkraft je nach der Schwere der Gerte.

Als Köder nimmt man große rote oder dunkle Tauwürmer, die man am vorteilhaftesten nach der „Hosenmanier" ansteckt und die Enden recht lang läßt, das Fleisch der Flußmuschel oder Neunaugen, lebend angeködert, diese besonders im Spätsommer und Herbst. Diese und auch kleine, 5—7 cm lange, lebende Mühlkoppen und Gründlinge werden von großen Barben gerne genommen. Beide ködert man durch die Lippen an. Im Sommer sind Käse und gestocktes Rinder-blut ein hervorragender Köder, wenn das Wasser hell ist.

Unter allen Bedingungen, ob man mit oder ohne Floß angelt, muß beim Barbenfange der Köder am Grunde aufliegen oder über denselben hinstreifen.

Zum Angeln mit dem Floße eignen sich außer jenen Stellen, an denen eine wenigstens streckenweise ziemlich gleichmäßige Tiefe ist, besonders die Rückläufe und Wirbel hinter Mühlanlagen und Schleußen oder an Buhnen und Einbauten. Das Floß muß ent-sprechend der Wassermenge und Strömung schwerer sein, soll aber nicht zu groß sein. Ein großer Schwanen- oder Pelikankiel wird in den meisten Fällen genügen, ev. ein kleines Nottinghamgleitfloß, wenn größere Tiefen mit dem Weitwurfe erreicht werden sollen.

Der Senker sei auch nicht zu groß, bestimmt nicht größer, als es die gegebenen Umstände erfordern; besser als ein großer sind mehrere kleinere, der erste ca. 30 cm vom Haken entfernt.

In gerade fortrinnende Flußstrecken muß man den Grundköder — Blut oder Würmer, bzw. Stücke derselben — in Lehm eingeknetet auswerfen, damit er von der Strömung nicht vertragen werde. Dagegen kann man ihn in Rückläufe oder Wirbel ohne Umhüllung, ev. unter Benützung der früher erwähnten Grundköderbüchse, ver-senken, da er an solchen Stellen immer im Kreise herumgeführt und so zu den nahrungsuchenden Fischen gebracht wird.

Nach dem Einwurf der Floßangel warte man das Sinken des Köders ab und halte dann die Schnur gespannt. Selbstredend muß man dazu in Rückläufen Schnur zurückholen, wenn das Floß gegen den Angler getrieben wird, und wieder ausgeben, wenn der Strom es wieder forträgt. Der Anbiß der Barbe wird vom Floß durch einen oder einige kurze, energische Rucke und darauf folgendes Tauchen angezeigt; in diesem Momente ist der Anhieb kurz, aber zügig zu setzen, damit der Haken in das lederzähe Maul gut eindringe.

Angelt man mit dem Bodenblei oder der sog. Barbenwage, dann kann man nach dem Wurfe die Gerte mit dem Speer in den Boden stecken, um durch das Halten einer so langen und schweren Rute nicht zu ermüden. Bei dieser Art zu fischen verwendet man mit Vorteil ein Vorfach von Messingdraht in ¾ der Länge des Angel-stockes. Der Draht schneidet das scharf strömende Wasser besser und widerstandsloser als die Schnur, was auch den Senker besser am Boden erhält und leichtere Bleie zu benützen erlaubt, trotzdem in schwerer Strömung und tiefen Flüssen oft ein solches von 30, 50, ja selbst 100 g und mehr erforderlich ist.

Um in rauhem Boden möglichst Hänger zu vermeiden, werfe man besser schräg abwärts als quer über die Strömung.

Die Barbe beißt in scharfen Rucken, welche an der Gertenspitze einen sichtbaren Ausschlag erzeugen, und zieht zuletzt diese nach der Oberfläche des Wassers herunter, wobei man anzuhauen hat. Zum Angeln in der Nacht oder Dämmerung bringen manche Angler eine kleine Schelle an der Spitze an, deren Ton den Anbiß meldet. Die Angelei mit Bodenblei ist empfehlenswert im Frühjahr und Herbst sowie bei hohem Wasserstande, bei diesem auch im Sommer. Bei hellem und niedrigem Wasser ist die Floßangel und der Weitwurf mit dieser vorzuziehen. Im Frühjahr sind milde, trübe Tage äußerst günstig, ebenso im Herbst. Im Sommer sind heiße, sonnige Tage schlecht, namentlich dann, wenn das Wasser noch klar und niedrig ist. Am ehesten hat man auf Erfolg zu rechnen vor Tag und in der späten Dämmerung, außer bei regnerischem und kühlem Wetter.

Trotz allem ist die Barbe ein launischer Fisch, dessen Erbeutung auch bei scheinbar günstigen Verhältnissen ungewiß ist.

Der Drill der Barbe, vor allem der großen Exemplare, ist aufregend. Sie wehrt sich durch kräftige Risse und Fluchten, bohrt nach dem Grunde und versucht mit dem Schweif das Vorfach abzuschlagen. Man muß immer bedacht sein, sie zu heben und nicht auf den Grund gehen zu lassen, andererseits ihr Zerren durch die Elastizität der Gerte und Schnurgeben zu parieren. Deshalb muß die Gerte auch eine gute Dosis Elastizität besitzen. Die vielfach im Handel zu sehenden schweren Grund- und Barbengerten haben diese meistens nicht, worauf beim Einkauf zu achten ist. Auch achte man darauf, daß die großen Barben gerne und oft das Vorfach oder den Haken brechen, wenn man mit dem Drill nicht rasch beginnt; das kommt meist vor, wenn die Gerten in den Boden gesteckt sind und der Angler nicht aufmerksam ist oder seine Gerte aus diesem oder jenem Grunde verläßt. Ich bin deswegen kein Freund davon, mehr als einen Stock auszulegen, wie man es häufig sieht.

Der Schied. Rapfen.

Unter den Cypriniden ist er eine von den Arten, welche nicht nur eine beträchtliche Größe erreichen, sondern auch vom sportlichen Standpunkte Beachtung verdienen.

Der Schied ist entschieden auch ein schöner Fisch, von langgestreckter, schlanker Gestalt; dunkelblaugrün ist die Farbe seines Rückens, während Bauch und Seiten in silbrigem Weiß leuchten. Charakteristisch für ihn ist die breit ansetzende, tief ausgeschnittene Schwanzflosse und das tief gespaltene Maul, das ihn als Raubfisch, der er ja tatsächlich ist, kennzeichnet. Sein Unterkiefer greift weit vor und in eine Vertiefung des Zwischenkiefers ein.

Augen und Schuppen sind klein, letztere tragen besonders am Rücken während der Laichzeit, die je nach der geographischen Lage

von April bis zum Juni währt, einen deutlichen knotenförmigen
Ausschlag. Der Rapfen ist ein Bewohner des Ostens unseres Kontinents; er fehlt in England, Frankreich, Holland und der Schweiz
und erreicht ein Gewicht bis 15 kg. Er ist ein Bewohner der größeren
Flüsse und Ströme, vor allem jener mit reinem Wasser, kommt aber
auch in Seen vor. Er steht am liebsten am Rande starker Strömungen,
am Ein= und Auslauf von Gumpen und Wirbeln, an Buhnenköpfen
und im Überfallwasser von Wehren sowie an Einmündungen von
Seitenarmen, Kanälen und Nebenflüssen und an Häfen. Kiesigen
oder grobschotterigen Grund zieht er im allgemeinen weichem Boden vor. Seine Nahrung sind vor allem kleine Fischchen, hauptsächlich Lauben, Frösche, aber auch Insekten und Würmer ver-
schmäht er nicht.

Als Beuteobjekt hat er dort, wo er vorkommt, für den Angler
viel Interesse, denn er ist sowohl mit der Spinnangel als auch mit
der Kunstfliege zu erbeuten und gewährt an beiden guten Sport.

Im Sommer lebt er im Mittelwasser und an der Oberfläche
der vorerwähnten Lieblingsstände, während er sich im Winter mit
den Futterfischen zusammen in ruhigere und tiefere Plätze zurück-
zieht.

Der Angler, welcher in der Nähe solcher Stellen im Sommer
fischt, kann ihn öfters nach Fliegen aufgehen und nach Lauben
jagen sehen. Wenn das Wasser nicht zu hell ist, kann man versuchen,
ihm einen Wurm anzubieten, den man dem Wirbel und der Strömung zutreiben läßt und ihn dann wieder mit Rucken zu sich
heraufzieht. Der Schied stürzt sich gierig auf alles, was irgendwie
Leben und Bewegung zeigt. Oft genug wird der Köder auf diese
Weise vom Schied genommen.

Kann man ein lebendes Neunauge als Köder benützen, so ist
sein Fang nahezu stets als gelungen anzunehmen.

Mir hat sich im Sommer folgendes Verfahren am besten bewährt: Wenn ich mir Schiede ausgemacht hatte, köderte ich die
großen grünen fliegenden Heuschrecken an große einfache Haken,
ev. zwei Stück an einen solchen, wartete auf ein Steigen, oder,
wenn ich genug Heuschrecken hatte, provozierte ich es, indem ich
ihm solche zuschwimmen ließ, bis er aufging. Dann erst ließ ich
den bewehrten Köder zu seinem Stande hinrinnen; selbstredend:
Leine und Vorfach müssen gut gefettet sein und schwimmen und
am Köder darf nicht der leiseste Zug oder Verhalt ausgeübt werden. Angelte ich unter einem Wehre, dann näherte ich mich von
unten her im Boote oder watend und warf den Köder stromauf
ins Überfallwasser. So gelang es mir oft, mehrere Schiede hintereinander zu erbeuten.

Im Winter steht er oft neben Zander und Döbel in tiefen,
ruhigen Wirbeln, hinter Buhnen und Brücken, beißt hier sowohl
auf den lebenden Köderfisch wie auch auf den Tauwurm und den
Gänsedarm. Er nimmt aber den lebenden Köderfisch im Sommer
auch und gern, und wenn man sich keine großen Heuschrecken ver-

schaffen kann, so ist die Schnappangel entschieden eine sichere Fangmethode. Nur darf man keine auffälligen Floße verwenden, am
besten ist ein einfacher, längsgespaltener Flaschenkork, mit dem
Messer konisch zugeschnitten, von ca. 4 cm Länge, 1½ m über dem
Köder an die Schnur geklemmt. Kein Blei! Keine Wirbel! Das
Vorfach ca. ¾—1 m lang von Poil-Stärke Regular, der Haken ein
einfacher Perfekthaken Nr. 1 oder 1/0. Als Köder bewähren sich
am besten kleine, 5—6 cm lange Lauben. Der Haken wird ihnen
einfach durch die Oberlippe, bzw. durch ein Nasenloch geführt.
Ebenso wichtig wie das Fehlen jedes Senkers ist das gute Fetten
der Schnur. Statt Lauben kann man auch Pfrillen oder Grundlinge
nehmen, Lauben aber sind am besten, da sie seine Haupt- und Lieb-
lingsnahrung sind.

Das Ganze läßt man jetzt von einer Entfernung von 15—25
und mehr Metern dem Platze zutreiben, wo man den Schied jagen
sah, in Rückläufen und Wirbeln überläßt man das Floß dem Strome.
Wenn der Schied beißt, geschieht dies fast regelmäßig mit einem
Aufschlage übers Wasser, mit dem er die flüchtende Laube erhascht.
Man hat zum Anhiebe Zeit, bis sich die Schnur durch sein
Abgehen spannt; vielfach, besser gesagt, fast immer haut er sich
selbst an.

Es ist wichtig, keine größeren Köderfische zu nehmen als 5 bis
6 cm. Größere faßt er oft nur am Schwanz und läßt dann gerne
aus, während er den kleinen Fisch meist sofort verschluckt. Dadurch,
daß man kein Blei nimmt, hat die empfindliche Laube vollen Spiel-
raum nach allen Seiten und wird nicht ermüdet, weil das Gutvorfach fast ohne Gewicht ist. Ebenso bildet die gefettete schwimmende
Schnur keine Last für das kleine zarte Köderfischchen, das dafür
um so länger lebend und beweglich bleibt. Da man auf diese Art
und Weise vom Ufer aus fischt, empfiehlt sich eine recht lange, aber
leichte Angelrute mit nicht zu steifer Spitze, mit der sich der Köder
bedeutend besser führen läßt als mit einer kurzen Gerte. Eine
Angelrute von 5 m Länge halte ich für diesen Zweck für nicht zu
lang. Entsprechend der weichen Gerte kann man die Schnur recht
fein nehmen; eine solche von 10 Pfund Tragkraft wird entschieden
genügen.

Der Drill dieses Fisches ist an seinem Zeuge recht interessant;
er kämpft zuweilen ganz energisch, besonders wenn er 2—3 kg
und mehr schwer ist, macht er ganz kräftige Fluchten. Man übereile
sich nicht im Drill und lasse ihn sich müde kämpfen, und zwar möglichst weit weg vom Stand des Anglers.

Da er gesellig lebt, hat man Aussicht, an derselben Stelle oder
in deren Nähe noch den einen oder andern seiner Genossen zu erbeuten; deshalb fische man das ganze Wasser sorgfältig ab. Beißen
die Rapfen an diesem Platze nicht mehr, wechsle man ihn, um sie
nicht unnötigerweise zu vergrämen, lasse ihn einige Zeit in Ruhe
und befische ihn das nächste Mal nach einer anderen Methode bzw.
mit Flugangel oder Spinner.

Der Döbel oder Aitel. (Chub-Chevaine).

Das Auffällige an diesem Fische ist ein etwas plumper Kopf — der ihm auch den Lokalnamen „Dickkopf" einträgt — mit dem raubfischartigen, tief gespaltenen Maule, und die schwarze netzartige Zeichnung über dem Leibe, herrührend von dem schwarzen Rande seiner großen Schuppen.

Am Rücken ist er schwärzlich oder dunkelolivgrün gefärbt. Die Seiten sind gelblich bis silberfarbig, die Flossen rötlich mit Ausnahme der Brustflossen, die gelblich gefärbt sind.

Der Döbel wird gerne mit seinem nächsten Artgenossen, dem Hasel verwechselt, besonders die kleinen Exemplare bis zu ½ oder 1 lb. Die Unterscheidung ist jedoch leicht bei Vergleich der Afterflosse: Die des Döbels ist deutlich konvex, jene des Hasels ebenso deutlich konkav. Hasel über 1 lb sind verhältnismäßig selten. Der Döbel lebt in ganz Europa in Flüssen und Bächen, Teichen und Seen und geht ziemlich weit in die Forellenregion hinein, obzwar sein eigentliches Verbreitungsgebiet erst mit der Achenregion beginnt. In Salmonidenwässern ist er ein unsympathischer Mitbewohner — er frißt Laich und Jungfische; ansonst ist er ein Allesfresser, der sich sowohl von vegetabilischer Nahrung wie auch von animalischer Kost nährt, ebenso gefräßig wie scheu und mißtrauisch. Er laicht im Mai und Juni — zu dieser Zeit bekommen die Männchen einen feinkörnigen Hautausschlag — und vermehrt sich sehr stark.

Für den Angler ist er ein sehr interessanter Fisch — weniger seines Fleisches halber, das ziemlich weich und grätig ist, aber doch nicht so schlecht, wie allgemein behauptet wird. Döbel von über 1 kg aus reinem oder strömendem Wasser und im Spätherbst oder Winter gefangen schmecken gebraten ganz gut, und wo sie 2 und 3 kg schwer werden, sind sie auch als Küchenfische der Beachtung wert.

Der Döbel geht ebensowohl an die Spinnangel wie er auf die künstliche Fliege steigt und beißt das ganze Jahr, was ihm die Sympathie des Anglers sichert; und dabei ist er wegen seiner Vorsicht nicht einmal so ganz leicht zu erbeuten, besonders die alten großen Exemplare nicht.

Im Sommer steht er an der Oberfläche — beim geringsten störenden Moment versinkt er sofort in die Tiefe, und ihn im klaren Wasser zu betören, ist schier eine Kunst. Nicht sobald für einen anderen Fisch gilt das Wort vom „Fein-und-von-weitherfischen" wie gerade für ihn. Darum muß das zu seinem Fange verwendete Zeug in Anbetracht seiner Größe nicht nur stark, sondern auch so fein wie möglich sein und unauffällig — keine Wirbel! wie von manchen unbegreiflicherweise empfohlen wird — und kleinstmögliche Schwimmer und Senker. Für die Floßangel im klaren Wasser empfiehlt es sich, wennmöglich noch unter Ausnützung einer vorhandenen Deckung, den Köder weit von oben her dem ausgemachten Standplatze des Aitels zutreiben zu lassen und eine gut schwimmende

Schnur ist bei ihm noch wichtiger als anderswo. Zum Döbelfangen sind die ganz transparenten Zelluloidfloße sehr zu empfehlen. An Gewässern, die reichlich Baum und Staubenbewuchs an den Ufern haben, stehen die Döbel gerne unter den überhängenden Zweigen und Ästen, auf der Lauer nach Insekten und können dann mit solchen oder einem kleinen Frosch als Köder mit der Tippangel erbeutet werden. Im allgemeinen ist der Winter, das Frühjahr, nach der Schneeschmelze bis zum Beginn der Laichzeit und der Herbst die beste Zeit zum Angeln. Der Sommer ist, wie schon erwähnt, nicht sehr aussichtsreich in solchen Wässern, die sich stark klären — außer zur Kirschenzeit oder gelegentlich höheren Wasserstandes.

Während in der warmen Jahreszeit der Döbel mit Vorliebe rasch strömendes seichteres Wasser bzw. die Oberfläche aufsucht, zieht er sich im Herbste in die ruhigeren Tiefen zurück, wo man ihn am Rande oder am Auslaufe der Strömung, an den Rändern der Wirbel und Rückläufe, neben Mühlschüssen und Schleußen und im Stauwasser der Wehre zu suchen hat.

Sehr gut sind Stellen im Flusse, wo eine Schilfbank ein vorspringendes Eck bildet und dahinter die Strömung einen Rücklauf macht. Hier angelt man je nachdem mit dem festliegenden Floße oder mit dem Bodenblei.

Wichtig ist es, unter allen Bedingungen reichlich Grundköder zu geben. Einer der besten ist Polenta, ferner Kartoffeln oder zerschnittene Regenwürmer, in Kugeln von Lehm eingeknetet, auch Grieben oder fingerlange Stücke von Gedärmen sind gut, ebenso Rinderblut.

Der Döbel liebt große Brocken, was wiederum die Verwendung größerer Haken von Nr. 6—1 gestattet.

Die Stärke des Vorfaches, das nicht kürzer als 1 Yard genommen werden sollte, richtet sich nach den jeweiligen Umständen; im Winter und bei trübem hohem Wasser wähle man die Stärke Regular, ev. Padron. Bei hellem Wasser und im Sommer Fina, ev. sogar Refina.

Im Sommer ködert man am besten große Insekten, Mai- und Juni- sowie Mistkäfer, zur Obstzeit Kirschen, auch Maulbeeren, wo solche zu haben sind, und Zwetschgen. Für die übrige Zeit sind gute Köder: Tauwürmer, Stücke von Fischen, Brot, Teige, besonders Käseteige und Polenta. Im Spätherbst und Winter ist der Darm von Gans und Ente ein fast nie versagender Köder, ebenso das Neunauge, das nur leider nicht überall zu haben ist.

Wichtig und nie außer acht zu lassen ist es, beim Beködern der Angel darauf zu achten, daß der Haken und besonders die Spitze vollständig durch den Köder bedeckt ist, letztere aber trotzdem leicht durch ihn durchschlägt, wenn angehauen wird.

In Gewässern mit einer gleichmäßigen Strömung kann man den auf Beute lauernden Döbeln die Köder auf weite Entfernung zutreiben lassen. Man angelt von 20—30 m oberhalb. Die Schnur und das Vorfach müssen gut gefettet sein, damit sie schwimmen. Man köbert große Insekten, Heupferdchen, Maikäfer, kleine Frösche, Kirschen, Pflaumen u. ä., hüte sich aber, die Schnur beim Anschwimmen zu verhalten, so daß sich am Köder das Wasser staut. Das würde den mißtrauischen Fisch sofort zum Verlassen des Platzes veranlassen. Wenn ein Döbel den anschwimmenden Köder erfaßt, so geschieht dies mit einer gewissen Bedächtigkeit. Man lasse ihm Zeit und warte auf den „Walm" im Wasser, welcher anzeigt, daß er den Köder gefaßt hat und mit ihm abziehen will; dann erst nehme man Fühlung und haue an.

Wenn man mit dem Bodenblei angelt, nehme man es nicht zu groß und bringe es nicht zu nahe an den Köder heran, insbesondere wenn das Wasser nicht trüb ist. Eine Entfernung von ca. 50 cm wird durchschnittlich die günstigste sein, gegebenenfalls mehr.

Der Döbel beißt gierig, das Floß wird mit einem Riß in die Tiefe gerissen und der Anhieb hat in diesem Moment gesetzt zu werden. Angelt man ohne Floß, so behalte man die Gerte ja in der Hand, um den ersten Riß des Fisches mit dem sofortigen Anhieb zu beantworten.

Das große Geheimnis des Erfolges beim Fischen auf Aitel ist und bleibt stets die Kunst, sich dem Fische möglichst unsichtbar zu machen und auch die kleinste Beunruhigung des Wassers und der Ufer zu vermeiden. Man vergesse nie, daß, wie ein alter erfahrener Angler sich auszudrücken beliebte, „der Döbel auf jeder Schuppe ein Auge hat".

Große Döbel gehen nach dem Anhieb mit einer scharfen Flucht ab, worauf man gefaßt sein muß, sonst kann man mit feinem Zeuge und einer leichten Gerte unter Umständen einen Bruch des Zeuges oder der Spitze erleben. Die folgenden Risse und Fluchten sind schon bei weitem schwächer und da der Döbel kein hervorragender Schwimmer ist, ermüdet er verhältnismäßig sehr schnell. Darum keine unangebrachte Gewalt beim Drill und keine Übereilung; in dem fleischigen Maule haftet der ohnedies große Haken gut, und wenn man womöglich noch den Fisch rasch wenden und nach seiner ersten Flucht rasch stromab führen kann, ist der Kampf bald zugunsten des Anglers entschieden.

Die Plötze.

Nächst Lachs, Forelle und Hecht dürfte die Plötze und deren Fang die reichste Literatur gezeitigt haben — in England wenigstens; bei uns hat sich noch kein Angelschriftsteller gefunden, um diesem wirklich reizenden und vielseitigen Sport gewährenden Fisch eine Monographie zu widmen.

An und für sich ist die Plötze ein schöner Fisch; dunkel grün-grau oder olivgrün am Rücken, leuchten seine Seiten wie Silber und diese Farben werden noch gehoben durch die zinnoberroten Flossen und das schöne rote Auge.

Der Leib ist schlank und seitlich zusammengedrückt, sein Bauch rund ohne Kante zwischen Bauch- und Afterflosse.

Ein sicheres Erkennungszeichen und Unterscheidungsmerkmal gegenüber Artgenossen der Lenciseusgattung ist die Stellung der Rückenflosse, deren erster Strahl genau senkrecht über dem ersten der Bauchflosse liegt.

Das Maul ist endständig und die Mundspalte horizontal.

Die Plötze kommt in ganz Europa vor und erreicht in ihr zusagenden Gewässern eine gute Größe, bis zu 2 Pfd. und darüber. Sie ist ein Fisch, der warmes Wasser liebt; in den kalten Seen und Flüssen der Alpen kommt sie zwar hie und da auch vor, bleibt aber klein.

Ihr Fleisch ist weiß, aber etwas weich und ziemlich grätig, trotzdem halte ich sie für mehr wert als lediglich Futter für Raubfische zu sein, wie man es oft zu lesen bekommt, schon allein in Anbetracht des feinen Sportes, den sie bietet. Im übrigen ist ihr Fleisch nicht nur nicht schlecht, sondern besonders in den kälteren Monaten recht wohlschmeckend.

Das Rotauge ist für die meisten von uns die Freude der Jugend und der Trost des Alters, sein Fang ist reizvoll und auch lohnend, außer in jenen Wässern, wo es kaum handlang wird und wirklich nur als Köderfisch bzw. Futter für edlere Fische zu verwerten ist.

Was der Plötze zu so großer Beliebtheit als Sportobjekt verholfen hat, ist wohl vor allem der Umstand, daß sie das ganze Jahr hindurch an die Angel geht und sogar im tiefen Winter sich erbeuten läßt. Sie laicht im Mai und Juni.

Im Gegensatz zu den meisten anderen Weißfischen ist die Plötze ein Liebhaber des strömenden Wassers und harten, d. h. steinigen oder kiesigen Bodens. Schlammigen und sehr grobschotterigen Grund liebt sie nicht. Sie steht ebenso häufig und gerne in der offenen Strömung wie im Rücklaufe von Wehrtümpeln und großen Gumpen, am liebsten jedoch an Schilfgehegen und Krautbetten, solange dieses nicht abgestorben ist. In der Strömung dort, wo eine seichtere rasch fließende Stromstelle sich auf 2—3 m vertieft, eine Strecke gleichmäßig so verläuft und dann wieder sich zu verflachen beginnt. An dieser Stelle hat man die Rotaugen, die hier auf das antreibende Futter warten, zu suchen, und in größeren Flüssen muß man sich durch fleißiges Loten die Kenntnis solcher Plätze unbedingt verschaffen, wenn man Erfolge haben will. Sehr gerne steht sie auch unter Floßholz.

Auch zieht das Rotauge gerne an den steil abfallenden Seiten der Stromrinne, in Seen dort, wo der Grund in einer schiefen Ebene zur Tiefe abfällt, also an denselben Stellen, welche auch der Blei liebt; hier fängt man gewöhnlich die größten Exemplare. Im Winter ziehen sie sich wie die meisten Fische ihrer Art in tiefe, ruhiger strömende Stellen zurück, in Seen oft in ganz beträchtliche Tiefen. Die Plötze wird sowohl mit der Floßangel wie auch mit dem Bodenblei geangelt; die Tiefe und Helligkeit des Wassers, teilweise auch die Jahreszeit und die Bodenbeschaffenheit bestimmen die Wahl usw. der jeweiligen Angelmethode. In solchen Flüssen, welche

klares Wasser und starken Bodenbewuchs haben und auch im Winter
Bodenvegetation besitzen, wird die Floßangel, auf reinem Sand
oder Kiesgrund das Bodenblei ev. das festliegende Floß den Vorzug
haben, namentlich bei höherem Wasserstande und im Spätherbst
bzw. Winter.

Alles Geräte zum Fange der Plötze sei so fein als möglich.
Floße und Senker ebenso klein und unsichtlich als nur angängig.
Die Gerte sei leicht, einhändig — ob kurz oder lang hängt von
lokalen Verhältnissen ab, vor allem aber muß sie einen prompten
Anhieb leisten können, was besonders dann wichtig ist, wenn man
mit langer Schnur und rinnendem Floße angelt. Für das Fischen
mit dem Bodenblei halte ich das Anbringen eines 15—20 cm langen
Fischbeinstückes an das Spitzenende für äußerst vorteilhaft, denn
gerade die großen Plötzen beißen meist so unmerklich leise und
vorsichtig, daß die Spitze kaum abgebogen wird; fühlen sie einen
Widerstand, lassen sie den Köder fahren.

Als Schnur benutzen wir für beide Zwecke eine von nur 4—6 lbs
Tragkraft, Gutvorfach mindestens einen, bei sehr klarem Wasser
aber auch 1—2 Yard lang. Ist das Wasser trüb, kann man, da man
auch größere Haken verwenden kann, die Stärke Fina verwenden.
Je klarer das Wasser, desto feiner das Gut, ev. bis zu 4 × hinunter
— wenigstens die letzten zwei Längen vor dem Haken.

Diese in den Größen 10 und 12 für trübes Wasser, von 12—14,
sogar 16 für das klare und klarste Wasser.

Auch heutzutage steht noch bei vielen alten Plötzenfischern das
Pferdehaar als Vorfach und am Haken in höchster Gunst — obzwar
es von gutem 4 ×-Gut in jeder Hinsicht übertroffen wird.

Nehmen wir also an, wir wollen Plötze fangen und die Floßangel wählen, weil das Wasser klar ist; wir stellen unser Floß
bis zum Boden und strecken nochmals das sorgfältigst gewässerte
Vorfach, jede Schlängelung in demselben würde uns die Fische
vergrämen. Unmittelbar über dem Haken, ev. an der Spitze des
Schenkels, befestigen wir einen kleinsten Schrot, wählen für den
Anfang Kristallhaken Nr. 12 und befestigen vorläufig erst über
Haken und Schrot eine kleinapfelgroße Kugel des Pulverköders,
dem man ev. noch einige Maden beikneten kann, schwingen aus
und werfen nach einem ausgewählten Punkte, von dem aus die
Strömung den Köder vertragen soll, lassen ihn sinken und wenn er
dort ist, wo wir ihn haben wollen — einen Ruck und die leere Angel
kommt an der Rolle wieder zu uns zurück — um mit einer zweiten
Kugel eingehüllt auf einem zweiten Platze das Anködern zu wiederholen. Jetzt erst wird der Haken mit drei fetten Maden besteckt
und die Angel nach Punkt 1 ausgeworfen, 4 oder 5 Maden
hinterher, und jetzt heißt es aufpassen, das Floß schön mit der
Strömung rinnen lassen und nicht verhalten, damit sich nicht das
Wasser daran staut, aber auch die Schnur schön gespannt halten,
damit wir mit dem Anhiebe ins Maul der Plötze und nicht
daneben gelangen. Jetzt taucht das 1—2 cm lange Endchen Kiel,

das von unserem Floße noch aus dem Wasser ragt — der gewisse Ruck aus dem Handgelenk — und schon biegt sich unsere Gerte unter dem Zuge des gehakten Fisches. „Zeitlassen" heißt's beim Plötzenangeln mit dem Drill. Die Elastizität der Gerte und das langsam stetige Einrollen bringen den Fisch ins Netz, nur darauf ist zu achten, daß man ihn baldigst aus der Sehweite seiner Genossen bringt, hübsch im Mittelwasser halte und ihn nicht zu bald an die Oberfläche ziehe, wo er durch Plätschern und Herumschlagen Lärm macht, die anderen Fische vergrämt und häufig abkommt, weil er ein zartes Maul hat und feindrähtige Haken gerne daraus ausschneiden. Darum ist anderseits ein übermäßig langes Drillen nicht ratsam.

Nun kann sich dieses Spiel wiederholen, oder auch nicht, je nachdem die Plötzen vorsichtig geworden sind; man wiederholt das Auswerfen des Grundköders wie am Beginn und befischt inzwischen Punkt 2, aber mit kleinerem Haken und nur 2 Maden daran. Sollte auch das refusiert werden, dann probiert man es nochmals mit kleinsten Haken 15—16 und nur einer einzigen Made als Köder an dem feinsten Vorfache, das man besitzt.

Wenn auch dieses wirkungslos blieb, dann streut man Grundköder; je nachdem: Weizen oder Hanf und wechselt den Platz, bis der Fisch wieder vertraut geworden ist.

Zum Plötzenangeln soll man immer verschiedene Köder und Grundköder mitführen, wenigstens zweierlei, außer dem universellen Pulverköder und dem meist unfehlbaren Teig, letzteren erst recht dann, wenn man keine oder nur wenig Maden hat.

Im Sommer, besonders Juni, Juli und August ist gestocktes Rinderblut ein Köder, der alle anderen übertrifft. In manchen Gegenden ist in diesen Monaten ein fast unfehlbarer Köder die große rote Larve der Zuckmücke, welche in stagnierendem Wasser in unendlicher Menge zu finden ist; in Anbetracht ihrer Zartheit kann man sie nur an die allerkleinsten feindrähtigen Haken ködern. Es kann aber hier und da vorkommen, daß die Rotaugen dieses, sowie Teig und Körner, sogar die Maden verschmähen. — Ich erinnere mich eines Tages, da ich mit einem Freunde Plötzen angeln war; es war Ende Juni, das Wasser glasklar und auf drei Meter und mehr durchsichtig, wir konnten direkt sehen, wie die Fische an unseren Köder heranschwammen, daran anstießen und ihn nicht nahmen. Wir angelten mit Blut, Maden und Teig, das Wetter war kühl und windig und der Himmel bedeckt. Ich ging in eine nahe Mühle um zu sehen, ob man dort nicht Mehlwürmer bekommen könnte, und wie es so oft geht, befiel mich die rein instinktive Idee, ein paar von den fetten Brummern zu fangen, die in der Stube am Fenster saßen. Ich fing etwa ein Dutzend davon und eilte zum Angelplatze zurück, nahm meinen kleinsten Haken und köderte so eine dicke Stubenfliege an. Kaum war der Haken in der Tiefe als ich schon eine große Plötze bedächtig herumschwimmen sah — einige Augenblicke später hing sie schon fest, und jede Fliege brachte einen Fisch.

So verwandelte sich ein aussichtsloser Tag zu einem erfolgreichen. Noch oft wiederholte ich in später Zeit das Anködern von Fliegen und hatte fast nie einen Versager. Bekannt ist es ja, daß Plötzen sehr gut die Kunstfliege nehmen — warum sollten sie das natürliche Insekt verschmähen —, und zur Sommerzeit sind ja Fliegen in Massen und kostenlos und leicht zu beschaffen. Zur Tippfischerei sind sie unstreitig der beste Köder neben dem Heuschreck.

In Gewässern, welche durch Wiesen strömen, sind oft Heupferdchen gute Köder und auch der grüne Schlamm, der sich an Steinen und an dem Holze der Mühlbauten, Wehre u. dgl. ansetzt, wird gerne genommen. Viele Plötzenfischer, besonders diejenigen welche vom Ufer fischen, gebrauchen zum Auslegen des Grundköders einen 4—6 m langen Stock, der an seinem Ende eine Rolle trägt; mit Hilfe des langen Stockes und der Rolle bringt man den Köder noch ein paar Meter weiter in das Wasser hinaus.

Die „altmodischen" Plötzenangler in England fischen noch mit der sog. „Roachpole", das ist eine 16—18 Fuß lange Gerte ohne Rolle und einer kurzen Schnur, welche etwa halb so lang als die Gerte ist. In den meisten Angelbüchern werden nun kurzerhand dem Leser zwei Sätze mitgeteilt, welche eigentlich nur Bezug auf die Handhabung dieser Gerten und diese Art zu angeln haben. Da aber gerade das dem Leser nicht gesagt wird, so werden in ihm falsche Vorstellungen erweckt, für welche er keine Begründung findet, wenn er diesen Sätzen nachgeht: Erstens das Halten der Gertenspitze senkrecht über dem Floße — worüber ich im betreffenden Kapitel schon gesprochen habe — und zweitens die Erzählung von dem „gewandten Plötzenangler", welcher während des Drills Teil für Teil von seiner Gerte herunternimmt — eine Tätigkeit, deren Grund man sich sonst nicht gut erklären kann, und deren Beschreibung geeignet ist, Verwirrung zu schaffen. Es ist aber leicht erklärlich wenn man bedenkt, daß die Gerte 4—5 m, die ganze Schnur aber nur $1\frac{1}{2}$—2 m lang ist. Es wäre eine direkte Unmöglichkeit, bei diesen Proportionen einen Fisch ins Netz zu führen, wenn man nicht wenigstens das Handteil abnehmen würde.

Im übrigen ist das Angeln mit der „Plötzenstange" im Aussterben. Unleugbar gewährt das Angeln mit dem Floße nach dem Nottingham- oder Sheffieldstil den vielseitigeren, feineren und anregenderen Sport. Das Bodenblei findet seine hauptsächlichste Verwendung in tiefem, trübem oder wenig sichtlichem Wasser, ebenso das festliegende Floß. Als Köder dient am besten der Schwanz eines Tauwurmes, namentlich bei hohem Wasserstande. Zu solchen Zeiten suchen die Plötzen gerne Altwässer auf und Flußhäfen und man findet sie dann auf solchen Plätzen meist am Einlauf wo die Strömung sich verläuft oder einen Rücklauf bildet. Auch unter Floßholz steht sie zu solchen Zeiten gerne in der Nähe des Ufers, wo das Wasser höchstens 2 m tief ist. Sie beißt dann auch viel vertrauter und energischer als zu anderen Zeiten und Gelegenheiten und man kann hier vielfach gerade die größten Exemplare erbeuten.

Wenn man ohne Floß angelt, erkennt man den Biß der Rotaugen an einem kontinuierlichen Anschlag der Spitze, ehe dieselbe zum Wasserspiegel heruntergezogen wird — auch am festliegenden Floße sieht man erst 2—3 Rucke ehe es taucht.

Anders dagegen bei Klarwasser: das festliegende Floß und sei es noch so unscheinbar, habe ich hierbei immer als eine erfolgarme Methode erprobt; wenn man schon überhaupt damit etwas fängt, so sind es höchstens kleine Stücke — die großen scheint das Stauen des Wassers am Floße zu beunruhigen.

Wenn man, was entschieden eher anzuraten ist, mit dem Bodenblei ohne Floß angelt, so achte man peinlich auf die feinste Bewegung der Spitze; gerade die größten Exemplare beißen so vorsichtig, daß selbst eine weiche empfindlichere Fischbeinspitze kaum sichtbar abgebogen wird. Ein Ungeübter wird von zehn Anbissen hierbei bestimmt neun übersehen. Wenn man vom Boote aus angelt und die Gerte schaukelnd auslegt, ist der Anbiß leichter zu erkennen, da der Ausschlag ein größerer ist.

Die Rotfeder. (Rudd.)

Dieser Fisch kommt fast überall vor, wo auch die Plötze lebt, der er ungemein ähnlich sieht, was Körperbau und Farbe der Flossen anbelangt.

Unterschieden wird er von ihr vor allem durch die Stellung der Rückenflosse, deren erster Strahl mehr oder weniger weit hinter dem der Bauchflosse ansitzt, ferner durch die senkrecht stehende Mundspalte, die mehr messinggelbe Farbe der Schuppen, das goldigirisierende Auge und die nicht ganz rein zinnoberrote Farbe der Brust- und Rückenflosse.

Im Gegensatze zur Plötze lebt die Rotfeder mehr im Mittelwasser und an der Oberfläche und bietet an geeigneten Wässern besonders im Hochsommer guten Sport an der Tippangel.

Ansonst verwendet man zu ihrem Fange dasselbe Gerät wie zum Plötzenfischen, nur stellt man eben die Floßangel dementsprechend seicht; auch die gleichen Köder wie für Plötzen werden verwendet.

Der Hasel. (Dace).

Die ihn bei fast gleicher Gestalt und Färbung vom Döbel unterscheidenden Merkmale sind bei diesem erwähnt worden.

Der Hasel ist ein typischer Fisch der Barbenregion, sein Vorkommen reicht aber sowohl in die Äschen- wie in die Bleizone hinein, in welch letzterer er aber seltener wird. Im allgemeinen erreicht er keine besondere Größe, Stücke von 1 lb. und darüber sind ziemlich rar, der Durchschnitt erhebt sich nicht viel über 100—200 g.

Die Hasel sind mehr Oberflächenfische und nur bei Hochwasser werden sie mit tief oder zum Grund gesenkter Angel in der Nähe des Ufers in ca. 1 m tiefem Wasser seitlich der Strömung gefangen.

Sonst stellt man die Angel seicht oder auf halbe Wassertiefe, angelt mit feinstem Zeuge wie auf Plötzen mit kleinstem Haken und ködert Maden, Fliegen oder kleine Stückchen Wurm oder Teig, Weizen- und Hanfkörner. Die Hasel beißen lebhaft und rasch.

Ihr Hauptwert für den Angler ist ihre Eigenschaft, gute Köderfische zu sein.

Die Nase.

Unter den Weißfischen nimmt die Nase wohl die untergeordnetste Stelle ein, sowohl als Sportobjekt wie auch als Speisefisch. Als letzterer wenigstens im Sommer; im Spätherbst und Frühwinter ist das Fleisch der großen Stücke gar nicht übel; leider kommt sie meist zur Laichzeit auf den Markt, zu einer Zeit also, wo das Fleisch auch der edelsten Fische kaum genießbar ist.

Die Nase kommt fast allenthalben in der Äschen- und Barbenregion vor, wo sie in größeren oder kleineren Scharen im Wasser von 1—1½ m Tiefe am Rande der Strömung zieht und durch ihr „Leuchten" die Aufmerksamkeit auf sich zieht, wenn sie Nahrung nehmend sich auf die Seite legt. Als Pflanzenfresser lebt sie vorzugsweise von den Algen, die auf den Steinen des Grundes wachsen und von ihr abgenagt werden. Hiezu ist auch ihr Maul besonders gebaut, die Schnauze ist vorstülpbar, ihre Ränder hornartig und zugeschärft, das Maul selbst ist unterständig.

Die Färbung des Rückens variiert von dunkel schiefergrau zu graugrün. Die Seiten sind weißlich, der Bauch ebenso, bisweilen gelblich, die Flossen rötlich mit Ausnahme der Rückenflosse, die dunkel ist.

Das Fleisch ist weich und stark von Gräten durchsetzt, doch nicht ohne Wohlgeschmack.

Zur Laichzeit zieht die Nase oft in ungeheueren Mengen in Seitenbäche zum Laichen hinauf und wird bei dieser Gelegenheit in Massen gefangen. Ihr Fang gewährt keine besondere Aufregung, trotzdem sie gut 2 Pfd. schwer wird; ihr anfangs heftiges Widerstreben wird in kurzer Zeit besiegt, ohne an den Drill höhere Anforderungen zu stellen. Auch ist der Fang mitunter recht unterhaltend, da man oft an einer Stelle eine größere Anzahl guter Fische erbeuten kann. Da sie das ganze Jahr an die Angel geht, ist sie an vielen Wässern ein begehrtes Fangobjekt, als welches sie sogar der Plötze oft den Rang streitig macht.

Zu ihrem Fange nimmt man dieselben Geräte wie für den Fang der Plötze; da die Nase aber nicht so scheu ist wie diese, kann man etwas größere Haken verwenden, etwa Nr. 10—8.

Man füttert an geeigneten Stellen von 1—2 m Tiefen, am besten ruhigere Stellen neben einer Strömung oder einem kleinen Rücklauf — oder aber Stellen, an denen man die Fische blitzen sieht, reichlich an, am besten geschnittene Würmer, in Lehm geknetet, und fischt mit der bis zum Grunde gestellten Floßangel mit feinem Zeug und sehr kleinen Haken mit kleinen Rotwürmern oder Gelbschwänzen; da sie rasch beißt, muß man bei der kleinsten Bewegung des Floßes anhauen.

Auch das Bodenblei findet zu ihrem Fange Anwendung, unter den gleichen Bedingungen wie die Floßangel. Im Herbste ist das feststehende Floß die beste Methode, mitunter empfiehlt sich aber die laufende Grundangel, besonders dort, wo man die Fische ziehen oder weiden sieht.

Der Aland. (Idus Melanotus).

Dieser Fisch heißt auch Gängling, wird aber vielfach fälschlich auch mit dem Namen Nerfling bezeichnet, was irreführend ist, denn er hat mit dem nachfolgend, beschriebenen Nerfling sehr wenig Ähnlichkeit. Ich werde daher um meine Leser nicht zu verwirren, ausschließlich vom Aland sprechen.

Sein Leib ist seitlich zusammengedrückt und zeigt am Rücken eine graugrüne bis dunkelgrüne Färbung; Bauch und Seiten sind rein weiß, das Maul endständig, die Mundspalte zieht schief aufwärts. Charakteristisch sind seine Flossen, welche kirschrot, manchmal dunkelrot gefärbt sind.

Der Aland ähnelt in seinem äußeren Ansehen am meisten der Plötze, von der er aber doch leicht zu unterscheiden ist: erstens durch die Stellung der Rückenflosse, deren erster Strahl bei der Plötze genau senkrecht über dem ersten der Bauchflosse steht, ferner durch die Schuppen, welche bei der Plötze größer sind, und durch die Stellung der Afterflosse, welche bei der Plötze deutlich abgesetzt ist, während sie beim Aland eine Dreieckform aufweist, mit meist 10 Strahlen.

Der Aland lebt in allen größeren Flüssen Mitteleuropas und laicht vom März bis Juni. Zu dieser Zeit wandert er oft in großen Scharen in die Seitenbäche und Altwässer. Im Frühjahre hat man ihn in seichtem Wasser zu suchen, besonders in der Nähe von Sand- und Kiesbänken, ebenso im Sommer. Mit der fortschreitenden Jahreszeit sucht er aber seine Lieblingsstände auf, das sind kleine Gumpen und Tümpel in der Nähe des Ufers, wenn diese lebhafte Strömung aufweisen. Die großen Exemplare aber stehen mit Vorliebe an solchen Stellen, wo man mitunter auf die Anwesenheit eines Hechtes schließen würde. Übrigens eine Erscheinung, die man bei großen Fischen aller Gattungen oft findet, daß nämlich die großen mit der Zeit zu Einsiedlern werden.

Der Aland wird nämlich gegebenen Falles 4 und mehr Pfund schwer; wenn auch diese großen Exemplare nicht sehr häufig vorkommen, erreicht er aber immerhin ein Durchschnittsgewicht von ca. 2 Pfund und dabei eine Länge von annähernd einem halben Meter, ist also als ein ganz ansehnliches Angelobjekt zu bewerten. Sein ziemlich grätiges Fleisch ist zwar nicht hoch geschätzt, aber im Winter ist er ein durchaus schmackhafter Fisch.

Bei mildem Wetter, also im Sommer und Frühherbste, steht der Durchschnitts-Aland gesellig in sehr seichtem Wasser, namentlich wenn dieses etwas angetrübt ist, in der nächsten Nähe des Ufers. Es genügt hier eine Tiefensenkung von 50—60 cm und eine leichte Bleibeschwerung, etwa einige Schrotkörner im Gesamtgewichte von ca. 5 g. Auch das Floß sei leicht und empfindlich, am besten eignet sich eines der von mir beschriebenen oder eine Stachelschweinborste.

Bei klarem Wetter und Wasser in der warmen Jahreszeit muß man den Fisch in den mittleren Tiefen suchen, unter Umständen sogar nahe dem Grunde. Wenn Fröste eingefallen sind, dann zieht er er sich in die Tiefen der Gumpen zurück und muß nun mit dem Bodenblei angegangen werden. Aber auch hier hüte man sich vor einer größeren Beschwerung als gerade nötig ist, um den Köder zum Grunde zu bringen.

Zu seinem Fange eignet sich jede längere leichte Gerte, ich bevorzuge die Seerohrgerte wegen ihrer Leichtigkeit und Handlichkeit. Auch die Schnur sei so fein wie möglich, eine von 6—8 Pfund Tragkraft reicht unbedingt aus; das Vorfach sei etwa 60 cm lang, aus ½ × drawn oder 1 × Gut geknüpft, der Haken sei feindrahtig, aber kräftig, in den Nummern 10—7, den momentanen Verhältnissen entsprechend.

Der beste Köder, der sich unter allen Verhältnissen am wirksamsten erweist, sind gut gereinigte Rot- bzw. Dungwürmer, die anderen Wurmarten kommen erst in zweiter Reihe in Betracht. Fleischmaden und Heuschrecken sind ebenfalls vorzügliche Köder, ferner sind Engerlinge, Mai- und Brachkäfer, große Schmeißfliegen, auch andere Insekten, wie z. B. die Steinfliege und ihre Larve, wo sie reichlich genug vorkommt, zu ihrer Zeit als gerne genommene Köder beliebt.

Ködert man Würmer, so stecke man sie bündelförmig an den Haken, so daß die Enden recht lebhaft im Wasser flottieren.

An den langen Sommertagen wird man die besten Erfolge haben, wenn man schon bei Tagesanbruch mit dem Angeln beginnt. Die Fische beißen dann meist gut bis zum Eintritt der Hitze, manchmal aber auch ungeachtet dieser den ganzen Tag hindurch.

Es ist gut, zu dieser Zeit mit dem Köder zu wechseln, z. B. vom Wurm zur Anköderung von Heuschrecken überzugehen, was manchmal einen ungeahnten Erfolg bringt.

Nach der sechsten Abendstunde beißen dann gewöhnlich die Fische wieder sehr gut bis tief in die Dunkelheit hinein.

Im Frühjahre und im Herbste beginnt die Beißzeit schon wieder gegen 2 Uhr nachmittags. Der Anhieb erfolgt kurz, aber zügig, der Aland ist ein energischer Beißer, aber sein Maul ist ziemlich weich, weshalb ein leichter Ruck aus dem Handgelenke genügt, um den Haken einzutreiben. Im Drill wehren sich größere Fische ziemlich energisch durch kräftige, wenn auch kurze Rucke, und man muß deshalb den Fisch gut führen, bis er ermüdet und dem Netz zugeführt werden kann.

Der Nerfling.

Zum Unterschied von dem mancherorts fälschlich „Nerfling" genannten Aland ist der Nerfling von gestrecktem Körperbau, hat einen kleinen Kopf und ein unterständiges Maul und vor allem: orangegelbe Flossen!

Sein Schuppenkleid glänzt metallisch, am Rücken ist er grau oder auch graugrün, die Seiten schimmern bläulich oder auch grünlich, der Bauch ist weiß; hie und da mit einem Stiche ins Gelbliche. Die Laichzeit fällt in die Monate April und Mai. Im Gegensatz zum Aland ist sein Vorkommen auf das Donaugebiet beschränkt, bis gegen Ulm hinauf. Der Nerfling ist ein beliebter Angelfisch, denn er beißt flott, erreicht ein Durchschnittsgewicht von 1 kg und wehrt sich nicht unerheblich. Zudem hat er die angenehme Eigenschaft, auch im Winter, selbst bei beißendem Ostwinde, an die Angel zu gehen, wenn die anderen Fisch es nicht tun, es sei denn, daß sehr große Kälte eingefallen wäre. Er beißt vom Sommer an gut bis tief in den Januar, wenn der Winter nur halbwegs milde ist.

Zu seinem Fange verwendet man dieselben Geräte, Gerten und Schnüre wie zu dem des Alands, nur kann man etwas stärkeres Gut, etwa ½ oder ¼ drawn verwenden, sowie Haken, die nicht zu dünn im Draht sind, da sie sonst zu leicht aus seinem weichen Maule ausschneiden. Als beste Hakengrößen empfehlen sich die Nummern 8, 7, 6.

Der rote Dungwurm ist der beste Köder, ebenso wie vorher beschrieben, büschelförmig zu mehreren an den Haken gesteckt. Es ist wichtig, die Hakenspitze gut zu verdecken. Eine weitere angenehme Eigenschaft des Nerflings ist die, daß er ganz regelmäßige Anbißzeiten hat: Vom frühen Morgen angefangen, dann von ungefähr 11 Uhr an bis über die Mittagszeit, und dann wieder vom Spätnachmittag angefangen bis in die tiefste Dunkelheit hinein. Im Hochsommer ist die Mittagsstunde erklärlicherweise meist unergiebig bzw. es beißt der Fisch während ihr überhaupt nicht, aber dafür ist diese Zeit die beste im Spätsommer bzw. Herbst und natürlich erst recht im Winter.

Im Sommer steht der Nerfling nicht allzu weit vom Ufer in lebhaft strömendem Wasser in der Mitteltiefe. Man stellt also sein Floß auf diese ein und wirft einige Meter vom Ufer ein, den Köder der Strömung überlassend, welche ihn den Fischen zu Gesichte bringt. Ich habe es vorteilhaft gefunden, Würmer oder Stücke von solchen in lockeren Teig eingeknetet auszuwerfen, besonders in tiefen Gumpen und Tümpeln mit mehr gleichmäßiger Strömung, ein Verfahren, welches sich auch beim Aland sehr gut bewährt und reichliche Beute bringt. Das ist besonders im Winter wichtig, wenn die Fische sich in die tiefen ruhigen Strömungen weiter vom Ufer weg einstellen, in denen man dann außer ihnen noch den Aland, den Döbel, Barben, aber auch ab und zu eine Alrutte oder einen Schied mit erbeuten kann. Selbstredend muß man zu dieser Zeit und an

solchen Orten sein Floß so tief stellen als nur möglich, ev. bis zum
Boden selbst, wenn anders man es nicht vorzieht, ohne Floß mit
dem Bodenblei oder der laufenden Grundangel, wie ich sie in dem
betreffenden Kapitel beschrieben habe, den Fischen nahezukommen.
Ganz besonders dann, wenn das Wasser, wie meistens in der kalten
Jahreszeit, sehr klar und sichtig ist.

Beim Angeln mit dem Floß wird dieses zuerst energisch ein-
oder mehreremale untergetaucht, um dann in raschem Zuge schief
in die Tiefe gezogen zu werden, in welchem Moment man den
Anhieb prompt zu setzen hat. Nach dem Anhieb quittiert der Fisch
meist mit einem ziemlich scharfen Risse, dem noch einige, wenn
auch schon schwächere weitere Risse folgen. Er ermüdet ziemlich
bald, doch schlägt er gerne an der Oberfläche beim Versuche ihn zu
landen, weshalb man darauf zu achten hat, sonst schneidet er sich
im letzten Augenblick den Haken aus dem weichen Maule aus.

Da auch der Nersling ein gesellig lebender Fisch ist, hat man
Aussicht, an einer Stelle mehrere zu erbeuten, wenn man vorsichtig
ist und die Stelle nicht durch das Abkommen angehauener Fische
vor der Zeit beunruhigt.

Der Aal. (Eel).

Von unseren heimischen Fischen ist er einer der bekanntesten;
auch dort, wo er nicht vorkommt, wie z. B. in den Alpenländern,
die zum Donaugebiet gehören, wenn auch nicht gerade als Beuteobjekt für den Angler, so doch als hochgeschätzter Tafelfisch.

Seine Gestalt ist von der aller anderen Fische ganz verschieden;
sein langer, schlangenförmiger Körper, der kleine, spitze Kopf, seine
schuppenlose glatte Haut geben ihm ein ganz charakteristisches Aussehen, das eine Verwechslung ausschließt. Seine Färbung ist am
Rücken schwarzblau oder schwarzgrün, seine Seiten und der Bauch
weiß oder gelblich. Der Kopf klein, spitz, der weit gespaltene Rachen
deutet auf den Raubfisch. Seine Haut ist schleimig, die Schuppen
sind winzig klein, tief in diese eingebettet. Wenn im August die
Hochzeitswanderung der laichreifen Tiere einsetzt, zeigen diese das
Äußere der Meeresbewohner: der Kopf wird breit, die Augen groß,
die Farben leuchtender. Die bei uns lebenden Tiere sind meist
Weibchen, die Männchen scheinen frühzeitig aus dem Süßwasser
zum Meere zurückzuwandern.

Bis vor wenig Dezennien war das Leben des Aales ein un-
gelöstes Rätsel. Da man annahm, daß der Aal im Süßwasser laiche,
wie der Waller, unter uns unbekannten Umständen, so unternahm
man den Versuch, ihn u. a. im Donaugebiete auszusetzen — ein
Experiment, das infolge Unkenntnis seiner Fortpflanzungsweise
naturgemäß mißlang. Erst die Forschungen des dänischen Ichthyologen Johannes Schmidt haben dieses Rätsel vollauf gelöst durch
den Nachweis, daß der Aal im Atlantik in der Nähe von Jamaika
in größter Tiefe laiche und daß die Larven in großen Etappen von
ihrem Geburtsorte in die süßen Wasser der Kontinente wandern,

um hier auszuwachsen, bis der Vermehrungstrieb sie wieder in die
Tiefe des Weltmeeres ruft, aus der sie nimmermehr zurückkehren.

Denn nach unseren heutigen Erfahrungen und Forschungs-
ergebnissen ist es als gewiß anzusehen, daß die Elternaale nach
dem Laichgeschäft absterben, was man auch bei den Lachsen in den
Flüssen Sibiriens beobachtet hat.

Der Aal fehlt im Donaugebiet und allen Flüssen, die ins
Schwarze Meer münden, da dieses in einer gewissen Tiefe, in
welcher der Aal scheinbar wandert, mit Schwefelwasserstoff ver-
giftet ist. Ansonst lebt er in allen Flüssen Europas und ist bis in
die kleinen Bäche hinauf zu finden.

In neuerer Zeit macht man Versuche, Aalbrut zu importieren
und in geeigneten Gewässern auszusetzen. Diese Versuche sind vollständig gelungen, denn Abfischungen haben ein vorzügliches Anwachsen der Aale ergeben.

Die meist nächtliche Lebensweise des Aales gab Anlaß zur Ent-
stehung vieler Märchen, deren bekanntestes wohl das der Land-
wanderung und des Besuches der Erbsenfelder sein dürfte.

Er lebt sowohl auf steinigem wie auf schlammigem Boden, in
Uferlöchern usw., unter versunkenem Holze, unter Einbauten,
Faschinen und Pilotenwerken, meist am Grunde, wo er verborgen
auf seine Beute lauert. Würmer, Schnecken, Fische sind seine
hauptsächlichste Nahrung, der er gemeinhin bei Nacht nachgeht.
Andererseits ist es aber ganz und gar nichts Seltenes, Aale bei Tage
zu erbeuten, wenn man gerade auf etwas anderes angelt. So habe
ich wiederholt gesehen, daß Aale an einer ganz seicht gestellten Angel
bissen, mit der Köderfische gefangen werden sollten; einmal war
ich Augenzeuge, daß mein Sportkollege an einem Federkielphantom
gelegentlich des Spinnens auf Aitel einen starken Aal erbeutete,
und ein Freund von mir fing einen Aal von 3 kg Gewicht an einer
Hechtschnappangel Ende Oktober. Ich selbst habe in einem kleinen
Bache wiederholt Aale an der Schluckpfrille gefangen, wenn ich
dort nach Forellen angelte und die Pfrille zwischen den Wurzelstöcken versenkte.

Der Aal wird hauptsächlich mit dem Bodenblei, bzw. dem fest
liegenden Floße erbeutet oder auch an der Paternosterangel.

Man fischt teils vom Ufer, in größerem Wasser besser vom Boote
aus oder in der Nähe solcher Stellen, wo man Aale vermutet, also
an und unter Brücken, Fachwerk, Pilotenbauten, Ufereinbauten,
Schleußen, unter Wehren und Mühlanlagen, in größeren Wirbeln
und Rückläufen, häufig den Platz wechselnd.

Als Köder dienen hauptsächlich Tauwürmer, Stücke von Fischen,
ev. auch kleine Gründlinge oder Pfrillen, tot oder lebend, sowie
Neunaugen. Heute würde ich den Aal nur direkt mit der Schluckpfrille suchen gehen, da ich das für den aussichtsreichsten Weg halte,
bestimmt Aale zu fangen, und zwar zu jeder Tageszeit.

Ich habe etwas Ähnliches mit Erfolg betrieben, als ich vor Jahren
einen an Aalen reichen Fluß zu beangeln hatte: an einem starken

Drahtvorfach von 1½ m Länge und 0,6 mm Stärke war zu unterst ein Senker angebracht und in einem kleinen Einhängewirbel ein mit Wurm beköderter Haken eingeschlauft an einfachem, aber sehr starkem Gut. 30 cm oberhalb des Senkers war an einem 15—20 cm langen rotierenden Arm ebenfalls ein einfacher Haken an 10 cm starkem Gut eingehängt und daran ein lebender oder toter Gründling von 5—6 cm Länge nur durch die Lippen gehakt oder ein Neunauge.

Diese Angeln versenkte ich, mit dem Boote an die Stellen an- fahrend, wo ich Aale vermutete, auf den Grund und fischte unter Heben und Senken, immer eine Weile pausierend, die ganze Um- gebung ab, ehe ich die Stelle wechselte. Auf diese Weise erbeutete ich viele und große Aale zu jeder Tageszeit, wenn ich auch zugebe, daß ich meine besten Fänge an späten Abenden oder in lauen Näch- ten in der Zeit von Ende Mai bis Ende August machte.

Im September ließ die Ausbeute stets sichtbar nach, noch mehr selbst in warmen Oktobern; in den Wintermonaten wird man kaum einen Aal erbeuten, da er im Schlamme vergraben in eine Art Kältestarre verfällt. Auch die Frühjahrsmonate bis zum Mai, wenn die Nächte noch kühl sind, bringen wenig Beute.

Der Anbiß des Aales ist ganz charakteristisch: ein wildes Reißen und Zerren an der Gertenspitze, wenn man ohne Floß angelt, zum Schlusse ein brüskes Herunterreißen der Spitze zum Wasser- spiegel. Man kann sich mit dem Anhauen Zeit lassen, damit der Aal den Köder gut verschlucke. Angelt man mit dem Floß, so wird dieses meist unter wildem Zerren und unregelmäßigem Tauchen weit ins Wasser hineingezogen, ehe es meist schief in der Tiefe ver- schwindet.

Alles Zeug zum Aalfange sei recht kräftig, denn einen kunst- gerechten Drill kann man mit dem Aale im allgemeinen nicht ein- gehen, weil er die unangenehme Eigenschaft hat, sich in das Zeug einzuschlingen, und besonders bei Drahtvorfächern gelingt es ihm nur zu häufig, eine jener ominösen Schlingen zu erzeugen, in denen der stärkste Draht unweigerlich bricht, wenn man zu lange mit ihm spielt. Da er seiner räuberischen Natur nach gierig auf den gebote- nen Köder losstürzt und durchaus nicht so scheu und mißtrauisch ist wie die meisten anderen Raubfische, genügt es, das Gut des Hakens direkt in den Wirbel am Ende der Rollschnur einzuhängen.

Ich bin sehr für den Gebrauch eines kleinen Wirbels eingenom- men, der ein rasches Ein- und Aushängen gestattet, was besonders bei Nacht oder schlechter Beleuchtung ein Vorteil ist. Heute würde ich auch kein Gut und angewundene Haken wie früher benützen, sondern der Billigkeit halber Silkcast und Ohrhaken, denn in vielen Fällen bleibt einem nicht viel mehr übrig, als das Zwischenfach durchzuschneiden, um den Aal abzuködern, und dazu ist das Gut zu schade.

Also wie gesagt: keinen langen Drill, den Aal rasch und stetig hereinrollen und an der verkürzten Schnur mit der Hand heraus ans Ufer schleifen oder ins Boot heben; es ist von Vorteil, auf den Boden desselben zwei Finger hoch trockenen Sand zu streuen, auf dem der Aal bald sein wildes Winden aufgibt. Am besten transportiert man gefangene Aale in einem sehr eng geflochtenen, gut schließenden Korbe, in den man sie Schwanz voraus hineinlegt. Das usuelle Tragnetz ist zu widerraten, denn es ist mir wiederholt vorgekommen, daß sich sogar große Aale durch recht enge Maschen wieder hinaus= gewunden haben.

Infolge seiner winzigen Kiemen verträgt der Aal einen langen Aufenthalt am Trockenen, ja in feuchte Brennesseln verpackt kann er einen tagelangen Versand ohne Schaden überstehen.

Die in den meisten Büchern beschriebenen Methoden zum Aal= fang mit dem Wurmknäuel und der Stopfnadel gebe ich hier nicht wieder, weil ich sie nicht als sportmäßige Methoden, soweit das An= geln mit der Gerte und Leine anlangt, ansehe. Die letztere halte ich direkt für eine Schluckangel auf Hechte, und in der Hand eines Anglers, der stets ein warmfühlendes Herz für die stumme Kreatur haben soll, nicht für angebracht.

Wenn ich auch zugebe, daß der Aal als Wanderfisch, der sich in unseren Wässern großmästet und nie mehr wiederkehrt, mit jedem zulässigen Fanggerät, wozu ich in diesem Falle auch die Aalschnur rechne, erbeutet werden darf, um seinen Tribut für unsere Beher= bergung zu zahlen, so soll doch aus dem anglerischen Inventar ein so tierquälerisches und ganz und gar unsportliches Gerät wie die Stopfnadelangel verschwinden. Es ist zwar bekannt, daß Aale tief verschluckte Angelhaken nach längerer oder kürzerer Zeit von sich geben und dann wochenlang in ihren Behältern ohne Störung leben; aber ein Tier, in dessen Magen eine Stopfnadel quer eingespießt ist, muß aller Wahrscheinlichkeit nach elend zugrunde gehen, wenn es ihm gelang, die Angelschnur zu zerreißen. Und das soll ein fühlender Angler nie mit Bewußtsein auf sein Gewissen nehmen.

Die Aalraupe oder Rutte.

Dieser Fisch ist die einzige Schellfischart, welche im Süßwasser lebt und, obzwar er sehr verbreitet ist, und in vielen Flüssen und Bächen Europas, sogar in vielen der kalten Alpenseen, ein häufiger und als Laichfresser sehr ungern gesehener Bewohner ist, gibt es viele Angler, die ihn gar nicht kennen, ihn nie gesehen haben.

Sein Äußeres ist sehr auffallend: ein runder, abgeflachter Kopf, ein runder, nach hinten sich verjüngender Leib, graubraun oder grauoliv am Rücken mit dunkelbrauner Marmorierung, gelblich oder schmutzigweiß auf der Unterseite. Die Afterflosse ist kehlständig, Bauch=, Rücken= und Schwanzflosse gehen ohne Absetzung ineinander über, der Unterkiefer trägt in der Mitte einen einzigen Bartfaden.

Die Rutte ist ein äußerst gefräßiger Räuber, der ein rein nächt= liches Leben führt und vor der Dämmerung nie an die Angel geht. Sie wird meistens nur an Legangeln erbeutet, die man, mit Fischchen beködert, in der Nähe ihrer Verstecke auslegt.

Ihr Aufenthalt ist tiefes Wasser, unter großen Steinen, versunkenem Holze, in Faschinen und Pilotenwerk, Ufermauern, unter Schiff- und Badehütten sowie in dichtem Schilf und Grasgelegen. Sie wird bisweilen einige Kilogramm schwer. Sie laicht im Jänner und genießt in verschiedenen Ländern keine Schonzeit. Und doch ist es von besonderem Reize, ihr nächtlicherweile mit der Handangel nachzustellen.

Das Angelzeug muß recht kräftig sein, denn in der Finsternis kann man sich auf keinen langen Drill einlassen, weil die Aalraupe nach dem Anhieb in ihre Verstecke zu flüchten versucht, wo sie und das Zeug so ziemlich unfehlbar verloren wären, ließe man ihr den Willen.

Man tut gut, die Plätze, an denen man nachts angeln will, bei Tage herzurichten und genau anzusehen, um über Hindernisse im Wasser, wie versunkene Wurzelstöcke, Faschinen usw., orientiert zu sein, nicht minder aber auch über die Wegbeschaffenheit, wenn man die Uferverhältnisse nicht sehr genau kennt.

Die Gerte sei recht steif; die Schnur kann ebenfalls recht kräftig sein, etwa eine Spinnschnur von 15 lbs Tragkraft. Der Senker wird an ihr direkt angebracht, ein Einhängewirbel und der ziemlich große Haken Nr. 1—³/₀ an stärkstem, ev. doppeltem Gut eingeschlauft. Als Köder dient ein lebendes oder totes Fischchen, ein großer Tauwurm, ev. auch deren zwei oder ein Neunauge. Man wirft mit nicht zu langer Schnur, sticht die Gerte in die Erde, die Hemmung der Rolle ist vorgelegt, und wartet auf den Anbiß, der sich durch das Knarren der Rolle anzeigt. Die gierige Rutte hat gewöhnlich den Köder schon tief geschluckt, so daß der Anhieb äußerst selten daneben geht; nun heißt es, den heftig sich sträubenden Fisch stramm vom Grunde und Hindernissen weghalten, rasch einrollen und ihn so bald wie möglich ans Ufer bringen.

Man kann aber ein recht reizvolles Angeln auf Quappen ausführen, wenn man bei beginnender Dämmerung den Fisch sucht; mit demselben Gerät wie vorhin beschrieben, ködert man ein recht kleines, nicht zu lebendiges Fischchen durch die Lippen an und wirft nicht allzuweit, aber an solche Stellen, wo man Rutten vermutet, und sucht diese durch leichtes Heben und Senken vorsichtig ab, den Köder immer eine Weile am Boden ruhen lassend. Starker Steinwurf, Faschinenbauten, Senkholz, das sind die richtigen Stellen, ebenso dichte Grasbetten mit kleinen Lücken. Helleres, sichtigeres Wasser ist vorteilhafter als angetrübtes. Wo die Quappe häufig vorkommt, kann man mitunter eine größere Anzahl an einem Abend erbeuten, und wer sie in seinem Wasser hat, soll die Gelegenheit nicht versäumen, sie an die Angel zu bekommen, oder aber, wenn man ihre Anwesenheit vermutet, sie auf diese Weise zu bestätigen. Man kann so das ganze Jahr auf Rutten angeln, am besten ist aber hierfür der Januar und Februar und der Hochsommer, und vor allem stets dunkle, stille Nächte, im Winter bei nicht zu schwerem Frost. Der Erfolg übertrifft oft alle Erwartungen und dankt für die Anstrengungen durch einen feinen Tafelfisch und die Befreiung des Fischwassers von einem gefährlichen Räuber.

In Salmonidenwässern wird man wohl oder übel auf das reizvolle Angeln verzichten müssen, bestimmt gerade in den Wintermonaten, wenn Forellen usw. laichen, um sich nicht Edelfische zu verangeln, wird auch deshalb keine Legeangel stellen, sondern zur Reuse greifen, welche das beste Fanggerät für Rutten ist. Andererseits aber habe ich kein Bedenken, in den Sommermonaten nächtlicherweise den Quappen einen Fisch an der Handangel anzubieten. Dort, wo diese haust und reviert, steht wahrscheinlich keine Forelle, schon gar nicht eine kleine, und wenn eine dort steht, ist es eine große, alte Stand= und Raubforelle, die so wie so nie nach der Fliege steigt, dafür aber als Kannibale unter ihren Artgenossen gewaltig aufräumt; ein solcher Fisch gehört aus dem Wasser heraus und es bedeutet gewiß keine Schädigung für dasselbe, wenn er gelegentlich des Angelns auf Quappen erbeutet wird. Andererseits habe ich auch keine besonderen Bedenken wegen des gelegentlichen Fanges einer kleineren Forelle; wenn man im März und April mit Spinnzeug oder Koppenangel den Forellenfang betreibt, werden viel mehr und viel kleinere Fische gefangen, bzw. verangelt als beim Quappenfischen, ohne daß darüber besonders gesprochen würde.

Wenn man mit Hinsicht auf das Verangeln die Legeangel perhorresziert, so stimme ich dem vollinhaltlich zu, insoweit es sich um ihren Gebrauch in Salmonidenwässern handelt.

Köderfische.

Der Gründling oder Kreßling.

Infolge seines häufigen Vorkommens und der Möglichkeit, ihn leicht und in Mengen zu erbeuten, nicht zum mindesten aber auch wegen seiner Zählebigkeit am Haken und beim Transport, spielt der Gründling, oder wie er vielfach falsch bezeichnet wird, „die Grundel", eine große Rolle als Köderfisch. Nebstbei ist er ein vorzüglicher Speisefisch; „gebackene Grundeln" sind mancherorts eine Spezialität und tatsächlich schmeckt er in Fett ausgebacken ganz außerordentlich gut.

Der Körper dieses Fischchens ist rundlich walzenförmig, sein Kopf stumpf, der Rücken grau bis graublau, mitunter fast hellblau, die Seiten weiß, über der Seitenlinie meist zehn schwarze Flecke, die oft zu einer Binde zusammenfließen. Die Mundwinkel tragen zwei Bartfäden.

Der Gründling lebt am Boden sandiger oder feinkiesiger Stromstellen im fließenden Wasser von 1—1½ m Tiefe und ist ein lebhafter Beißer. Wenn man den Sand seines Standortes mit einem Rechen aufreißt und so das Wasser trübt oder ihm den Pulverköder vorsetzt, kann man mit jedem Wurfe einen Fisch erbeuten. Zudem beißt er bei jedem Wetter, sogar im heißesten Sonnenbrande.

13*

Man fischt mit der Floßangel, feinstem Zeuge, kleinsten Haken und ganz kleinem Floße, das bis auf ¼ cm tauchen soll. Man haut an, sobald das Endchen Floß verschwindet. Als Köder nimmt man Stückchen eines Wurmes, Maden, Brotkügelchen, Semmelteig oder Stubenfliegen.

Der Köder muß bis zum Grunde gesenkt werden.

Ein weiterer hervorragender Köderfisch ist

Die Laube. (Bleak).

Ihr Rücken ist lebhaft olivgrün oder blaugrün gefärbt und ihre Seiten leuchten wie reines Silber. Ihre Gestalt ist schlank und langgestreckt, die Mundspalte steht fast senkrecht, der Unterkiefer greift mit einem Vorsprung in den Zwischenkiefer ein.

Aus den leicht abfallenden Schuppen wird die Essence d'orient zur Erzeugung der künstlichen Perlen gewonnen.

Als Köderfisch ist die Laube wohl der lebendigste und leuchtendste, leider auch der weichste und gegen Transport empfindlichste von allen, sonst wäre er unbedingt der vollkommenste.

Man kann die Lauben in Massen an der Oberfläche sowohl strömender Gewässer wie auch der Seen erbeuten, sobald die Sonne im Frühling zu wärmen beginnt; im Spätherbst und Winter zieht sie nach der Tiefe. Man füttert am besten mit dem Pulverköder an und angelt in den von ihm erzeugten Wolken mit ganz feinem Zeug, kleinstem Haken und einem winzigen Federkielfloße ohne Senker; das Floß soll wagrecht schwimmen, um den Weg der damit an der Oberfläche fortziehenden Laube sofort zu zeigen. Die Fische beißen rasch und gierig und man kann in kurzer Zeit eine Menge von ihnen erbeuten. Als Köder dienen vor allem Maden, Stubenfliegen, Teig oder Brotkügelchen.

Ähnlich der Laube sind

der Strömer und der Schneider

an Gestalt, Lebensweise und Eignung als hervorragende Köderfische; leider kommen sie nicht überall häufig genug vor. Der erstere trägt eine violette Binde über die Seitenlinie, der letztere zwei parallele schwarze Binden.

Beide leben mehr am Grunde strömender Gewässer auf Kies oder Sandgrund, wo man sie mit denselben Ködern wie die Laube erbeutet. Dementsprechend muß die Angel tief gesenkt werden.

Als Köderfische sind sie viel härter als die Laube und verlieren vor allem ihr Schuppenkleid weniger leicht als diese, auch werden sie meist etwas größer.

Die Pfrille oder Ellritze. (Minnow).

Sie bewohnt die kleinsten Rinnsale und Tümpel und ist ein äußerst munteres, lebendiges Fischchen, das nicht nur ein begehrter Köderfisch ist, sondern auch dort, wo sie in Massen vorkommt, gerne wegen ihres wohlschmeckenden grätenlosen Fleisches gefangen und verspeist wird.

Die Pfrille wird durchschnittlich 4—5, höchstens 8 cm lang. Ihr Körper ist walzenförmig, der Kopf stumpf, der Rücken braun oder braunoliv, die Seiten goldig glänzend.

Leider ist sie am Haken sehr weich und muß nach jedem Anbiß frisch geködert werden. Man fängt sie in einem engmaschigen Landungs- oder speziellen Senknetze, indem man dieses ins Wasser versenkt und Semmelbrösel oder Kleienklümpchen darüber ausstreut. Man kann sie auch angeln, indem man Stückchen eines Wurmes an den Haken steckt und den Fisch, der sich darin verbeißt, einfach herauswirft. Zeitsparender ist aber das Netz, ev. eine sog. Reusenflasche.

Die Bartgrundel und die Mühlkoppe (Loach, Bullshead), sind wohl die zähesten Köderfische, die es gibt; leider ist ihr Äußeres absolut glanzlos. Trotzdem sind sie beide von allen Raubfischen stark verfolgt und gern genommen.

Die erstere hat einen langgestreckten, zylindrischen Körper und eine spitze Schnauze mit sechs Bartfäden. Ihre Färbung ist am Rücken braungrau mit graugrünen Flecken, am Bauche weißlichgelb. Sie lebt in klaren Bächen, auch in Seen und Weihern unter Steinen und im Grase und wird am besten erbeutet, indem man sie entweder mit einer Gabel unter den Steinen sticht oder indem man ein Netz mit eisernem Reifen durch das Gras zieht. Sie ist leider nicht allenthalben und häufig zu finden.

Ihr Fleisch ist weiß und äußerst wohlschmeckend.

Die Mühlkoppe oder Koppe kurzweg lebt dagegen fast in allen klaren Bächen und Flüssen, welche steinigen Grund haben, unter den größeren Steinen, wo Strömung ¼ m über den Schotter fließt. Bei Hochwasser flüchtet sie aus größeren Flüssen in die kleineren seitlichen Zuflüsse oft sehr weit hinauf.

Ihr drehrunder Körper ist stark gegen den Schwanz zu verjüngt, der Kopf sehr breit und flach mit Stacheln besetzt. Sie besitzt zwei lange, aneinanderstoßende Rückenflossen. Ihre Farbe ist außerordentlich wechselnd, je nach Grund und Aufenthaltsort, von hellbraun, bzw. gelbbraun bis dunkelolivbraun mit dunkelbraunen Querbändern am Rücken. Die Unterseite ist weißlichgelb, die Haut trägt nur winzige Schuppen und ist mit einer starken Schleimschicht überzogen. Sie ist außerordentlich gefräßig und wird auch nicht ganz mit Unrecht des Laichraubes beschuldigt.

Man fängt sie am besten im Wasser stromaufwatend und die großen, besonders die flachen Steine vorsichtig aufhebend. Den darunter am Boden angepreßt liegenden Koppen sticht man mit einer Tischgabel auf oder, wenn man ihn lebend erhalten will, hält man ihm ein kleines Netzchen unter, in welches er bei der Flucht hineinfährt. Er ist äußerst zählebig, hält sich ausgezeichnet in der Gefangenschaft und am Transport, ebenso am Haken. Auch sein Fleisch ist äußerst wohlschmeckend.

III. Schlußwort.

Mit dem Abschluß dieses Bandes glaube ich in der deutschen angelsportlichen Literatur eine Lücke ausgefüllt zu haben und damit den berechtigten Wünschen der Anglerschaft im allgemeinen und der Grundangler im besonderen gerecht geworden zu sein.

Um das Buch nicht allzu umfangreich werden zu lassen, habe ich davon Abstand genommen, Fischarten und das Angeln auf solche, welche nur beschränktes regionales Interesse haben, wie die Fischerei auf Felchen und Renken, bzw. die „Hegenen"-angel und dgl. mehr detailliert zu beschreiben.

An und für sich unterscheiden sich ja diese Arten zu Angeln nur wenig von den sonst üblichen, werden von der überragenden Mehrzahl unserer heimischen Angler meist nur gelegentlich betrieben, und schließlich kann das Angeln auch mit den landläufig üblichen Geräten, vielleicht mit einer den jeweiligen Verhältnissen angepaßten Modifikation, ausgeübt werden.

Ich erinnere nur an die Art, im Luganersee oder an der oberen Weser zu angeln. Warum könnte, um nur diese beiden herauszugreifen, nicht ganz wohl die Überkopfgerte in Verwendung treten?

Ich hoffe also, daß mir meine Leser diese Unterlassung nicht als Sünde anrechnen werden.

Viel wichtiger erscheint es mir, daß die geehrten Leser auf meine erziehlichen Intentionen eingehen und weiter an der Verfeinerung unseres geliebten Sportes arbeiten, um ihn ganz auf die verdiente Höhe zu bringen; denn daß im allgemeinen unser Grundangeln noch weitgehend verbessert und verfeinert werden kann, bestreitet im Grunde genommen doch niemand.

So übergebe ich denn dieses Buch den Händen der deutschen Anglerschaft, im Vertrauen darauf, daß sie willig auf den Geist desselben eingehen werde. Und selbst wenn nur ein einziger sich zur Verfeinerung und Veredelung des Grundangelns bekehren würde, hätte ich es nicht umsonst geschrieben.

Gut Wasserweid allewege!

SCHUTZMARKE

Springer
schnüre

LUDWIG
HOHLWEIN
MÜNCHEN

DAS SEELENLEBEN DER FISCHE

VON

DR. KARL JARMER

140 Seiten, 8 Tafeln, 5 Abbildungen. 8°. 1928. In Leinen gebunden M. 6.50

Hessische Anglerzeitung: Nicht nur ein neues, sondern auch ein neuartiges Buch - tiefgründig und geistvoll - eines philosophischen Naturforschers. In den ersten Abschnitten des Werkes setzt sich Jarmer mit den verschiedenen Arten der Tierseelenkunde im allgemeinen auseinander, erläutert und verteidigt weitgehend und außerordentlich feinsinnig seine Betrachtungsweise, die er dann praktisch im Reiche der Fische betätigt ... Es werden uns nach einer Reihe allgemeiner fischbiologischer Darlegungen mit Musterbeispielen wundervoll geschaute Einzelbilder aus der Fischwelt und ihren Seelen in dem Abschnitt „Die Symbolik der Wasserwelt" vorgeführt. Hier geht der Verfasser nach seinem Plane weit über die bloße trocken-zoologische Darstellung hinaus und gibt Neues, statt Nüchternheit Seele, gibt seine Anschauungswelt, sein Eigenstes und Bestes. Das schöne Buch verdient es, unter den Angelsportlern viele Freunde zu finden. *(Horst Arendt)*

R.Oldenbourg ● München 32 und Berlin W 10

ANGELSPORT

VON DR. A. WINTER

BAND I	GRUNDANGELN	2. Aufl.
BAND II	SPINNANGELN	2. Aufl.
BAND III	FLUGANGELN	

Jeder Band ist reich illustriert und kostet in Ganzleinen gebunden je M. 5.80. Teil I/III in einem Ganzleinenband gebunden M. 15.—

R. OLDENBOURG, MÜNCHEN 32 UND BERLIN W 10